U0127882

Python

预测分析与机器学习

王沁晨 ◎ 编著

清华大学出版社

北京

内 容 简 介

本书从理解问题定义、了解数据内的高层信息、数据清理、可视化数据,到基础建模、模型优化,分享一个数据分析师的视角与思路。在预测分析的流程中,一步步用详细的图文和代码讲解使用到的库,如何正确使用各个库中的方法和函数,以及在遇到类似的问题时如何套用学过的知识。

本书共8章。第1章对预测分析的流程进行一个高层次的概述。第2章介绍本书需要使用的库,并讲解数据清理步骤的执行。第3章讲解基础建模需考虑的细节,结合第4章的模型选择,可以搭建一个基础的预测管道。第5章和第6章分别从模型和数据的角度讲解如何优化预测表现。第7章讲解时间序列这一特殊数据的预测方法。第8章总结全书的内容,解决一个实战问题。

本书面向3类读者。第1类为有编程基础但毫无数据科学背景,有意入门的读者;第2类为有数据科学理论基础,有意进入实操的读者;第3类为有数据科学理论基础与实操经验,但日常工作集中在数据分析管道中的数据分析师。

图书在版编目(CIP)数据

Python预测分析与机器学习/王沁晨编著.—北京:清华大学出版社,2022.4
(清华开发者书库·Python)
ISBN 978-7-302-59254-9

Ⅰ.①P… Ⅱ.①王… Ⅲ.①软件工具—程序设计 Ⅳ.①TP311.561

中国版本图书馆 CIP 数据核字(2021)第 192567 号

责任编辑:赵佳霓
封面设计:刘 键
责任校对:时翠兰
责任印制:丛怀宇

出版发行:清华大学出版社
   网 址:http://www.tup.com.cn,http://www.wqbook.com
   地 址:北京清华大学学研大厦 A 座   邮 编:100084
   社 总 机:010-83470000   邮 购:010-62786544
   投稿与读者服务:010-62776969,c-service@tup.tsinghua.edu.cn
   质量反馈:010-62772015,zhiliang@tup.tsinghua.edu.cn
   课件下载:http://www.tup.com.cn,010-83470236
印 刷 者:北京富博印刷有限公司
装 订 者:北京市密云县京文制本装订厂
经 销:全国新华书店
开 本:185mm×260mm 印 张:21   字 数:510 千字
版 次:2022 年 5 月第 1 版   印 次:2022 年 5 月第 1 次印刷
印 数:1~2000
定 价:89.00 元

产品编号:089464-01

前 言
PREFACE

笔者在 Loblaw Companies 任职全栈数据分析师期间，深刻体会到了有时许多校内学习到的理论知识并非即刻适用。这样的传统零售业在走向数据驱动模式时，往往不需要使用庞大的深度学习模型，或其他消耗巨大算力的算法。一些可解释性高，所需数据量较小的模型足以贡献十分可观的商业价值。相比起走学术路径中理论基础的重要性，在行业实操中更重要的是掌握数据分析的全过程，以及拥有足够的经验让步骤间有节奏地配合，因此笔者决定写这本书，将预测分析中重点的步骤和其间配合以可着手的方式展现给读者。

本书的着重点在于预测分析与机器学习的实战思路，其中加入算法或模型的理论知识介绍，让读者在学习如何运用的同时，更加深入地学习为何在该实践场景下使用该特定算法或模型。书中侧重讲解实操中常用、回报率高的算法。内容简单易懂，图文搭配，借鉴实际例子让学习过程更具实用感。

本书致力于帮助 3 类读者在预测分析与机器学习这条路上有所成长。第 1 类，有 Python 编程基础但缺乏数据科学背景，有意入门的读者。书中不设置有关数据科学背景的阅读门槛，每个相关背景都将先介绍再进行引用。另外，因本书偏向实操而非理论，内容对于这一类读者将更加容易消化，书中的代码注释丰富，容易着手跟随。第 2 类，有数据科学理论基础知识，有意进入实操的读者，例如缺乏业界经验的学生。这类读者已经掌握了许多理论背景知识，只是缺少实践经历。本书有效地展示理论算法如何在实操中运行，以及各理论知识运用的搭配。第 3 类，有数据科学理论基础与实操经验，但日常工作集中在数据分析管道中的数据分析师。本书可以帮助这类读者了解在工作中如何与同事配合。在项目经理职位的读者也可以通过阅读本书更好地理解队内成员的工作、难点，以及定位项目突破口。

本书还包含部分理论知识，希望通过介绍算法的运作原理，帮助读者建立面对问题选择解决方案的思路。浏览目录便会发现，第 4 章不到 100 页的内容包含了大量机器学习模型及算法，每种算法的介绍从其运作原理讲起，到将其运用在一个实际例子中。笔者尽量平衡了理论深度与实践思路的讲解，希望可以在有限的篇幅中帮助本书面对的群体。

机器学习这一领域有着长达数十年的理论研究，其内容包罗万象。笔者学识有限，书中难免存在疏漏，望得到各位读者的指正。

王沁晨

2022 年 2 月

本书源代码

目 录
CONTENTS

## 第 1 章

预测分析与机器学习的

实用价值

随着近些年计算机计算能力的大幅提升，数据分析这一学术领域被重新重视。大家常听到的"人工智能""机器学习"在数据分析领域大展身手，其成果令学者们惊喜，也为许多企业创造了新的商业可能性。在这个理论算法被付诸实践的数据时代中，结合实际问题的新算法层出不穷。各行各业开始运用数据创造商业价值，因而大大增加了对数据分析实操者的需求。本书将讲解商业数据分析中的一个重要步骤：预测分析。本书用多个开源数据库内数据为例，教读者如何使用 Python，结合 Pandas、scikit-learn、XGBoost、TensorFlow、Matplotlib 等库快速着手于预测分析与机器学习。

在本章中，我们先来了解一下什么是预测分析。人工智能、机器学习与预测分析有着怎样的关系？预测分析在各行业中现有什么实际应用的例子？本章的最后会对预测分析的流程及其间连接进行高层概述，之后技术章节也会顺应这个流程一步步展开。

1.1　人工智能、机器学习与数据分析的关系

人工智能(Artificial Intelligence)也就是我们常提到的 AI，是一系列致力于使计算机模拟出人类"智慧行为"的研究。由于"智慧行为"这个概念难以被完全定义，人工智能的定义也相对广泛。视觉识别、声音辨认、翻译、决策等任务皆包含在人工智能的研究方向内。一些需要人类脑力的竞技，如围棋或国际象棋，也可以在计算机中通过不同类型、复杂程度和运算量的算法执行。

举个例子，2016 年 3 月，谷歌围棋机器人阿尔法狗(AlphaGo)击败世界围棋冠军、职业九段棋手李世石。阿尔法狗集合深度神经网络、蒙特卡洛决策树和强化学习等多种算法，运用谷歌云进行巨量计算，搜索最优落子点。同时，简单的广度优先搜索(BFS)和深度优先搜索(DFS)也属于人工智能的搜索算法。两者的区别在于搜索效率和最优化的取舍。

为了让机器更好地完成需要人类智慧的任务，学者们开始研究人类智慧的重要组成部件——学习能力，而这一研究方向便被称为机器学习。机器学习这一领域是包含在人工智能中的，是实现人工智能的一类以"学习"为重心的算法，如图 1.1 所示。

自观人类的学习模式，在解决一个新的任务时，我们常通过本身拥有的类似经验或研究同类型人物的解决方式而产生对新事物的思路。例如学习削苹果，你可能先是看拥有这项技能的人完成这个动作，然后你的大脑会从观察中提取经验，并根据这些信息指导你的手对

一个新的苹果操作；或是你本身拥有削梨的技能，而这个苹果经过严密的观察分析长了一个类似梨的皮，于是你决定把削梨的经验移用到苹果上操作。机器的学习也是同样的道理。为了让机器"学习"，我们通常提供一个训练数据集，这将作为它得以参考的"过往经验"。算法核心的数学模型将扮演人类大脑的角色，提取数据中的有效信息，而后对未见过的类似数据执行相似的任务。

由此可见，数据和机器学习有着不可分离的关联。机器学习模型可以对未知的数据进行预测或分析，而大量有效的数据能让机器学习模型更准确地预测未知数据，如图1.2所示。

图1.1　机器学习是实现人工智能的一种算法　　　　图1.2　数据与机器学习之间相辅相成

因此，数据分析可被看作两个大的模块：人工分析以提取"有效"数据供机器学习；机器根据提供的数据进行分析。注意，这两者并不是重复性的工作，也不意味机器学习是程序员的硬编码。人工分析和机器分析的任务全然不同。面对一个预测问题时，数据分析师会先与领域内的专家充分交流，了解哪些数据可能对这一预测结果起决定性作用，并对这些数据进行筛选，后提供给模型学习。而模型的分析则是根据筛选数据对未来数据进行预测。举个例子，我们想要预测一个产品的销量，而零售企业的数据库中存储着大量数据，但多数对于预测销量并无决定性作用。这时则需要数据分析师根据与领域专家，例如管理库存的团队交流，再加上关联测试来决定哪些数据是最有效益的。由于这些有效数据之间的关系错综复杂，人工的方法无法直接分析出某个条件下的销量，因此经过学习的机器便承担了这一步的预测分析。两者可算是分工合作，来达到智能预测的目的。

刚刚这个例子也引出了本书的主人公——预测分析。在接下来的部分，我们先跳出人工智能和机器学习，介绍预测分析在商业中扮演着什么样的角色。

1.2　什么是预测分析

随着计算力的发展，数据分析也被大规模运用到商业中。许多企业制订以数据为中心的商业计划，希望通过数据分析提高产品质量、用户体验和运作效率。企业的数据中心化程度可分为3个层次：描述性分析（descriptive analytics）、预测性分析（predictive analytics），以及处方性分析（prescriptive analytics）。3个层次的数据分析在企业中施展难度不同，随之带来的客观价值也不同，如图1.3所示。

描述性分析着重于描述过往数据。它常以文字汇报和统计图表的形式出现，帮助决策者更加直观地了解过往数据中隐藏的信息。描述性分析往往不需要 AI 的辅助,可以通过数据汇总和简单的 Python 代码完成。举个假想的例子,一个零售企业的数据分析师可以整合每周各类物品本周售量,在周末时自动合成趋势统计图。周一早晨领导看到这一数据整合汇报时,可能会发现某类产品比过往多年的平均售量大幅提高或降低。例如方便面的售量,本应在开学季大幅提高,却因近年来越来越多的大学生注重养生而没有呈现往年同样的趋势。相反,开学一个月后生发产品的销量稳步上升。这都会被描述性分析图表直观地展现出来,而负责分配库存的领导可以根据这一信息做出更有效的库存安排。

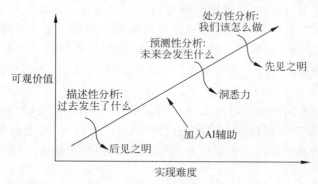

图 1.3　3 个层次的商业分析

由此可见,描述性分析可以直观、有效地总结近期历史。在这个基础上结合决策者的人为判断,便可对未来做出更准确的展望。

通过这个例子我们也可以看出描述性分析的缺陷。第一,它只能对决策制订起到有限的辅助效益,决策者可以更直观地看到过往数据趋势,但需要根据自己的判断理解这一趋势及趋势对未来的影响;第二,很多时候,描述性分析发现的趋势对计划未来并无太大的作用。例如在假想的例子中,周一早晨领导发现上周方便面售量较往年大幅下降,而为上周准备的库存早已发配到各地仓库;生发产品的销量大幅提高,但由于上周库存不足已经错过了一波商机,给我们的只是“后见之明”。

正是因为把控时间在商业决策中至关重要,企业大多追求运用已有的数据对未来事件做出预测。这也就是预测性分析的侧重点:预判未来可能发生的事,从而给企业更充足的准备时间。一定程度上,它可以给决策者提供对未来事件的洞悉力。

你也许会提出这样的疑问:通过描述性分析汇报,决策者是不是也可以对更远的未来做出预测?

答案是确实如此。从某种程度上讲,预测性分析与描述性分析本质相同。唯一的区别在于,对未来进行预测的是人工决策者,还是通过学习过往数据建立的机器模型。在假想的例子中,让我们把时间调回到一个月前。同样,描述性分析报表整合了上一周各类产品的销量和周边数据(如往年销量、同类型产品销量、替代类产品销量等),直观地展示给决策者。如果这时候决策者可以通过观察一系列不同数据的报表找出这些数据中的关联,然后判断出一个月后方便面销量会较往年下滑,那么在这个问题中确实不需要机器学习和预测分析,只需这样一个天才决策者。然而现实是,周边数据的关系往往错综复杂,甚至无法用常规的函数或逻辑表达,因此才研究出了各种可以运用这些关系做出预测的机器学习模型。

从这个例子中,我们也大概了解了预测分析的过程。首先,需要提出一个机器可以回答是与否,或一个具体数字的问题。例如,一个月后方便面的销量会是多少?然后,需要收集我们认为起决定性作用的数据。这个阶段我们需要收集尽可能多种类的数据,包括一些人为预测无法运用的数据,例如连续几周的库存量与去年同时间段的库存量变换。拥有初步数据后就可以建立基础模型,通过统计分析及模型效益判断数据是否充足,是否需要进一步优化。在这一步中我们可以测试不同类型的模型、参数及数据之间的配合,以此将整个预测分析流程打包优化。

在预测性分析之上,还有一层处方性分析。处方性分析在预测性分析的结果上提供行动建议。处方性分析是对一系列决定可能导致的结果的预测。在某种程度上,处方性分析也属于一种预测,只是定义问题的方式不同。例如,如果我们增加下个月方便面的库存,对收益和搁置量的影响如何。处方性分析意图在于提供先见之明,进一步辅助决策者采取收益更大的行动。

处方性分析的核心同样是大量的数据和机器学习,只是其算法的输入及输出会根据问题定义的不同而大不相同,因此,本书将重点放在预测性分析上,通过相对更加具体、中心思想可转移性更高的预测案例教读者如何着手机器学习,用数据创造价值。

1.3 预测分析在各行业中的应用

简单了解预测分析后,我们来看一看近年来它在各领域的应用。

内容推送是一种十分常见的预测分析应用,里面包括广告推送、视频推送、文章推送等。算法可以通过用户的个人设定、浏览记录、与平台交互记录(如点赞留言)等,结合内容本身价值与受众群体,为每个用户提供特制的内容清单。个性化的内容推送提高了用户花在每个内容上的时间和停留在平台上的总时长。例如当我们点入一段视频分享平台,如果主页上的内容标题和缩图引起了我们的兴趣,我们会有更大的可能性点入视频本体,同时观看一下一个同类视频。相反,如果两三次下滑屏幕后仍未找到足够感兴趣的视频,我们可能会选择退出平台。平台能否吸引更多时长的注意力,往往取决于平台的推送算法能否从海量内容中预测出个体用户的兴趣偏好。用户注意力是平台获取收益量的重要因素。好的视频或文章推送算法在为用户提供大量有效信息的同时,也更容易从用户群体中得到反馈,转化为企业价值。

广告推送属于内容推送的一种,其运营原理与视频和文章推送相似:通过用户的浏览记录分析其需求,再结合现有的广告方,预测可能收获最大点击率的广告植入。合适的广告不仅可直观地为平台提供商业价值,同时也可为平台用户创造更舒适的浏览环境。假如我们在观看与编程教学相关的教程时,平台推送了一个非常适合现阶段学习的教程广告。我们会感到这一广告植入的侵入性低,甚至会认为这一广告属于有价值的内容。相反,如果平台推送的广告与我们目前的专注点大相径庭,广告则更像打断了浏览体验的"入侵者",降低了我们对平台本身的观感。这也是为什么谷歌广告价格中有一个质量因素(quality score):制作更优的广告可以提高用户对平台的观感,因此广告本身对平台的价值也相应提高,广告商也可以获得更低的推送价格。

风险管理是预测分析中的另一大类应用。许多财务机构可以通过这类应用降低损失。

例如银行批准转账前,可以根据此用户以往花销模式,预测这笔转账是否存在欺诈的可能性,以此判断该笔转账是否需要进一步认证身份。银行也可以根据一个用户的财务状况、月支出分配和家庭情况等来预测用户按时归还借款的概率,由此决定是否批准贷款或是增加信用额度。学习历史数据的机器风险预测可以有效帮助审核人员,降低银行与银行用户的损失。同样,一些汽车保险公司也会根据客户的行车记录和个人信息,预测客户交通事故概率,由此制订不同的保险额。

日常生活中的天气预测也属于一种预测分析。根据实时仪器探测数据及过往数据趋势,我们得以每天查询近几日的天气预报,降低我们的计划被天气因素打破的概率。天气预测的结果在别的领域也可以被用作机器学习的数据。例如在零售业中,预测某种天气下某类产品的售量,结合近期的天气预报准备适当的库存运输。

零售业的供应链本身也可以通过预测分析得到大量优化。这类优化大多与合理的库存运输有关。供应链中库存把握的精准度很大程度上决定了收益量及损失量,因此许多数据分析项目会定义不同的问题,但问题本质都是预测未来某产品的需求量。对需求量准确的预测不仅可以提高零售企业的收益,还可以减少因供应过剩导致的食品浪费。在这里回顾一下1.2节中讲到的预测性分析和处方性分析关系:假如把问题定义成"下一个月方便面的需求量会是多少?"这便是预测性分析,机器提供给我们的结果将是一个对下个月需求量的预测数字,而决策者可以根据这个数字分配供应量;但假如把问题定义成"下一个月增加方便面的供应量会增加多少收入?(收入可为负数,代表供应量提升会导致损失)"对于机器来讲,输出的数据仍然是一个数字,不过这一次是对收入增长的预测。由此可见,只要掌握了预测性分析的基本工具,通过对问题的重新定义,数据分析师便可以成功地将预测性分析系统改装成处方性分析系统。

预测分析还可以用来辅助医疗系统,通过收集病人的个人信息(年龄、性别等)、病史和疾病复发规律,预测疾病复发的概率和复发的时间,或其他慢性病发展的可能性,以此规划及时复查和适当的药物控制。

这些例子只是现有应用中的一部分,但从此已经可以看出预测分析应用之广泛和颠覆性的潜力。各行各业的数据中还有更多可以被挖掘的价值,更多可以辅助解决的问题,只是等待一个创新应用的构想。希望本书可以帮助读者学习预测分析所需要的技术基础,提供一些有用的解决问题的思路,方便读者在工作、个人项目,或创业项目中实验自己的创新构想。

1.4 预测分析流程概览

希望前面几节的内容已经激发了你对预测分析的兴趣,也让你了解了预测分析与人工智能、机器学习这些流行术语的关系。本节将对预测分析的技术流程及流程中每一步的连接进行一个高层次的概述。之后的章节会根据这个流程,一步步更详细地展开。

第一步,定义项目问题。之前提到,不同的问题定义会直接导致不同的预测输出,同时也需要不同的训练数据。"我们期待算法回答什么样的问题?"是开始项目前要制订的关键目标。在预测分析中,这个目标的制订格式往往是我们想要预测下个月某件事情发生的可能性,或是想要预测下一周内某个数值的趋势。以下是一些反面的问题定义:"如何能解决供应过剩""如何推送用户最感兴趣的内容",我们需要把这些过于笼统的问题分解。例如,与其把"如何能解决供应过剩"这个定义模糊的问题丢给计算机,不如先询问领域专家是什么导致了供应过剩。他们可能会回答,供应量是根据企业预测的需求量增减的,那么问题就出在了企业预测需求量的准确性。我们的问题就变成了"未来一个月内某产品的销量如何?"这是一个预测分析可以回答的、定义清晰的问题,算法只需根据输入的数据输出一个预估值。

想要解决"如何推送用户最感兴趣的内容"这一问题,我们可以改变发问的方式,"从0%~100%,预测某个用户对某个内容感兴趣的程度。"这就变成了一个预测分析可以回答的问题。根据平台内用户数据和内容数据的输入,算法可以输出一个代表"感兴趣可能性"的数值。而后只要对这个数值进行简单的排行,就可以回答原先定义模糊的"如何推送用户最感兴趣的内容"。

问题定义就像是地基,开始接下来的步骤后,重新定义问题的成本会非常大,因此,我们需要在建筑高层之前打下一个经得起推敲的地基。问题定义的诀窍在于,把定义模糊的概念性问题转化成可以用数字回答的具体问题。大多数情况下,用"如何"开头的问题定义都过于模糊。数字是计算机的母语,因此,定义成"下一阶段某数值会有什么样的变化"的问题更容易被计算机解答。预测分析这一学术领域提供给我们大量强大的工具,但就如日常的工具一般,它们只能对特定的问题做工,而我们的工作便是开发创意,把问题定义成可以用到这些强大工具的模样。

为了让本章的内容更具像化,笔者会"回收利用"之前方便面销量的例子。在这个例子中,我们把问题定义成"下一个月方便面的销量会是多少",就完美符合了这个模板。大多数问题可以被这个模板或其变化式定义,因此在阅读下面步骤时,也可以稍做转变代入其他的例子解读。

当清晰地定义问题后,第二步就可以开始思考:什么样的数据可能对想要预测的数值产生影响?同时也要考虑,在这些可能产生影响的数据中,哪些数据是便于获得的。也许企业本身记录了大量此类数据,如过往交易记录;又也许这些数据存在公开数据库中,例如地区天气记录、节日日期等。如果数据本身不存在而且难以获得,我们就需要衡量这一数据的收益。例如"每一时期方便面购买人群对方便面的满意程度"。想要获得这一信息,可能需要定期发送大量调查问卷,这会花费时间和资金。再例如,有些数据只存在于付费数据库中。对数据成本和收益的衡量也在很大程度上决定了最后输入模型的数据组合。不同于问题定义,我们可能会反反复复地回到数据收集这一步,因此,没有必要把大量的资源花在试图第一次就决定最终的数据组合——花大量资金获取非现有数据,或花大量时间筛掉认为无价值的数据。把筛选和决定是否需要更多数据的任务留给下面的步骤。第一次经过这一步的重点在于,收集所有预估含金量较高、较易获得的数据。

拥有初步数据后,第三步需要对收集到的数据进行初步分析。这个阶段的分析有两个目的:第一,清理数据,去除明显的噪声;第二,了解数据分布和每类数据与预测目标之间的大致关系。

信息缺失属于常见的一类噪声来源。大多数的继续学习模型无法解读存在空缺的数据。在实际应用中,由于收集到的数据不一定完整,我们需要填补空缺数据或放弃某类数据。举个例子,在第二步中,也许我们认为局部温度对预测目标有所影响,因此从公开数据库中下载了某地区的局部温度。我们希望用过去一年的历史数据作为机器学习的训练集，但可惜的是，已知的数据库只能提供过去一个月的温度记录。在这种情况下，局部温度就是一个不完整的信息。由于其空缺量远远大于已知量，往往最好的决定是放弃这一数据。还有一种可能，数据库拥有过去一年的温度记录，但是记录中出现少量空缺。取决于数据保管的方式，这些空缺也许有特殊的含义，也可能完全随机。我们可以查找数据收集方是否对这些空缺做出公开记录，或联系保管方，询问空缺缘由。如果有可以量化的空缺缘由，我们就可以根据这个缘由填补空缺。例如在存储数据时，数据收集方决定删除与前日一样的温度记录，了解到这一细节后，我们可以将空白的数据填补为上一个非空白数值，但如果数据空缺并无可量化缘由，而空缺比例较小，也许收集者每周日休息，因此所有周日的信息都是空缺的，我们可以取每周六的数值填补，或周六与周一的平均值。后面的章节将详细讲解各类噪声，以及如何处理。

初步清理了明显的数据噪声后，下一步就是统计分析。之前提到，为了获取"起决定性因素"的数据，我们可以与领域专家沟通，借助他们的直觉确定收集的数据内容。在机器学习中，不同类型的数据称为不同的特征（feature）。单个特征可能与预测对象有直接的函数关联，也可能需要与其他特征结合才能看出与预测对象之间的关联。通过与专家的初步沟通，我们可以有根据地猜测出一套有效特征。

尽管人为对数据价值的预估可以帮助我们确定有效方向，但这个预估往往或多或少存在误差。回到预测下个月方便面销量的例子，也许人们会认为去年同一时期的销量会起决定性作用，但数据可能会表示，年与年之间的关联并没有我们想象得那么强。在统计分析这一步，预想被完全推翻是一件平常事。人为的直觉推导可能会参考许多领域经验和社会经验，但人脑无法直接从大量的数据中提取信息，因此估算的价值产生了这些误差。换个角度想，如果行业专家可以准确地告诉我们所有有效数据和其应有的权重，那么一定存在一个可以用硬代码写出的逻辑，可以不通过任何机器学习或其他模型进行预测，因此我们用统计分析来量化每个特征与预测对象之间的关系，从而证实或推翻最初的猜测。

这一步的目的在于提取最有效益的特征。在商业应用中，计算力和时间都是宝贵的资源，而企业所用到的数据规模往往需要巨大的计算量和存储。低效益的特征会增加数据纬度、加长计算时间、加大占用存储，从而增加项目成本。同时，低效益的特征对于机器学习的目标来讲相当于噪声。增加低效益特征大多数时候产生的效果不是增加微量的边际收益，而是降低整体收益。你可能会觉得奇怪，这难道不可以用 $1+0.01=1.01$，而 $1.01>1$ 来类比吗？确实，低效益的定义是正收益低，而不是负收益低。单独看每个低效益特征与预测对象的关联，我们的确可以用某种衡量指标把它们的效益量化作 0.01，而把高效益特征的效益量化作 1。只不过，在机器学习模型结合这两项信息时，效益之间的运算符并不等价于加法。低效益特征会分散模型的"注意力"，因此降低整体的预测准确度。就像你正在听一节理论物理课，推导公式的同时，教授饶有兴致地讲起了这段公式的相关历史故事。分开来看，公式推导的讲解对于精准掌握这个理论起到高效益，历史故事的讲解可以提升你的兴趣，从而少量地提高你对这个理论的接受能力，但是人脑学习时同时注入这两种讲解，大概率只会令大脑困惑。当然，一个十分优秀的教授和一个适合这种学习方式的大脑也许可以提取微小的收益，这在机器学习中对应着十分合适的输入格式和适合这种格式的模型。在商业应用中，为了提取低效益特征中的微小收益而去开发这样的模型，大多数情况下是不划算的。

经过初步的统计分析和数据清理后,可以开始基础建模了。商业应用不同于学术研究,大多数时候会调用现有的模型包。sklearn(全称 scikit-learn)就是一个建立于 Python 上的丰富的机器学习包,其中包含监督学习(Supervised learning)和无监督学习(Unsupervised learning)中大多可能用到的模型。用户指南如图 1.4 所示。

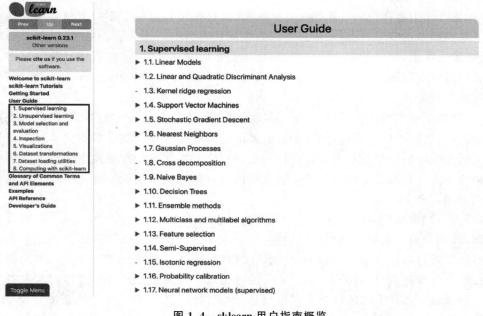

图 1.4　sklearn 用户指南概览

图 1.4 列举了 sklearn 现阶段支持的所有与监督学习有关的模块。大多数情况下,经过适合的调参与特征优化,这些包在商业应用中足够提供令人满意的准确率。也可以从左栏方框圈出的部分看到,sklearn 不止包含了监督学习,同样也可以被用来做无监督学习、模型选择与评估(Model selection and evaluation)、可视化数据(Visualization)等,其中数据转换(Dataset transformations)模块可以帮助我们清理数据。

作为一个广度较大的库,sklearn 对某类模型的优化程度可能不如一些更精专的包。例如 XGBoost,就是一个专注优化梯度回升(Gradient boosting)的包。经过初步模型选择后,如果基于树的算法在解决问题中表现优异,可以考虑调用 XGBoost 进行更深一步的定制和调试。同样,TensorFlow 也属于一种精专于神经网络模型的包。比起基于树的算法,神经网络中有更多的调试空间,因此,在 TensorFlow 的调用中需要手动搭建的结构更多。

第一次进行基础建模时,可以选用少量、有代表性的数据输入模型,加入少量模型调试,然后对几种预选模型进行评估。模型的预选需要对模型优劣有大致了解,这些将在第 4 章模型选择里深入讲解。取少量数据是为了提高计算速度,在确定较合适的模型前,应该尽量避免在某个模型上花费过量的时间和计算力。而衡量代表性需要回答以下两个问题:当提取部分数据后,用部分数据所分割出来的训练集、评估集和测试集的训练评估结果,是否能大致映射出全部数据分割后得到的训练评估结果?部分数据的分布又是否与整体数据分布相似?例如我们知道,神经网络相比概率模型或基于树的模型来讲,需要更多数据才能发挥它的优势,因此,如果想要通过部分数据对比神经网络模型和概率模型,需要保证筛选的数据量与总集的数据量属于同一个数量级。又或者数据与时间相关,这时可以在总集的所有时间段中各随机选择些许,确保筛选数据不过分集中在某个时间段。

基础建模的目的在于筛选最合适的模型,以低成本广泛搜寻最值得深入调试的模型。这一步也可以提供初步的结果预期,让我们大致了解现有数据对于预测对象的决定性。如果每种预选模型的结果都差强人意,则需要深一步探究我们选择数据的合理性,或问题本身的可预测性。

完成基础建模后,可以在选择出来的最优模型上投入更多的时间和计算力,进行优化。优化这一步包括数据优化和模型优化。数据和模型架构相辅相成,因此,模型优化的过程其实是寻找最优的数据格式与模型架构的配合。优化模型架构的核心是超参数调试(Hyperparameter tuning):在同一架构下尝试不同的模型规格、损失函数等。第 5 章将详细讲解如何进行模型优化。数据优化包括特征工程、数据规范化、平滑数据等。第 6 章将详细讲解如何优化数据。

优化的过程中可能会重复之前的步骤,收集新的数据、尝试不同的数据清理方式、重新选择模型等,直到获得满意的结果。

接下来便可以部署一个完整的流程,把模型应用到企业日常中。这个流程需要考虑谁、什么时候、如何触发新的预测,流程维护是否可以长期低成本运营,以及预测接受者是否能轻松理解模型预测的结果。自动化越高的流程维护成本越低。许多时候,随着企业运行,我们需要结合新的数据重新训练模型。在这种情况下,理想的流程应该能够自动获取新数据、重新训练,而后做出相应预测。

部署和维护是预测分析在企业应用中的最后两个步骤。这两步需要结合企业与项目实情操作,其技术点也不在于机器学习,因此将不会在本书中具体讲解。虽然如此,但在搭建模型的时候同时建立起一个模拟流程也是有帮助的:一个模拟的流程部署可以让我们确定项目的可行性,保证每一步所需的资源都可及时到位。第 3 章讲解数据泄漏时,可以更清楚地体会到这一帮助。

1.5 小结

本章介绍了人工智能、机器学习和预测分析的关系,列举了预测分析在实际中的应用。最后,本章对预测分析的技术流程及流程中每一步,以及其之间的连接进行了一个高层次的概述。

## 第 2 章

数 据 清 理

第 1 章介绍了人工智能、机器学习与预测分析的关系,罗列出几年来预测分析在各领域中的应用,并对预测分析的技术流程及流程中每一步的连接进行了一个高层次的概述。本章将详细讲解技术流程中的第一步——数据清理。

2.1 建立编程环境

本书使用 Anaconda 管理编程环境,Jupyter Notebook 运行和调试(debug)代码,Pandas 做数据探索和 scikit-learn 运行大部分建模和优化。我们也会使用到相比 scikit-learn 而言更加精专于一类模型的包,如 XGBoost、LightGBM、CatBoost、TensorFlow。为了方便读者动手测试书中代码,本节将教读者如何使用 Anaconda,以及如何下载以上的库。

2.1.1 Anaconda 简介及安装

Anaconda 是一个为科学计算、机器学习和大规模数据处理设计的开源 Python 发行版。其目前自带超过 200 个包,可使用此发行版直接调用。Anaconda 中的 conda 可用来管理计算机内各种库的版本。作为 Python 程序开发者,我们可能都遇到过调用库之间版本不匹配的问题。举一个最直接的例子:假设你正在同时开发两个程序,其中一个程序需要使用 Python 3.5,而另一个程序需要使用 Python 3.7。两个程序只能分别在相应的 Python 版本下正常运行,而麻烦的是,Python 自带的 pip 环境管理无法同时支持 Python 3.5 和 Python 3.7。conda 可以通过建立独立的编程环境解决这一问题。每个独立的 conda environment 可以拥有互不干扰的 Python 版本。利用 conda 这一功能,也可以在同一计算机内通过使用不同的 conda environment 来调用同一个库的不同版本。

下载个人版 Anaconda 只需进入官网子域 https://www.anaconda.com/products/individual,下滑接近底端,会看到如图 2.1 所示的下载选项。

根据计算机系统和所需 Python 版本下载相应安装包。接下来将分别讲解 Graphical Installer 和 Command Line Installer 的安装过程。注意,以下皆为 macOS 图像界面,不同计算机系统的界面可能会有出入,但基本内容相同。

Graphical Installer 会下载一个 .pkg 文件安装包,双击打开安装包将会看到图像界面指示,如图 2.2 所示。

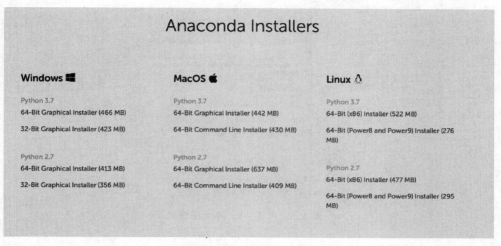

图 2.1 安装 Anaconda

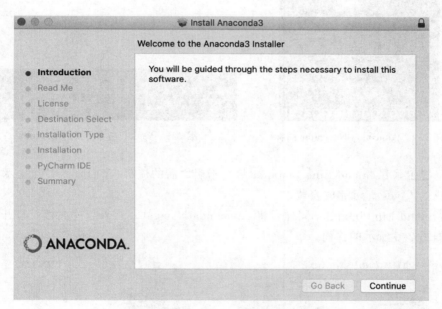

图 2.2 打开 Anaconda 安装包界面

根据提示前进。到最后一步 Summary（总结）中显示 The installation was completed successfully（成功完成安装）后即可关闭界面，删除安装包，如图 2.3 所示。

在应用程序文档中将会看到一个名为 Anaconda-Navigator 的软件，如图 2.4 所示。

Command Line Installer 会下载一个 .sh 文件。刚下载的文件无法直接执行，因此需要修改，先通过终端（terminal）改变这个文件权限。

输入 chmod {file_path}＋x，大括号内输入具有完整路径（full path）的文件名。执行这行代码可以打开文件的全部权限。

权限打开后，直接在终端输入具有完整路径的文件名，或输入 cd，到文件所属文件夹后输入文件名，按下回车键——.sh 文件可以通过这样的方式直接执行。会看到如图 2.5 所示的提示。

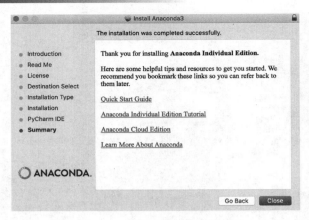

图 2.3　完成 Anaconda 的安装

图 2.4　Anaconda-Navigator 图标

图 2.5　命令行界面下载 Anaconda

　　跟随提示,Command Line Installer 将会指引之后的流程,我们只需要在提示出现时按回车键或输入 yes 即可完成安装。

　　Command Line Installer 同样会将 Anaconda-Navigator 装入程序文档。打开这个软件会看到如图 2.6 所示的界面。

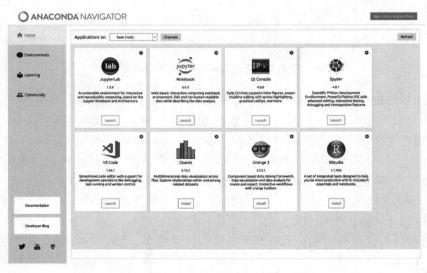

图 2.6　Anaconda-Navigator 起始界面

单击左栏中的 Environments，在这里可以单击下栏的 Create 按钮创建新的独立编程环境，如图 2.7 所示。

图 2.7　建立新的编程环境

系统自带的默认环境名为 base(root)，其中包含 320 个库。根据计算机本身下载过的库的数量不同，base 环境中可能不是准确的 320 个库——不用为这个数量的不同而担忧。如图 2.8 所示，新创建的 Environment 只包含 16 个基础的库。

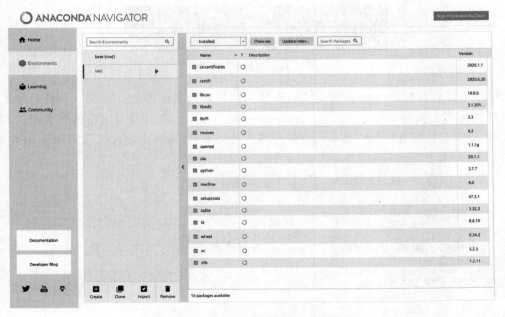

图 2.8　新建环境所包含的基础库

　　并不是所有的库都可以直接在 Anaconda-Navigator 的图像界面下载,因此,为了在新创建的环境中加入所需要的库,我们需要了解如何使用命令行界面操控环境和库。为了方便不了解命令行界面的读者跟随操作,特此注解:以下"执行"都代表"输入以下代码并按回车键"。

　　打开一个新的终端,主机名字前会显示目前所处的环境,如图 2.9 所示,初始设定中,主机名字没有前缀,这意味着我们目前不处于一个 conda 环境里。

```
Qinchens-MacBook-Pro:~ qinchenwang$
```

图 2.9　终端未显示 conda 环境

　　执行:

```
conda activate
```

将进入默认环境,也就是 base environment。如图 2.10 所示,主机名字前出现了(base),标志着目前所处的环境。

```
Qinchens-MacBook-Pro:~ qinchenwang$ conda activate
(base) Qinchens-MacBook-Pro:~ qinchenwang$
```

图 2.10　终端显示目前所处的 conda 环境

　　执行:

```
conda env list
```

将会显示所有创建过的环境,如图 2.11 所示。

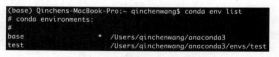

```
(base) Qinchens-MacBook-Pro:~ qinchenwang$ conda env list
# conda environments:
#
base                  *  /Users/qinchenwang/anaconda3
test                     /Users/qinchenwang/anaconda3/envs/test
```

图 2.11　列举所有环境

　　这里可以看到默认的 base 环境及刚刚使用图像界面创建的 test 环境。＊符号标记目前所处的环境。执行 conda activate {environment_name},在大括号内输入想要切换到的环境名,即可切换所处环境。如果没有输入特定的环境名,系统将进入默认的 base 环境中,如图 2.10 所示。

　　如图 2.12 所示,执行:

```
conda activate test
```

完成后,主机名字前的(base)变成了(test)。再次执行:

```
conda env list
```

＊标记在了 test 环境那一行。

　　命令行界面也可用于创建新的环境。接下来将尝试通过命令行重新创建 test environment。

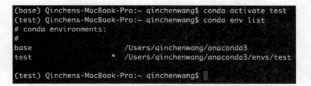

图 2.12　成功切换环境

如果尝试在环境内删除环境，将会收到执行错误：

```
CondaEnvironmentError : cannot remove current environment. deactivate and run conda
remove again
```

因此需要先执行：

```
conda deactivate
```

退出所处的 test 环境。执行 conda remove -n {environment_name} --all，在大括号内输入想要删除的环境名，即可删除该环境。命令行界面会提示将被删除的所有库，如图 2.13所示。

```
(test) Qinchens-MacBook-Pro:~ qinchenwang$ conda deactivate
(base) Qinchens-MacBook-Pro:~ qinchenwang$ conda remove -n test --all
Remove all packages in environment /Users/qinchenwang/anaconda3/envs/test:

## Package Plan ##

  environment location: /Users/qinchenwang/anaconda3/envs/test

The following packages will be REMOVED:

  ca-certificates-2020.1.1-0
  certifi-2020.6.20-py37_0
  libcxx-10.0.0-1
  libedit-3.1.20191231-haf1e3a3_0
  libffi-3.3-h0a44026_1
  ncurses-6.2-h0a44026_1
  openssl-1.1.1g-h1de35cc_0
  pip-20.1.1-py37_1
  python-3.7.7-hf48f09d_4
  readline-8.0-h1de35cc_0
  setuptools-47.3.1-py37_0
  sqlite-3.32.3-hffcf06c_0
  tk-8.6.10-hb0a8c7a_0
  wheel-0.34.2-py37_0
  xz-5.2.5-h1de35cc_0
  zlib-1.2.11-h1de35cc_3

Proceed ([y]/n)?
```

图 2.13　删除 test 环境

在提示：

```
Proceed?([y]/n)?
```

时输入 y 即可完全删除。再次执行：

```
conda env list
```

环境列表中将不再显示 test 环境,如图 2.14 所示。

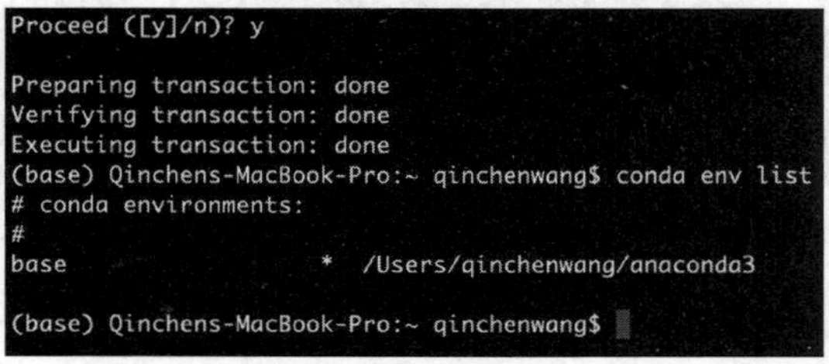

```
Proceed ([y]/n)? y

Preparing transaction: done
Verifying transaction: done
Executing transaction: done
(base) Qinchens-MacBook-Pro:~ qinchenwang$ conda env list
# conda environments:
#
base                     *  /Users/qinchenwang/anaconda3

(base) Qinchens-MacBook-Pro:~ qinchenwang$
```

图 2.14　删除 test 环境后的环境列表

这时如果重新打开 Anaconda-Navigator 进入 Environments,test 环境也不再会出现在列表中。

执行 conda create -n {environment_name},在大括号内输入想要创建的环境名,提示:

```
Proceed?([y]/n)?
```

时输入 y 即可创建新的环境。这时再次执行:

```
conda env list
```

应该看到图 2.11 所示的列表。执行:

```
conda activate test
```

将切换到刚刚用命令行界面创建的 test 环境。

简单熟悉命令行后,我们来使用命令行在新建的 test 环境中下载 Jupyter Notebook、Pandas、scikit-learn、XGBoost 、LightGBM、CatBoost 和 TensorFlow。

2.1.2　Jupyter Notebook 简介及安装

Jupyter Notebook 是一款开源网页程序。其主要应用于实时执行单段代码,契合 Python 这种脚本语言的运行方式。代码可以分开写入不同的 cell(元件),单独执行。如图 2.15 所示,被方框框起来的部分属于同一个 cell。

常用的 cell 有 3 种不同的类别——Code、Markdown 和 Raw cell。Code cell 用于写代码,是添加新的 cell 时的默认类别,内容要求符合 Python 语言规范。在 Code cell 中执行 print 或其他附带输出的 Python 代码即可在该 cell 底部显示。Markdown cell 用于插入文字和图片批注,同时可识别 Markdown 语言的特殊字符。Raw cell 则会完全保留输入内容,不做任何编译。

Jupyter Notebook 允许镶嵌式文字、表格和图像展示,如图 2.15 所示,让代码分享变得更直白易懂。拥有相同权限的用户可以对同一 Notebook 进行改写,方便团队间的协作。

接下来通过几个例子,对比一下使用 Jupyter Notebook 和传统的本机运行.py 文件。

第 1 个差异是本机上运行的 Python 脚本需要整个.py 文件同时运行,且运行完成后变量再无法找回。这样的不便在于,程序员无法立刻得到片段代码的输出。使用 Python 进行数据分析时,由于数据量普遍较大,每一步骤的运行时间也相应增加。若将所有步骤集合在同一.py 文件中,然后执行整个文件,程序员将无法及时地根据脚本进度做出相应调整。举个具体的例子,数据分析前需要读取数据,假设这个过程花费一分钟。为了对读取的数据有一个初步的认知,我们可能会让脚本输出数据的长度、内容概述、数据类别等。若使用本机运行.py 文件,脚本输出相应信息后将会自动退出。这时如果想获得数据的另一项信息或开始清理数据,则需要在.py 文件中加入相应代码后重新执行脚本。这意味着重新花费一分钟读取数据。而使用 Jupyter Notebook,只要不主动终结 Notebook 的运行,数据读取成功后便会一直存储在分配的变量中。而后可在新的一栏中,在无须重新读取数据的情况下写入新的脚本,输出数据的各类信息或开始清理数据。

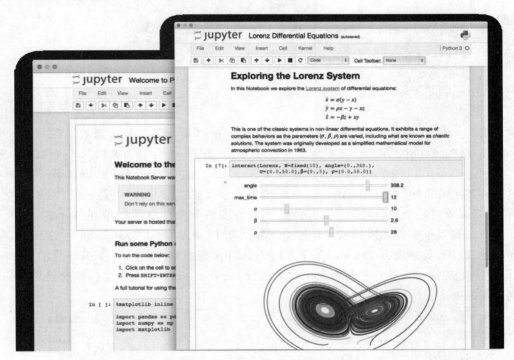

图 2.15　cell 示例(图源:Jupyter 官网)

如果在命令行使用过 IPython,可能会觉得 Jupyter Notebook 的运行模式与之有所相似,但不同于 IPython,Jupyter Notebook 将脚本存储于一个.ipynb 文件中,可供二次使用和分享。

第 2 个差异是输出格式的差异。本机上运行的.py 文件产出的图片信息往往以窗口的方式弹出,或直接在命令行界面做图。窗口弹出不利于整理图像与代码之间的联系,特别是当代码输出多张图片时;命令行界面则本质上不适合做出高品质图表。Jupyter Notebook 的镶嵌式展示可以将表格图片放置在相应代码附近。许多库也专门为 Jupyter Notebook 这类网页 Python 执行软件做过优化,如 Matplotlib 的图表绘制和 Pandas 的 DataFrame 打印,皆与本机中 IPython 不同。如 Matplotlib 在 IPython 中执行.plot()会弹出窗口,而在 Jupyter Notebook 中执行则会在相应的 Code cell 下方直接绘制。Pandas 的比对将在 2.1.3 节中讲解。

　　第 3 个差异体现在分享或演示代码时。在团队内分享普通的 .py 文件往往需要大量的注释，因为大段的代码难以阅读。另外，.py 文件本质上不太符合人类习惯阅读的格式。使用 Jupyter Notebook 的 cell 可以合理区分模块，并在模块之间加入文字和图片注解。如果是向不直接触碰代码的人演示——例如项目管理者，则更需要最大程度地优化编排。这也是 Jupyter Notebook 取名精巧的地方，它的格式如同一个符合人类习惯阅读的笔记本，其中穿插的代码及其输出可供使用者追溯笔记本内所述结果的运作原理。

　　Jupyter 的官网子域（https://Jupyter.org/install.html）中提供了使用 conda 下载 Jupyter Notebook 的方法。

　　回到命令行界面，切换到 test 环境，执行：

```
conda install - c conda - forge Notebook
```

收到：

```
Proceed ([y]/n)?
```

指示时输入 y，即可在新建的 test 环境内安装 Jupyter Notebook。下载完成后执行 Jupyter Notebook，将在网页中弹出一个显示主机根目录（Root directory）中所有文档及文件夹的列表。

　　还通过 Anaconda-Navigator 的图像界面直接安装。由于 Jupyter Notebook 在数据科学这一领域十分常用，Anaconda-Navigator 的主页中设置了安装快捷键。这里需要注意一点，图像界面重启后会默认进入 base 环境，因此在安装前要注意通过顶部 Applications on 后面的下拉式菜单事先切换到 test 环境中。如图 2.16 所示，单击 Notebook 下的 Install 按钮即可下载。下载完成后，Notebook 下方的 Install 会变成如 VS Code 下方一样的 Launch（启动）。单击 Launch 按钮将与在命令行中执行 Jupyter Notebook 产生同样的效果——弹出网页窗口列表。

图 2.16　下载 Jupyter Notebook

可以通过网页列表中的文件夹名称到达一个想要存储项目代码的地方。如图 2.17 所示，笔者将会把以下用于示范的代码放入桌面上一个名为教学的文件夹中。

单击右上方的 New→Python 3，可以创建新的 Python Notebook。在这里也可以单击 Folder 建立新的文件夹，单击 Text File 建立新的 .txt 文件，或单击 Terminal 打开一个连接本机服务器的网页终端。

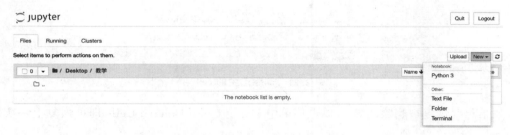

图 2.17　新建 Python Notebook

新建的 Python Notebook 的文件扩展名为 .ipynb，在 Jupyter 中打开新建的 Python Notebook 文件，如图 2.18 所示。文件默认名为 Untitled，也就是未命名，单击左上角文件名所在区域可为文件改名。

图 2.18　命名新建 Notebook

文件顶部是一排用于操作 cell 的工具，下拉式菜单可以用来切换一个 cell 的类别。图 2.19 所示是之前提到的不同类别的 cell。Code cell 和 Raw cell 单击即可编辑，而 Markdown cell 编译后想要重新编辑需要双击 cell。

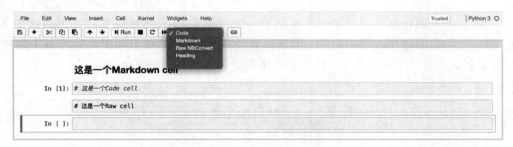

图 2.19　不同类别的 cell

下面介绍几个基本的按键。图 2.20 所示的加号工具按钮用来添加新的 cell，单击后会在当前 cell 下方添加新的空白 Code cell。

图 2.21 所示的裁剪工具按钮用来删除当前选中的 cell。

图 2.20　添加新的 cell

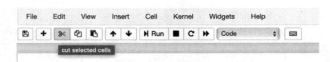

图 2.21　删除选中的 cell

如果想要恢复被删除的 cell，单击菜单中 Edit→Undo Deleted Cells 即可恢复上一次删除的 cell，如图 2.22 所示。

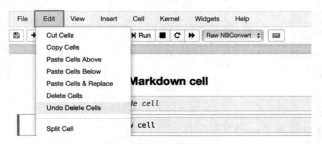

图 2.22　恢复删除的 cell

单击图 2.23 所示的复制工具按钮可以用来复制选中的 cell。

图 2.23　复制选中的 cell

图 2.24 所示的粘贴工具按钮用来粘贴上一次复制的 cell，粘贴位置将在当前选中 cell 的下一格。注意，若使用裁剪键删除 cell 后没有使用过复制键，则上一次裁减的 cell 会被存储为待复制的 cell。可以运用这一特质移动距离目的地较远的 cell。

图 2.24　粘贴复制的 cell

图 2.25 所示的上下两个工具按钮可用来移动距离目的地较近的 cell，它们会分别将选中的 cell 向上或向下移动一格。

图 2.26 所示的 Run 工具按钮用来执行单个 cell。使用快捷键 Shift＋Enter 可以达到同样的效果。

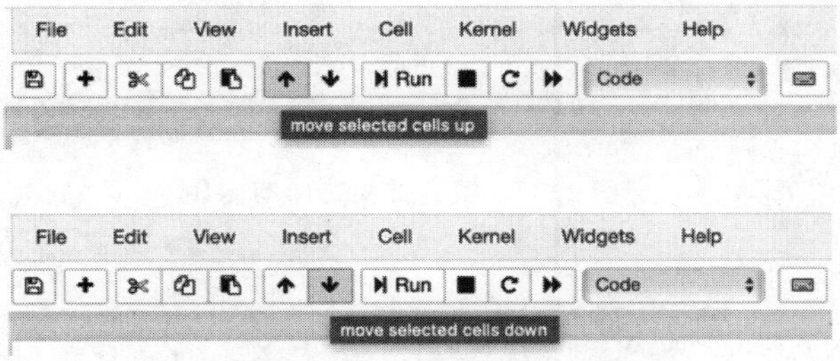

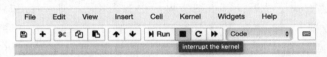

图 2.25　上下移动 cell

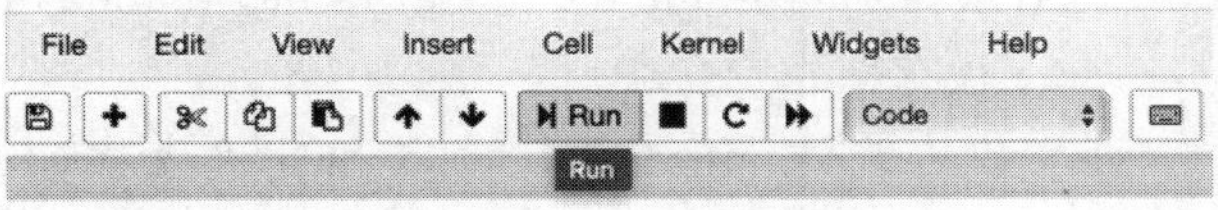

图 2.26　执行单个 cell 中代码

图 2.27 所示的停止工具按钮用来暂停还在运行的 cell。

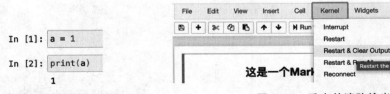

图 2.27　暂停 cell 中运行的代码

图 2.28 所示的重启工具按钮会清除所有的变量，Code cell 前面记录运行顺序的数字也会在下一次运行一个 cell 的时候重新从 1 开始计数。

图 2.28　重新启动 Notebook

使用这一重启工具按钮，Code cell 的输出不会被清除，因此如果在某个 cell 中打印前面 cell 定义过的变量，这一输出仍会出现在笔记本内，如图 2.29 所示，但是重启后若跳过图 2.29 中的第 1 行定义直接执行第 2 行，会得到 NameError，因为此时变量 a 还未被定义。

若需要在重启的同时清理全部输出，单击 Kernel→Restart & Clear Output，如图 2.30 所示。

```
In [1]: a = 1

In [2]: print(a)
        1
```

图 2.29　重启后输出保留

图 2.30　重启并清除输出

图 2.31 所示的重启工具按钮将在重启的同时执行所有 cell。

图 2.31　重启并执行所有 cell

2.1.3　Pandas 简介及安装

Pandas 是一个建立于 Python 上的开源数据分析和操纵工具。其核心在于将表格式数据转换为 Python 对象,此对象类别名为 Pandas DataFrame。Pandas 读取的 .csv 或 .tsv 数据可以作为一个 DataFrame 被存储在变量中。

对比一下使用 Pandas 和传统的 NumPy 在读取和处理表格信息时的相似与差异。NumPy 存储数据的形式为多维矩阵,Pandas 存储数据的形式为 DataFrame,两者皆可以通过不同层次的索引(indexing)获取特定数据,并对其进行数学或统计类计算。不同的是,NumPy 的核心在于对多维矩阵的数学计算,而 Pandas 优化了二维数据的表达和操纵。

Pandas 的表达方式更贴近计算机图像界面中的表格——拥有行和列之分,并且可以通过列名索引相应数据,类似 Microsoft Excel。实际上,Pandas 引用了许多 Excel 中对表格的操作,如根据条件筛选满足条件的行和列、绘制数据等,并且比 Excel 的运行速度快许多。Excel 进行数据预处理花费的大量时间和计算力使其无法有效处理大型数据。

SQL 带有许多数据处理功能,许多相同功能的速度也比 Pandas 更优,但 SQL 无法在每一步处理后有效汇报数据状态,因此不如 Pandas 适用于人工调试。举个例子,假设我们需要通过 SQL 从同一个数据库的两个不同的表中提取数据,同时要对两个表中的数据进行筛选和合并。我们可以选择通过 SQL 读取数据后直接筛选并合并,也可以只用 SQL 进行读取,再用 Pandas 筛选合并两个表。前者运行相对较快,但如果筛选合并后的结果与预期不符,很难在 SQL 代码中排查错误的出处——是筛选、合并出了问题,还是数据本身与预期不符。相比而言,若 SQL 只用于读取两个表内的数据配合 Pandas 筛选合并,便可以在读取后检阅数据,筛选后再次检阅,合并完成后进行最后的检阅。总体而言,SQL 可以较快地完成许多步骤,却不利于排错,而结合 Pandas 操作即可将步骤分开,一步步验证是否符合预期。

进一步介绍 Pandas 的功能之前,我们先通过 conda 将 Pandas 载入新建立的 test 环境中。

进入 Anaconda 官网中的 Pandas 下载子域 https://anaconda.org/anaconda/pandas,根据指示在命令行执行:

```
conda install -c anaconda pandas
```

在提示:

```
Proceed?([y]/n)?
```

时输入 y 即可安装。

为检验安装,在 Notebook 内执行:

```
import pandas as pd
```

若没有收到报错,则证明 Pandas 已经被成功载入 test 环境中了。

接下来测试几个基础的 Pandas 功能。

为了方便讲解,笔者下载了 Kaggle 上开源的泰坦尼克数据集。登录 https://www.kaggle.com/c/titanic/data 后单击 Download All 按钮即可下载数据集。以下的讲解会使用其中的 train.csv,但讲解的功能可以对任何普通的.csv 文件生效——可以使用任意的.csv 文件跟随以下步骤。

使用函数 pd.read_csv('{csv_path}'),在大括号内输入读取文件的绝对路径或相对路径,即可将.csv 文件数据读入一个 Pandas DataFrame。图 2.32 所示的是 Numbers 表格(一种 Mac 图像读取表格软件)中显示的数据。

train

PassengerId	Survived	Pclass	Name	Sex	Age	SibSp	Parch	Ticket	Fare	Cabin	Embarked
1	0	3	Braund, Mr. Owen Harris	male	22	1	0	A/5 21171	7.25		S
2	1	1	Cumings, Mrs. John Bradley (Florence Briggs Thayer)	female	38	1	0	PC 17599	71.2833	C85	C
3	1	3	Heikkinen, Miss. Laina	female	26	0	0	STON/O2. 3101282	7.925		S
4	1	1	Futrelle, Mrs. Jacques Heath (Lily May Peel)	female	35	1	0	113803	53.1	C123	S
5	0	3	Allen, Mr. William Henry	male	35	0	0	373450	8.05		S
6	0	3	Moran, Mr. James	male		0	0	330877	8.4583		Q
7	0	1	McCarthy, Mr. Timothy J	male	54	0	0	17463	51.8625	E46	S
8	0	3	Palsson, Master Gosta Leonard	male	2	3	1	349909	21.075		S

图 2.32 Numbers 表格显示的数据

在 Jupyter Notebook 内执行 Pandas 的.read_csv 函数得到的结果如图 2.33 所示。对比图 2.32 和图 2.33,可以更好地理解前文提到的"Pandas 的表达方式更贴近计算机图像界面中的表格"。使用 NumPy 无法在 Python 中以这样的形式展示表格。

```
pd.read_csv('./train.csv')
```

	PassengerId	Survived	Pclass	Name	Sex	Age	SibSp	Parch	Ticket	Fare	Cabin	Embarked
0	1	0	3	Braund, Mr. Owen Harris	male	22.0	1	0	A/5 21171	7.2500	NaN	S
1	2	1	1	Cumings, Mrs. John Bradley (Florence Briggs Th...	female	38.0	1	0	PC 17599	71.2833	C85	C
2	3	1	3	Heikkinen, Miss. Laina	female	26.0	0	0	STON/O2. 3101282	7.9250	NaN	S
3	4	1	1	Futrelle, Mrs. Jacques Heath (Lily May Peel)	female	35.0	1	0	113803	53.1000	C123	S
4	5	0	3	Allen, Mr. William Henry	male	35.0	0	0	373450	8.0500	NaN	S
...	...	...	...	...	...	...	...	...	...	...	...	...
886	887	0	2	Montvila, Rev. Juozas	male	27.0	0	0	211536	13.0000	NaN	S
887	888	1	1	Graham, Miss. Margaret Edith	female	19.0	0	0	112053	30.0000	B42	S
888	889	0	3	Johnston, Miss. Catherine Helen "Carrie"	female	NaN	1	2	W./C. 6607	23.4500	NaN	S
889	890	1	1	Behr, Mr. Karl Howell	male	26.0	0	0	111369	30.0000	C148	C
890	891	0	3	Dooley, Mr. Patrick	male	32.0	0	0	370376	7.7500	NaN	Q

891 rows × 12 columns

图 2.33 Pandas 读取并显示数据

执行这行代码前笔者将 train.csv 移动到了与此 Notebook 相同的文件夹中,因此可以使用./train.csv 这一相对路径找到文件 train.csv。若你的 train.csv 在不同的文件夹中,则需要相应地更改大括号内的路径。函数.read_csv 将.csv 文件数据读取转换成 Pandas DataFrame 对象。若要将对象存储在 Python 变量中需执行{variable_name}= pd.read_csv('./train.csv'),在大括号内填入变量名,如:

```
df = pd.read_csv('./train.csv')
```

图 2.33 所示的例子中读取的 DataFrame 并没有被赋给任何变量,因此运行此 cell 等同于运行一个变量。你可能注意到了,图 2.33 中并没有要求打印变量,而表格仍然被输出。这是因为在 Jupyter Notebook 中,执行单个变量——例如图 2.33 中执行单个 DataFrame 变量,会被认定成展示变量。确切地说,在 Jupyter Notebook 中执行:

```
pd.read_csv('./train.csv')
```

的效果等同于执行:

```
display(pd.read_csv('./train.csv'))
```

但这里需要注意的是,Pandas DataFrame 只有在特定编程环境中可以如图 2.33 这样展示表格。假如同样的代码输入终端的 IPython,DataFrame 展现的方式将如图 2.34 所示——没有像图 2.33 一样绘制成表格。

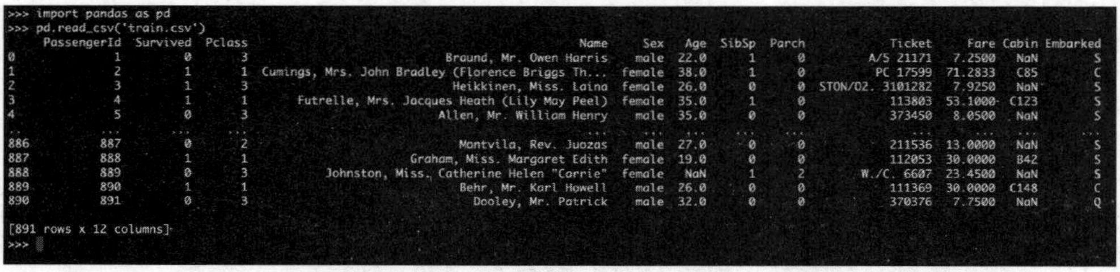

图 2.34　终端内使用 Pandas 读取并显示数据

在终端的 IPython 中没有 display 这一函数,执行:

```
pd.read_csv('./train.csv')
```

效果等同:

```
print(pd.read_csv('./train.csv'))
```

首先,执行:

```
df = pd.read_csv('./train.csv')
```

将 DataFrame 存入变量 df 中。执行这一代码不会如图 2.33 所示直接显示 DataFrame。

我们先来尝试几个用于了解表格数据内容的函数。函数 df.head(⟨number_of_rows⟩) 用来展示 DataFrame 前几行。可在大括号内填入具体行数,默认行数为 5:

```
df = pd.read_csv('./train.csv')
display(df.head())
```

输出如图 2.35 所示。

	PassengerId	Survived	Pclass	Name	Sex	Age	SibSp	Parch	Ticket	Fare	Cabin	Embarked
0	1	0	3	Braund, Mr. Owen Harris	male	22.0	1	0	A/5 21171	7.2500	NaN	S
1	2	1	1	Cumings, Mrs. John Bradley (Florence Briggs Th...	female	38.0	1	0	PC 17599	71.2833	C85	C
2	3	1	3	Heikkinen, Miss. Laina	female	26.0	0	0	STON/O2. 3101282	7.9250	NaN	S
3	4	1	1	Futrelle, Mrs. Jacques Heath (Lily May Peel)	female	35.0	1	0	113803	53.1000	C123	S
4	5	0	3	Allen, Mr. William Henry	male	35.0	0	0	373450	8.0500	NaN	S

图 2.35 代码输出

函数 df.tail() 的使用方法与 df.head() 相似,但显示的是 DataFrame 的最后几行。

函数 df.columns 用于查看表格中所有列名,执行:

```
print(df.columns)
```

输出为

```
Index(['PassengerId', 'Survived', 'Pclass', 'Name', 'Sex', 'Age', 'SibSp',
       'Parch', 'Ticket', 'Fare', 'Cabin', 'Embarked'],
      dtype = 'object')
```

我们可以通过列名索引部分列的数据。例如数据列数较多时,也许只需取某几列数据放在一起进行观察。使用 df[{list_of_column_names}],在大括号内输入一个包含所有需要列名的 Python list,即可取得相应列,代码如下:

```
display(df[['PassengerId', 'Pclass', 'Name']].head())
```

输出如图 2.36 所示。

	PassengerId	Pclass	Name
0	1	3	Braund, Mr. Owen Harris
1	2	1	Cumings, Mrs. John Bradley (Florence Briggs Th...
2	3	3	Heikkinen, Miss. Laina
3	4	1	Futrelle, Mrs. Jacques Heath (Lily May Peel)
4	5	3	Allen, Mr. William Henry

图 2.36 代码输出

此索引方式取得的对象同样是一个 DataFrame。若使用单括号执行 df['PassengerId'],则取得对象为 Pandas Series。单括号索引只能用于取得一列数据。

再来看一看之前在与 NumPy 做对比时提到的 Pandas 对数据"进行数学或统计类计算"的功能。直接使用函数 df.describe(),可计算数据类型为数字的列中的信息。如 count(不为空缺的个数)、mean(平均值)、std(标准偏差)、min(最小值)、25%(第 25 百分位数)、50%(中位数)、75%(第 75 百分位数)和 max(最大值):

```
display(df.describe())
```

显示结果如图 2.37 所示。

	PassengerId	Survived	Pclass	Age	SibSp	Parch	Fare
count	891.000000	891.000000	891.000000	714.000000	891.000000	891.000000	891.000000
mean	446.000000	0.383838	2.308642	29.699118	0.523008	0.381594	32.204208
std	257.353842	0.486592	0.836071	14.526497	1.102743	0.806057	49.693429
min	1.000000	0.000000	1.000000	0.420000	0.000000	0.000000	0.000000
25%	223.500000	0.000000	2.000000	20.125000	0.000000	0.000000	7.910400
50%	446.000000	0.000000	3.000000	28.000000	0.000000	0.000000	14.454200
75%	668.500000	1.000000	3.000000	38.000000	1.000000	0.000000	31.000000
max	891.000000	1.000000	3.000000	80.000000	8.000000	6.000000	512.329200

图 2.37　代码输出

还有更多的计算方式将在后面章节运用到时讲解。库中的方程可以在需要应用的时候查询，没有实际应用的列举也许不是最好的学习方法，但为了展示之前将 Pandas 和其他工具做对比时提到的功能，下面笔者会执行简单的筛选与合并。

执行 df[{condition_x}]，在大括号内输入布尔值（Boolean）或布尔类序列（Boolean Series）筛选条件，便可以根据某列或多列是否满足条件筛选 DataFrame。若筛选条件为多个，则需用小括号括起单个条件，用 & 符号连接，如 df[({condition_1}) & ({condition_2})]；若筛选条件为普通的布尔值，如 2>1 或 True，则此条件对所有行生效，因此多数情况下无法取得根据某列值筛选的效果。

所以一般情况下筛选调节皆为布尔类序列。布尔类序列属于一种 Pandas Series，其所有值皆为布尔值，故得其名。一种根据列值取得布尔类序列的方式，是对某列提取出来的 Pandas Series 应用逻辑运算。举个例子，df['Age'] 可以将列名为 Age 的列提取作为一个 Pandas Series，而 df['Age'] > 30 则会根据此 Series 每行的数值是否大于 30 生成一个与 df['Age'] 相同长度的布尔类序列。将此布尔类序列作为条件放入模板，可以取得所有满足所有条件的行，代码如下：

```
display(df[(df['Age'] > 30) & (df['Pclass'] == 3)].head())
```

显示结果如图 2.38 所示。

	PassengerId	Survived	Pclass	Name	Sex	Age	SibSp	Parch	Ticket	Fare	Cabin	Embarked
4	5	0	3	Allen, Mr. William Henry	male	35.0	0	0	373450	8.0500	NaN	S
13	14	0	3	Andersson, Mr. Anders Johan	male	39.0	1	5	347082	31.2750	NaN	S
18	19	0	3	Vander Planke, Mrs. Julius (Emelia Maria Vande...	female	31.0	1	0	345763	18.0000	NaN	S
25	26	1	3	Asplund, Mrs. Carl Oscar (Selma Augusta Emilia...	female	38.0	1	5	347077	31.3875	NaN	S
40	41	0	3	Ahlin, Mrs. Johan (Johanna Persdotter Larsson)	female	40.0	1	0	7546	9.4750	NaN	S

图 2.38　代码输出

函数 .concat 可以用来合并多个表，.append、.join 和 .merge 可以被用来合并两个表。它们的用法有所不同。函数 .concat 的引用方式为 pd.concat({list_of_DataFrames})，在大括号内输入一个列表元素为 Pandas DataFrame 的 Python list。输入的 list 中的 DataFrame 将被纵向叠加合并，list 中靠前的 DataFrame 数据会出现在合并后的 DataFrame 顶部，而靠后的 DataFrame 数据会出现在合并后的 DataFrame 底部。合并后的

DataFrame 会包含列表元素中所有 DataFrame 的所有列名。举个例子,首先从 df 中分割出部分列作为实验对象,df_name、df_class_with_id 和 df_age 是 3 个被分割出来的 DataFrame,代码如下:

```
#准备工作
df_name = df[['PassengerId', 'Name']]
df_class_with_id = df[['PassengerId', 'Pclass']]
df_age = df[['PassengerId', 'Age']]
```

这 3 个 DataFrame 共享 PassengerId 这一列名,而各自分别又有另一个不同的列名。使用 pd.concat 并显示合并结果的前 5 行,代码如下:

```
display(pd.concat([df_name, df_class_with_id, df_age]).head())
```

显示结果如图 2.39 所示。

	PassengerId	Name	Pclass	Age
0	1	Braund, Mr. Owen Harris	NaN	NaN
1	2	Cumings, Mrs. John Bradley (Florence Briggs Th...	NaN	NaN
2	3	Heikkinen, Miss. Laina	NaN	NaN
3	4	Futrelle, Mrs. Jacques Heath (Lily May Peel)	NaN	NaN
4	5	Allen, Mr. William Henry	NaN	NaN

图 2.39 代码输出

因为输入 concat 的 list 中第 1 个元素 df_name 没有 Pclass 和 Age,所以这两列的值在合并表中对应原 df_name 数值的部分将为 NaN(Not a Number,非数),以此代表空白值。DataFrame 可以通过和 Python list 一样的索引方式,执行:

```
display(pd.concat([df_name, df_class_with_id, df_age])[1000: 1005])
```

即可显示合并表中部指数为 1000~1004 的行,如图 2.40 所示。

这些行对应的是原 df_class_with_id 的数值,因此 Name 和 Age 列均为空白值。最后使用 pd.concat 并显示合并结果的后 5 行,代码如下:

```
display(pd.concat([df_name, df_class_with_id, df_age]).tail())
```

显示结果如图 2.41 所示。

	PassengerId	Name	Pclass	Age
109	110	NaN	3.0	NaN
110	111	NaN	1.0	NaN
111	112	NaN	3.0	NaN
112	113	NaN	3.0	NaN
113	114	NaN	3.0	NaN

图 2.40 代码输出

	PassengerId	Name	Pclass	Age
886	887	NaN	NaN	27.0
887	888	NaN	NaN	19.0
888	889	NaN	NaN	NaN
889	890	NaN	NaN	26.0
890	891	NaN	NaN	32.0

图 2.41 代码输出

这些行对应的是原 df_age 的数值,因此 Name 和 Pclass 均为空白值。注意,以上例中显示的 3 个表格的指数并没有在合并成一个大的 DataFrame 后重新索引(Reindex),因此,尽管合并后的 DataFrame 长度为 891×3＝2673,使用.tail 展示尾行的指数仍是 890。某些时候这并不够构成问题,但若要执行特定的、与指数相关的函数,则需注意这一细节。

使用.append 可以达到同样的效果,只是引用方式不同。函数.append 需要对一个 DataFrame 对象使用,代码如下:

```
df_name.append(df_class_with_id)
```

也可以连续使用达到.concat 的效果,尝试多次使用.append 函数并显示合并结果,代码如下:

```
display(df_name.append(df_class_with_id).append(df_age))
```

显示结果如图 2.42 所示。

	PassengerId		Name	Pclass	Age
0	1		Braund, Mr. Owen Harris	NaN	NaN
1	2	Cumings, Mrs. John Bradley (Florence Briggs Th...		NaN	NaN
2	3		Heikkinen, Miss. Laina	NaN	NaN
3	4	Futrelle, Mrs. Jacques Heath (Lily May Peel)		NaN	NaN
4	5		Allen, Mr. William Henry	NaN	NaN
...	...		...	...	...
886	887		NaN	NaN	27.0
887	888		NaN	NaN	19.0
888	889		NaN	NaN	NaN
889	890		NaN	NaN	26.0
890	891		NaN	NaN	32.0

图 2.42　代码输出

函数.join 用于横向合并,引用方式为{DataFrame_1}.join({DataFrame_2}),在大括号内填入需要横向合并的两个 DataFrame,代码如下:

```
#准备工作
df_name = df[['PassengerId', 'Name']]
df_class_with_id = df[['PassengerId', 'Pclass']]
df_class_without_id = df[['Pclass']]

display(df_name.join(df_class_without_id).head())
```

显示结果如图 2.43 所示。

从 df 中分割出一个只包含 Pclass 的 DataFrame,为的是让待合并的两个表没有列名的重合。如果执行:

```
display(df_name.join(df_class_with_id).head())
```

PassengerId		Name	Pclass
0	1	Braund, Mr. Owen Harris	3
1	2	Cumings, Mrs. John Bradley (Florence Briggs Th...	1
2	3	Heikkinen, Miss. Laina	3
3	4	Futrelle, Mrs. Jacques Heath (Lily May Peel)	1
4	5	Allen, Mr. William Henry	3

图 2.43 代码输出

会出现报错：

```
ValueError: columns overlap but no suffix specified: Index(['PassengerId'], dtype = 'object')
```

若想要绕过这条报错合并 df_name 和 df_class_with_id 需要在引用 .join 时指定可选参数（optional parameter）lsuffix 和 rsuffix 的值，代码如下：

```
display(df_name.join(df_class_with_id, lsuffix = '_left', rsuffix = '_right').head())
```

显示结果如图 2.44 所示。

PassengerId_left		Name	PassengerId_right	Pclass
0	1	Braund, Mr. Owen Harris	1	3
1	2	Cumings, Mrs. John Bradley (Florence Briggs Th...	2	1
2	3	Heikkinen, Miss. Laina	3	3
3	4	Futrelle, Mrs. Jacques Heath (Lily May Peel)	4	1
4	5	Allen, Mr. William Henry	5	3

图 2.44 代码输出

这会使 .join 左边和右边 DataFrame 中的 PassengerId 同时出现在合并后的 DataFrame 中，可在合并两个拥有相同列名，但列名储存不同数据的表时使用。例如 value 这一列名经常会在不同表内拥有不同的含义。

由于 .join 函数用到左边 DataFrame 的指数为基准合并右边 DataFrame 相应指数行的数据，使用 .join 时就要注意指数的对应关系。例如想要合并 df_name 的前 100 行和 df_class_without_id 的后 100 行时，代码如下：

```
display(df_name[: 100].join(df_class_without_id[ -100: ]))
```

但以上代码并不能达到目的，只会让 df_class_without_id 所对应的列被空值填满。显示结果如图 2.45 所示。

这是因为 df_name[: 100] 的指数是由 0 到 99 的整数，而 df_class_without_id[-100:] 的指数是由 791～890 的整数，这两者之间没有重合。为解决这个问题可以使用 .reset_index 函数，代码如下：

```
display(df_class_with_id[ -100: ].reset_index(drop = True))
```

.reset_index 函数可以使 df_class_with_id[-100：]这一 DataFrame 的指数重新从 0 开始排序。上行代码显示结果如图 2.46 所示。

	PassengerId	Name	Pclass
0	1	Braund, Mr. Owen Harris	NaN
1	2	Cumings, Mrs. John Bradley (Florence Briggs Th...	NaN
2	3	Heikkinen, Miss. Laina	NaN
3	4	Futrelle, Mrs. Jacques Heath (Lily May Peel)	NaN
4	5	Allen, Mr. William Henry	NaN
...	...	...	...
95	96	Shorney, Mr. Charles Joseph	NaN
96	97	Goldschmidt, Mr. George B	NaN
97	98	Greenfield, Mr. William Bertram	NaN
98	99	Doling, Mrs. John T (Ada Julia Bone)	NaN
99	100	Kantor, Mr. Sinai	NaN

100 rows × 3 columns

图 2.45　代码输出

	PassengerId	Pclass
0	792	2
1	793	3
2	794	1
3	795	3
4	796	2
...	...	...
95	887	2
96	888	1
97	889	3
98	890	1
99	891	3

100 rows × 2 columns

图 2.46　代码输出

因此,执行:

```
display(df_name[: 100].join(df_class_without_id[ - 100: ].reset_index(drop = True)))
```

即可达到合并目的,显示结果如图 2.47 所示。

	PassengerId	Name	Pclass
0	1	Braund, Mr. Owen Harris	2
1	2	Cumings, Mrs. John Bradley (Florence Briggs Th...	3
2	3	Heikkinen, Miss. Laina	1
3	4	Futrelle, Mrs. Jacques Heath (Lily May Peel)	3
4	5	Allen, Mr. William Henry	2
...	...	...	...
95	96	Shorney, Mr. Charles Joseph	2
96	97	Goldschmidt, Mr. George B	1
97	98	Greenfield, Mr. William Bertram	3
98	99	Doling, Mrs. John T (Ada Julia Bone)	1
99	100	Kantor, Mr. Sinai	3

100 rows × 3 columns

图 2.47　代码输出

函数.merge 同样用于横向合并。不同于.join 的使用指数合并,.merge 使用特定列的数值合并,因此引用时需要指定合并参考列。在可选参数 on 中以 Python list 的形式输入一个或多个参考列,代码如下:

```
display(df_name.merge(df_class_with_id, on = [ 'PassengerId']))
```

即可以 PassengerId 为基准合并 df_name 和 df_class_with_id。合并后每行 PassengerId 所对应的 Name 和 Pclass 将分别对应合并前 df_name 和 df_class_with_id 中该 PassengerId 同行 Name 和 Pclass 的值,显示结果如图 2.48 所示。

	PassengerId	Name	Pclass
0	1	Braund, Mr. Owen Harris	3
1	2	Cumings, Mrs. John Bradley (Florence Briggs Th...	1
2	3	Heikkinen, Miss. Laina	3
3	4	Futrelle, Mrs. Jacques Heath (Lily May Peel)	1
4	5	Allen, Mr. William Henry	3
...	...	...	...
886	887	Montvila, Rev. Juozas	2
887	888	Graham, Miss. Margaret Edith	1
888	889	Johnston, Miss. Catherine Helen "Carrie"	3
889	890	Behr, Mr. Karl Howell	1
890	891	Dooley, Mr. Patrick	3

891 rows × 3 columns

图 2.48　代码输出

以上所提到的合并函数只是简单示范这些功能,调整这些函数的参数,它们可以提供的功能远不止上述例子,但正如之前所说,Pandas 所提供的功能众多,没有实际应用的列举也许不是最好的学习方法。重要的是在实战中遇到问题时能推测出大致方向,提取问题的关键词——如"Pandas 通过列名合并表"。有效的搜寻能力会起到极大程度的帮助。

2.1.4　scikit-learn 简介及安装

scikit-learn,或 sklearn,是一款建立在 Python 上的机器学习库。其中包含多种算法,如分类算法、回归算法和集群算法等。结合 Pandas、NumPy 和 Matplotlib 等库可以搭建机器学习流程。

scikit-learn 附带的工具分为八大模块:Supervised learning(监督学习)、Unsupervised learning(无监督学习)、Model selection and evaluation(模型选择及评估)、Inspection(检查)、Visualizations(可视化)、Dataset transformations(数据转换)、Dataset loading utilities(数据加载)和 Computing with scikit-learn(计算优化)。本节会从高层次介绍这 8 个模块的工具都用于何处,以便在遇到实战问题时查询。

第 1 个模块 Supervised learning 和第 2 个模块 Unsupervised learning 包含多种模型算法,如图 2.49 所示。

实战中所需的大多数基础模型都可以直接调用这两个部分的模块,如 Naïve Bayes(朴素贝叶斯)、Decision Trees(决策树)、Ensemble methods(集成方法)、Clustering(聚类)等。商业应用中用于基础建模的大部分算法也都包含在这两个部分中。相比起从底层开始建模,这两大模块提供的轮子大大节约了建模时间。

第 3 个模块 Model selection and evaluation 包含许多用于评估模型或对比模型优劣的程序,如图 2.50 所示。

1. Supervised learning

▶ 1.1. Linear Models

▶ 1.2. Linear and Quadratic Discriminant Analysis

- 1.3. Kernel ridge regression

▶ 1.4. Support Vector Machines

▶ 1.5. Stochastic Gradient Descent

▶ 1.6. Nearest Neighbors

▶ 1.7. Gaussian Processes

- 1.8. Cross decomposition

▶ 1.9. Naive Bayes

▶ 1.10. Decision Trees

▶ 1.11. Ensemble methods

▶ 1.12. Multiclass and multilabel algorithms

▶ 1.13. Feature selection

▶ 1.14. Semi-Supervised

- 1.15. Isotonic regression

▶ 1.16. Probability calibration

▶ 1.17. Neural network models (supervised)

2. Unsupervised learning

▶ 2.1. Gaussian mixture models

▶ 2.2. Manifold learning

▶ 2.3. Clustering

▶ 2.4. Biclustering

▶ 2.5. Decomposing signals in components (matrix factorization problems)

▶ 2.6. Covariance estimation

▶ 2.7. Novelty and Outlier Detection

▶ 2.8. Density Estimation

▶ 2.9. Neural network models (unsupervised)

图 2.49　Supervised learning 和 Unsupervised learning 模块功能列表

3. Model selection and evaluation

▶ 3.1. Cross-validation: evaluating estimator performance

▶ 3.2. Tuning the hyper-parameters of an estimator

▶ 3.3. Metrics and scoring: quantifying the quality of predictions

▶ 3.4. Model persistence

▶ 3.5. Validation curves: plotting scores to evaluate models

图 2.50　Model selection and evaluation 模块功能列表

使用这一模块,可以快速提升模型评估的质量。例如使用 Cross-validation(交叉验证),相对于使用单一测试集更能够防止模型过拟合(Overfitting),这一点将在第 3 章讲到方差(Variance)时深入讲解。Metrics and scoring(指标和评分)模块中包含大量常用的评分公式,如准确率(Accuracy)、精准率(Precision)、召回率(Recall)、F1 分数等。根据不同问题的着重点不同,评估模型也需选择合适的评分标准进行优化。举一个预测二分类问题的例子。首先介绍 4 个二分类(Binary classification)问题中的术语:真阴性(True negative)数量,是真实数值为 0,预测数值亦为 0 的数量;假阴性(False negative)数量,是真实数值为 1,而预测数值为 0 的数量;真阳性(True positive),是真实数值为 1,预测数值亦为 1 的数量;假阳性(False positive),是真实数值为 0,而预测数值为 1 的数量。若预测出假阳性的成本较高,可以选择精准率作为评分标准加以优化;若预测出假阴性的成本较高,可以选择召回率作为评分标准加以优化。不同的模型在优化不同指标时的上限往往不同,因此,指标的选择影响着模型选择,要提前根据项目目标确认指标。

　　第 4 个模块 Inspection 主要用于检测特征在模型中的合理性。可用来绘制特征关系图,或以不同的算法计算训练完成的模型中的各特征重要性。

　　第 5 个模块 Visualization 主要用于快速可视化训练完成模型的预测性能。使用这一模板的函数,可以省去重新计算预测结果的步骤。例如在预测二分类问题中常用来理解模型预测效能的混合矩阵(Confusion matrix)。混合矩阵是一个 2×2 的矩阵,其左上项代表预测的真阴性数量,右上项为假阳性数量,左下项为假阴性数量,右下项为真阳性数量,如表 2.1 所示。

表 2.1 混合矩阵中各数值含义

真实数值	预测数值为 0	预测数值为 1
0	真阴性数量	假阳性数量
1	假阴性数量	真阳性数量

某些混合矩阵的行列名顺序可能会与表 2.1 不一样,表 2.1 所示仅为 scikit-learn 计算混合矩阵所用排列格式。阅读其他资料来源时需要核实行列名,再做理解。混合矩阵可以有效可视化模型效果,让我们直观地比对 4 项重要数量。计算混合矩阵可以先让训练完成的模型对评估集进行预测,再使用 Metrics and scoring 模块 metrics 中的 confusion_matrix 函数,输入真实数值和预测结果。或直接使用 Visualization 模块中 plot_confusion_matrix 函数,在参数中输入训练完成的模型和评估集,生成混合矩阵。这两种方式的操作难度均较低,之后在第 5 章衡量指标中会比对两者的代码,但使用 Visualization 模块生成的矩阵更有展示性。如图 2.51 所示,图 2.51(a)所示的混合矩阵为使用 metrics 模块中 confusion_matrix 函数输出的矩阵,其类型为 NumPy 矩阵;图 2.51(b)所示的混合矩阵为使用 plot_confusion_matrix 可视化的矩阵,结合 Matplotlib 绘图。

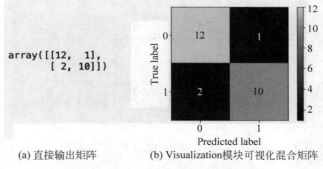

(a) 直接输出矩阵　　(b) Visualization模块可视化混合矩阵

图 2.51 对比不同方式输出的混合矩阵

第 6 个模块 Dataset transformations 用于转换数据,其中包含许多预处理数据的工具,如图 2.52 所示。

该模块主要用于提取有效特征、降低数据维度、清理空白值、格式化数据等。本章后续讲解预处理数据时会举例讲解。

第 7 个模块 Dataset loading utilities 主要用于引入开源数据。scikit-learn 本身的数据库中包含多个基准数据库,可直接导入用于测试模型效果。

第 8 个模块 Computing with scikit-learn 主要讲解较大的数据规模会如何影响对计算力的需求,提供

6. Dataset transformations
- ▶ 6.1. Pipelines and composite estimators
- ▶ 6.2. Feature extraction
- ▶ 6.3. Preprocessing data
- ▶ 6.4. Imputation of missing values
- ▶ 6.5. Unsupervised dimensionality reduction
- ▶ 6.6. Random Projection
- ▶ 6.7. Kernel Approximation
- ▶ 6.8. Pairwise metrics, Affinities and Kernels
- ▶ 6.9. Transforming the prediction target (y)

图 2.52 **Dataset transformations** 模块
功能列表

许多优化计算速度的建议,也通过图表比对不同量级的数据所需计算速度的差异。此模块主要解释了其他模块使用的优化计算量的参数,如各类模型中的 n_jobs 参数,可用于指明调用服务器 CPU 的数量。由于计算力的优化往往建立在算法优化上,此模块更像是对使用过计算量优化算法模块的归纳。之后章节使用到相应模块时会具体讲解。

scikit-learn 下载的方式与 Pandas 大体相同。使用:

```
conda activate test
```

进入 test 环境后,进入 Anaconda 官网中的 scikit-learn 下载子域 https://anaconda.org/anaconda/scikit-learn,根据指示在命令行执行:

```
conda install - c anacondascikit - learn
```

在提示:

```
Proceed?([y]/n)?
```

时输入 y 即可安装。

许多 scikit-learn 中可视化工具需结合 Matplotlib 使用。进入 Anaconda 官网中的 Matplotlib 下载子域 https://anaconda.org/conda-forge/matplotlib,根据指示在命令行执行:

```
conda install - c conda - forge matplotlib
```

在提示:

```
Proceed?([y]/n)?
```

时输入 y 即可安装。

在 Notebook 中执行 import sklearn,若未报错表示 scikit-learn 成功载入。执行:

```
import matplotlib.pyplot as plt
```

若未报错表示 Matplotlib 成功载入。

正如之前所列举,不论是监督学习还是非监督学习任务,sklearn 都可以提供大部分常用的机器学习模型,但由于 sklearn 涉及模型广度较大,对于某类模型的优化不比更加精专于该模型的库。2.14 节将讲解 3 个精专于基于梯度提升决策树(Gradient boosted trees)算法的库:XGBoost 、LightGBM 和 CatBoost。

2.1.5 XGBoost、LightGBM、CatBoost 简介及安装

自从 XGBoost 在 Kaggle 竞赛 Higgs Machine Learning Challenge 中夺得头筹,梯度提升算法在各类实战应用中取得了更多的关注。近年来在多个 Kaggle 比赛中获得第一名的算法都使用到 XGBoost 和 LightBGM 作为基底,而 CatBoost 也在特定的数据格式下崭露

头角。

XGBoost、LightGBM 和 CatBoost 是 3 个建立在梯度提升决策树算法上的库。三者从不同的角度优化了基于梯度提升决策树算法。梯度提升模型是多个弱预测模型的集成,而单个的决策树是最常用的弱预测模型选择。梯度提升可以理解为分阶段构建模型,每个弱预测模型的构建从构建完成的弱预测模型吸取经验,一步步地构建预测性更强的集合。这类算法比起神经网络(neural network)更适用于表格形式的数据。神经网络的优势在于,可以提取原数据特征中的抽象信息,因此适用于如图像、声频信息这样拥有抽象意义的数据;而神经网络相比基于树的算法的劣势在于其复杂程度和可理解程度,也更加依赖于大规模的数据。表格信息多数情况下不具抽象意义,因此无法获益于神经网络的优势,基于树的算法也因此成为表格信息预测的首选。

梯度提升决策树会在第 4 章介绍完决策树后更详细地讲解。

在 scikit-learn 中也有可调用的梯度提升决策树模型,分别是梯度提升分类器(gradient boosting classifier)和梯度提升回归器(gradient boosting regressor)。分类器用于预测目标为类别的问题,例如预测下个月方便面销量是增是减;回归器用于预测目标为数值的问题,例如预测下个月方便面的具体销量。使用梯度提升分类器的方法为,执行 from sklearn. ensemble import GradientBoostingClassifier 导入模型,执行 clf = GradientBoostingClassifier()初始化模型并将模型存入 Python 变量 clf 中。如图 2.53 所示,GradientBoostingClassifier 模型有许多可选参数用于优化模型,在第 4 章中将具体讲解。

```
class sklearn.ensemble.GradientBoostingClassifier(*, loss='deviance', learning_rate=0.1, n_estimators=100,
subsample=1.0, criterion='friedman_mse', min_samples_split=2, min_samples_leaf=1, min_weight_fraction_leaf=0.0,
max_depth=3, min_impurity_decrease=0.0, min_impurity_split=None, init=None, random_state=None, max_features=None,
verbose=0, max_leaf_nodes=None, warm_start=False, presort='deprecated', validation_fraction=0.1, n_iter_no_change=None,
tol=0.0001, ccp_alpha=0.0)
                                                                                                    [source]
```

图 2.53 GradientBoostingClassifier 的可选参数(图源:scikit-learn 官网文档)

接下来使用 clf. fit(⟨X_train⟩,⟨y_train⟩)训练模型,X_train 为训练集特征,y_train 为训练集目标值。使用 clf. predict(⟨X_test⟩)对测试集进行预测,X_test 为测试集特征。

梯度提升回归器的使用方法类似,只需将导入的模型的代码改为 from sklearn. ensemble import GradientBoostingRegressor,以及将初始化模型的代码改为 reg = GradientBoostingRegressor()。

XGBoost 中的 xgboost. XGBClassifier 和 xgboost. XGBRegressor 分别与 sklearn 中的 GradientBoostingClassifier 和 GradientBoostingRegressor 类似。xgboost. XGBClassifier 和 xgboost. XGBRegressor 都是 xgboost 模型用于适配 sklearn 的包裹,在 XGBoost 中也可以直接使用 xgboost 模型,通过更改参数 objective(目的)区别分类问题和回归问题。例如设置 objective = 'binary:logistic'效果等同于使用一个分类器解决二分类问题。

相比起 sklearn 中的梯度提升器,XGBoost 在计算速度上有明显的提升,对内存的要求也较小。另外 XGBoost 中加入了可选参数 lambda 和 alpha,分别用于做 L2 和 L1 正则化,减缓过拟合问题。第 6 章数据优化将详细讲解正则化如何被用于解决过拟合问题。另外,XGBoost 实施的提升算法是在传统提升算法上做过微调的,因此,XGBoost 预测的结果也会与 sklearn 中的梯度提升器不同,但其最大的优势仍在于更短的计算时间。

(1) 使用 conda 下载 XGBoost。进入 test 环境后,进入 Anaconda 官网中的 XGBoost 下载子域 https://anaconda.org/conda-forge/xgboost,根据指示在命令行执行:

```
conda install -cconda-forge xgboost
```

在提示:

```
Proceed?([y]/n)?
```

时输入 y 即可安装。

在 test 环境下开启的 Jupyter Notebook 中执行:

```
import xgboost as xgb
```

若未收到报错即为载入成功。

LightGBM 使用另外一种算法优化了梯度提升器,相比 XGBoost 可达到更快的计算速度,对内存的要求也更小。LightGBM 是一种对 XGBoost 的优化,其最初发表论文 *LightGBM:A Highly Efficient Gradient Boosting Decision Tree* 中使用 XGBoost 作为基线之一,对多个数据集进行预测。在准确率相当的情况下大大降低所需计算时间。LightBGM 也通过参数 lambda_l1、lambda_l2 和 min_gain_to_split 对过拟合问题提供了应对方式。

(2) 使用 conda 下载 LightGBM。执行:

```
conda activate test
```

进入 test 环境后,进入 Anaconda 官网中的 LightGBM 下载子域 https://anaconda.org/conda-forge/lightgbm,根据指示在命令行执行:

```
conda install -cconda-forge lightgbm
```

在提示:

```
Proceed?([y]/n)?
```

时输入 y 即可安装。

在 test 环境下开启的 Jupyter Notebook 中执行 import lightgbm as lgb,若未收到报错即为载入成功。

CatBoost 是 2017 年由俄罗斯网络科技公司 Yandex 所研发的算法,其优势在于可对分类数据进行特殊处理。当训练数据中包含的分类数据较多时,CatBoost 比起其他梯度提升算法可达到更高的准确率。2.2 节讲解异构数据时会更详细地讲解分类数据。需要注意的是,截至 2020 年 7 月的版本,在分类数据较少时,CatBoost 并不比 LightBGM 表现出更高的准确率,计算速度也平均比 LightGBM 慢许多。

使用 conda 下载 CatBoost 的方法如下：进入 test 环境后，进入 Anaconda 官网中的 LightGBM 下载子域 https://anaconda.org/conda-forge/catboost，根据指示在命令行执行：

```
conda install -cconda-forge catboost
```

在提示：

```
Proceed?([y]/n)?
```

时输入 y 即可安装。

2.1.6 TensorFlow 简介及安装

TensorFlow 是一款开源机器学习库，其中包含许多端到端机器学习管线开发的工具。TensorFlow 的核心在于使用基层的神经网络部件搭建不同结构和作用的神经网络，可以搭建最新研发的深度学习模型，但正如 2.1.4 节中所讲，深度学习往往并不适用于预测分析中常面对的表格式数据，因此，本书将不会太过详细地讲解 TensorFlow 的种种功能，只用到其中序列（sequential）API 示例如何使用不同结构的神经网络进行预测分析。

截至 2020 年 7 月，conda 支持下载的 TensorFlow 版本仅至 1.13.2，而 TensorFlow 最新版本已更新至 2.2.0。这是使用包管理器常会遇到的问题——不同的包管理器或同一管理器的不同版本支持下载的包亦不同。同时，使用 conda 下载的 TensorFlow 1.13.2 对于 Python 的版本也有一定的限制。为了使用最新版本的 TensorFlow，我们使用 Python 本身的包管理器 pip 进行安装。

进入 test 环境后，执行：

```
pip -- version
```

检查 pip 版本是否符合要求。目前 TensorFlow 官网下载子域 https://www.Tensorflow.org/install 中要求＞19.0 的 pip 版本。若输出的版本数不满足要求，指示在命令行执行：

```
pip install -- upgrade pip
```

升级 pip 版本，然后执行：

```
pip install tensorflow
```

即可安装稳定的 TensorFlow 版本。

2.2 面对异构数据如何下手

为了预测一个目标，我们往往会收集不同种类和格式的数据，使用这些数据的合并体进行预测。这其中可能引发两个问题：第一，大多数现有的机器学习模型无法接收非数字形式的数据输入；第二，不同种类的数据中同一数值的含义可能不同，因此，为了让算法更轻易地提取数据中隐藏的信息从而做出准确的预测，我们需要对这样的数据集合体做预处理。

2.2.1 什么是异构数据

异构数据(heterogenous data)在数据分析领域中的定义为种类或格式不同的数据。例如在预测用户是否会喜欢某篇文章时，训练信息可能同时包含以数字格式存储的用户年龄、以文字格式存储的文章类别和以布尔值存储的是否看过此文章。在 Python 3 中，布尔型作为整数型(integer)的子类，可以被作为整数型使用。如执行以下代码：

```
True == 1
```

输出如下：

```
True
```

因此，使用 Python 进行机器学习时，若数据仅为数字类或布尔类，将不会收到数据类别上的报错，但在上述例子中，文字格式存储的文章类别则需要经过预处理转换类型。

表格数据中常见的有效数据类型为数值型、分类型、文字叙述型和时间型。注意，这里的类型指的不是 Python 使用 type 函数后输出的变量类型，而是抽象概念上的类型。

数值型数据指的是可以用数字表达其全部信息，并继承数字之间的排列关系的数据。例如温度数据。

分类型数据的本质是以不同数值代表不同类别，可被进一步分为定类数据(nominal data)、定序数据(ordinal data)和二分法数据(dichotomous data)。其常见的形式可以为以下几种：布尔型、整数型和文字型。布尔型变量可用于存储二分法数据，也就是类别数量为 2 的数据，例如将天气分为下雨或未下雨两类。使用布尔型变量表示的类别信息往往可以用是否满足某一条件形容。在刚提到的例子中，是否满足下雨这个条件将不同日期的天气分为 True，下雨了；False，未下雨两类。整数型变量可用于存储类别数量大于 2 的数据，一般用于表达定序数据，也就是类别之间有大小顺序的分类数据。例如用户对某类型文章的喜欢程度，可用 1 代表不喜欢，2 代表中立，3 代表喜欢，但需要注意的是，在某些情况下，整数型变量会被用于存储定类数据，也就是类别之间没有大小顺序的分类数据。例如将用户的喜好分为 3 类，第 1 类喜欢美食相关的文章，第 2 类喜欢科技方面的文章，第 3 类喜欢财经方面的文章。以整数存储的分类型数据往往是文字的映射，在这个例子中，1 对应"喜爱美食"，2 对应"喜爱科技"，3 对应"喜爱财经"。在表格中，此列数据将取值 1、2 或 3。这里的 1、2、3 之间没有继承数字之间的排列关系，因此，尽管该数据使用整数表示，却不能与整数表示的数值型数据相同对待。换一种更具体的方法解释，数值型数据中的 1、2、3 之间具有 1<2<3 的关系，而这个例子中，1 所对应的喜爱美食明显不"小于"2 所对应的喜爱科技。文字型变量相对简单易懂，是一种面向人类解读者的分类数据表达方式。若刚刚用户喜好的例子中数据用文字型变量表达，则在表格中的取值将为"喜爱美食""喜爱科技"或"喜爱财经"。

文字叙述型数据不同于文字表达的分类型数据，其取值往往分散许多。如 Kaggle 开源泰坦尼克数据集中的 Name（姓名）列数据。每行的取值都为一个独特的人名，如图 2.54 所示。

	PassengerId	Survived	Pclass	Name	Sex	Age	SibSp	Parch	Ticket	Fare	Cabin	Embarked
0	1	0	3	Braund, Mr. Owen Harris	male	22.0	1	0	A/5 21171	7.2500	NaN	S
1	2	1	1	Cumings, Mrs. John Bradley (Florence Briggs Th...	female	38.0	1	0	PC 17599	71.2833	C85	C
2	3	1	3	Heikkinen, Miss. Laina	female	26.0	0	0	STON/O2. 3101282	7.9250	NaN	S
3	4	1	1	Futrelle, Mrs. Jacques Heath (Lily May Peel)	female	35.0	1	0	113803	53.1000	C123	S
4	5	0	3	Allen, Mr. William Henry	male	35.0	0	0	373450	8.0500	NaN	S
...	...	...	...	...	...	...	...	...	...	...	...	...
886	887	0	2	Montvila, Rev. Juozas	male	27.0	0	0	211536	13.0000	NaN	S
887	888	1	1	Graham, Miss. Margaret Edith	female	19.0	0	0	112053	30.0000	B42	S
888	889	0	3	Johnston, Miss. Catherine Helen "Carrie"	female	NaN	1	2	W./C. 6607	23.4500	NaN	S
889	890	1	1	Behr, Mr. Karl Howell	male	26.0	0	0	111369	30.0000	C148	C
890	891	0	3	Dooley, Mr. Patrick	male	32.0	0	0	370376	7.7500	NaN	Q

图 2.54 泰坦尼克数据集中人名取值独特

时间型数据用于记录时间和日期。时间信息可使用绝对时间或相对时间表示，信息的精准度根据数据收集方的存储格式而不同，可精准至年、月、日、时、分、秒等时间单位。绝对时间如 2020 年 7 月 5 日，拥有具体的时间值；相对日期的表达方式常为整数或浮点数字，用于表示某一时间节点后经过了多长时间。Python 中 time.time() 函数的返回值就是一个相对的时间：

```
import time
print(time.time())
```

输出的将是当前时间继新纪元时间（UNIX time 或 epoch time）后所经过的秒数，也叫时间戳，是当前时间距离 1970 年 1 月 1 日 0 点 00 分 00 秒的秒数差。企业内储存的数据也可能用到相对时间，例如记录某一日期距离企业最初创立日期的天数。

2.2.2 如何处理异构数据

本书涉及的异构数据处理分为两类，第 1 类为通过预处理将异构数据转换为可输入大部分模型的格式，第 2 类为通过数据规范化（normalization）优化某类模型对异构数据的预测效果。第 2 类处理将在第 6 章数据优化中讲解，本节主要讲解第 1 类处理。

之前提到过，大多数机器学习模型要求输入数据为数值型。而 2.2.1 节中列举的 4 种常见的异构数据类型中的 3 种——分类型、文字叙述型和时间型数据往往需要经过预处理转换表达形式，方能作为训练集输入模型且不引起报错。

分类型数据若以布尔值表示，则可以不经处理输入模型。若以文字型表示，则需转换为数字格式。常用的两种转换方式为数字映射和一位有效编码（one-hot encoding）。转换为数字映射的过程为第一，罗列数据中所有可能的类别；第二，赋予每个类别一个独特的数字；第三，使用对应数字替代文字。下面介绍几个 Pandas 中可以用来执行这一操作的函数。首先，在一个 Jupyter Notebook 的 Code cell 中创建一个用于测试的 DataFrame，执行：

```
#Chapter2/heterogeneous_data_processing.ipynb

import pandas as pd
#使用 Python 字典创建 DataFrame
df = pd.DataFrame({'User Id': [0, 1, 2, 3, 4, 5, 6],
                   'Satisfied': ['Not at all', 'Very',
                                 'Neutral', 'Neutral',
                                 'Very', 'Very', 'Neutral']})

display(df)
```

	User Id	Satisfied
0	0	Not at all
1	1	Very
2	2	Neutral
3	3	Neutral
4	4	Very
5	5	Very
6	6	Neutral

图 2.55　代码输出

使用 pd.DataFrame,输入一个值为 Python list 的 Python 字典,每个 list 的长度需要相等。这个字典的键将被用作 DataFrame 的列名,而值中的每项将被作为每行此列的值。执行这个 Code cell,输出如图 2.55 所示。

在这个例子中,Satisfied(满意)是我们想要处理的分类数据。在新的 cell 中执行:

```
print(df['Satisfied'].unique())
```

DataFrame 的索引和 Python 字典中的索引类似,在方括号中输入列名 Satisfied 即可获得存储 Satisfied 列相应数据的 Pandas Series。对 Pandas Series 使用.unique()函数,输出为此列所有独特取值:

```
['Not at all' 'Very' 'Neutral']
```

在下一个 cell 中执行:

```
df['Satisfied'] = df['Satisfied'].map({'Not at all': 0, 'Neutral': 1, 'Very': 2})
display(df)
```

显示结果如图 2.56 所示。

对一个 Pandas Series 使用.map 函数,输入一个键为原 Series 值,值为替换值的 Python 字典,即可替换 Series 中相应值。在这里需要注意两点:第一,若输入的 Python 字典键不包含原 Series 中的某值,在函数返回的 Series 中,原 Series 中对应该值的行将被填入空白值;第二,.map 函数并不改变原对象,只会返回一个替换过数值的 Series,因此若要改变原 DataFrame 中的 Satisfied 列,需要使用等号为 df['Satisfied'] 重新赋值。

	User Id	Satisfied
0	0	0
1	1	2
2	2	1
3	3	1
4	4	2
5	5	2
6	6	1

图 2.56　代码输出

数字映射适用于定序数据,映射的数字应该反映文字之间的关系。如上述例子中,映射数字之间的关系 2>1>0 反映了原文字信息中 Very(非常满意)>Neutral(中立)>Not at all(完全不满意)的关系。

一位有效编码,又名独热编码,将分类数据转换为 N 维编码。N 为分类数据的种类数,可对 Pandas Series 使用 .nunique 函数取得。继上一段代码执行后,在新的 Code cell 内执行:

```
#建立一个关于用户喜好的 DataFrame
df = pd.DataFrame({'User Id': [0, 1, 2, 3, 4, 5, 6],
                   'Preference': ['food','tech','finance','finance', 'tech',
                                  'tech', 'tech']})

print(df['Preference'].nunique())
```

输出为 3,对应 food、tech 和 finance 3 种类别。N 维编码中的每一维度对应原分类中的一种类别。每个类别数据将在其 N 维编码对应的维度中取值 1,同时在其他维度取值 0。在 3 类用户喜好的例子中,假设 N 维编码的第 1、第 2、第 3 个维度依次对应 Preference 为 finance、food 和 tech 的用户,User Id 为 0 的用户 Preference 为 food,因此他的编码将为 $[0,1,0]$;User Id 为 1 的用户 Preference 为 tech,因此他的编码将为 $[0,0,1]$;User Id 为 2 的用户 Preference 为 finance,因此他的编码将为 $[1,0,0]$。使用 Pandas 对某一列分类数据做一位有效编码的方法如下,在一个新的 Code cell 中执行:

```
display(pd.get_dummies(df))
```

输出如图 2.57 所示。

	User Id	Preference_finance	Preference_food	Preference_tech
0	0	0	1	0
1	1	0	0	1
2	2	1	0	0
3	3	1	0	0
4	4	0	0	1
5	5	0	0	1
6	6	0	0	1

图 2.57 代码输出

在 pd.get_dummies 函数中输入一个 DataFrame,函数会对所有含文字列进行一位有效编码,并使用编码取代原列合并入 DataFrame。需要注意的是,pd.get_dummies 只会返回一个 DataFrame,并不对输入的 DataFrame 进行更改,因此,若要对原 DataFrame 进行更改,需要重新赋值,在下一个 cell 中执行:

```
df = pd.get_dummies(df)
```

若原 DataFrame 中不止一列包含文字信息,而我们只想对其中的某些列进行一位有效编码,可以执行以下步骤:第一,对想要进行编码的列使用 pd.get_dummies 并存储返回的 DataFrame;第二,使用 .join 函数横向合并 pd.get_dummies 所返回 DataFrame 和原 DataFrame;第三,删除原 DataFrame 内已编码的列。为测试这些步骤,首先在下一个 cell 中执行:

```
#Chapter2/heterogeneous_data_processing.ipynb

#重新创建df,使其返回未编码状态
df = pd.DataFrame({'User Id': [0, 1, 2, 3, 4, 5, 6],
                   'Preference':
                   ['food','tech','finance','finance', 'tech', 'tech', 'tech']})
#与 Python 字典创建新的键值方法类似,为新列名赋值与现 DataFrame 长度相当的 Python list
#即可添加新列.为 df 添加名为 Second preference(第二喜好)的列
df['Second preference'] = ['tech', 'food', 'food', 'tech', 'food', 'finance', 'food']
#显示目前的 df
display(df)
```

输出如图 2.58 所示。

	User Id	Preference	Second preference
0	0	food	tech
1	1	tech	food
2	2	finance	food
3	3	finance	tech
4	4	tech	food
5	5	tech	finance
6	6	tech	food

图 2.58　代码输出

尝试执行以上 3 个步骤,对 Preference 列做一位有效编码,Second preference 保持不变。第一,在下一个 cell 中执行：

```
encoded_preference_df = pd.get_dummies(df[['Preference']])
display(encoded_preference_df)
```

输出如图 2.59 所示。

	Preference_finance	Preference_food	Preference_tech
0	0	1	0
1	0	0	1
2	1	0	0
3	1	0	0
4	0	0	1
5	0	0	1
6	0	0	1

图 2.59　代码输出

第二,合并 encoded_preference_df 和 df,在下一个 cell 中执行：

```
df = df.join(encoded_preference_df)
display(df)
```

输出如图 2.60 所示。

User Id	Preference	Second preference	Preference_finance	Preference_food	Preference_tech
0	0	food	tech	0	1	0
1	1	tech	food	0	0	1
2	2	finance	food	1	0	0
3	3	finance	tech	1	0	0
4	4	tech	food	0	0	1
5	5	tech	finance	0	0	0
6	6	tech	food	0	0	0

图 2.60 代码输出

第三,使用.drop(columns={columns_to_drop}, inplace=True),在括号内输入一个项为需要删除的列名的 Python list。当参数 inplace 设定为 True 时,.drop 函数会直接对原 DataFrame 进行更改,在下一个 cell 中执行:

```
df.drop(columns = ['Preference'], inplace = True)
display(df)
```

输出如图 2.61 所示。

User Id	Second preference	Preference_finance	Preference_food	Preference_tech
0	0	tech	0	1	0
1	1	food	0	0	1
2	2	food	1	0	0
3	3	tech	1	0	0
4	4	food	0	0	1
5	5	finance	0	0	1
6	6	food	0	0	1

图 2.61 代码输出

以上代码既对 Preference 列文字信息进行了一位有效编码,又保留了 Second preference 的文字信息。

一位有效编码不对类别排序做任何编码,因此适用于定类数据。如上述例子中,finance、food 和 tech 这 3 种喜好没有序列关系,其三维编码亦不存储序列关系。

时间型数据可以多种形式存储。一般情况下,绝对时间数据以 Python 字符串(string)存储,如'2020-07-05',或 Python datetime(日期时间)对象,如 datetime.date(2020,7,5);相对时间以数值形式存储,如时间戳。时间型数据可以用来提取更多的特征,例如获取上月销售数量时需要用到时间信息锁定上月数据;也可以用来重新格式化数据。2.4 节将具体讲解如何使用时间信息重新格式化数据。

除去其对特征提取和重新格式化数据的贡献,数值型时间型数据也可以直接作为一个特征输入模型,提供数据点时间之间的前后关系信息。若数据本身不为数值形态存储,则需经过预处理,在保留时间前后间隔关系的同时转换为模型支持的数值形态。处理方式是将字符串或 datetime 对象转换为相对时间,转换步骤如下:第一,找到最小的时间值,并将其作为比对点;第二,使用合适的时间单位,计算每一数据点与比对点的时间差数值;第三,使用时间差替代原时间数据。由于时间信息的格式众多,接下来的例子中假设时间单位为天,数据存储格式为'年-月-日'。首先,为例子创建新的 DataFrame,在下一个 cell 中执行:

```
df = pd.DataFrame({'Date': ['2019 - 11 - 01', '2019 - 11 - 23', '2020 - 01 - 01',
                            '2020 - 05 - 07', '2020 - 06 - 15'],
                   'Sold': [10, 12, 33, 21, 3]})
```

为了方便时间差的计算,使用 pd.to_datetime 函数将 Date 列转换为 Pandas 时间日期对象,在下一个 cell 执行:

```
df['Date'] = pd.to_datetime(df['Date'], format = '%Y- %m- %d')
```

参数 format 用于输入字符串中的时间格式,需使用特殊字符替代时间类型所在位置。如'年-月-日'输入 format 为'%Y-%m-%d';'日/月/年'输入 format 为'%d/%m/%Y'。更多特殊字符所对应时间类型可参考 Python 文档对 strftime 的记录。

2.3 数据误差

数据在收集和存储的过程中往往存在某些不确定因素,例如收集每日仓库库存数量的数据时,任何清点当日库存的方式都可能存在误差。这些不确定因素意味着现实数据常存在某些误差。本节将列举几个最常见的误差,以及如何在不同的数据中指出误差。

2.3.1 各类数据误差及其影响

数据误差中的"误差",主要指的是预期此数据所表达的信息和数据实际表达信息之间的差异。这种差异可以表现在完整度、格式和数值等方面上。

收集数据时往往希望所有数据都是完整的。例如在使用泰坦尼克号数据集预测乘客存活与否时,对 Age 这列信息的预期是"一个包含所有乘客登船时准确年龄数值信息的数据",但如图 2.62 所示,Age 列中出现了 NaN(空白数值),说明此数据并不满足预期中"包含所有"这一假设,因此,Age 信息存在完整度上的误差。

	PassengerId	Survived	Pclass	Name	Sex	Age	SibSp	Parch	Ticket	Fare	Cabin	Embarked
0	1	0	3	Braund, Mr. Owen Harris	male	22.0	1	0	A/5 21171	7.2500	NaN	S
1	2	1	1	Cumings, Mrs. John Bradley (Florence Briggs Th...	female	38.0	1	0	PC 17599	71.2833	C85	C
2	3	1	3	Heikkinen, Miss. Laina	female	26.0	0	0	STON/O2. 3101282	7.9250	NaN	S
3	4	1	1	Futrelle, Mrs. Jacques Heath (Lily May Peel)	female	35.0	1	0	113803	53.1000	C123	S
4	5	0	3	Allen, Mr. William Henry	male	35.0	0	0	373450	8.0500	NaN	S
...	...	...	...	...	...	...	...	...	...	...	...	...
886	887	0	2	Montvila, Rev. Juozas	male	27.0	0	0	211536	13.0000	NaN	S
887	888	1	1	Graham, Miss. Margaret Edith	female	19.0	0	0	112053	30.0000	B42	S
888	889	0	3	Johnston, Miss. Catherine Helen "Carrie"	female	NaN	1	2	W./C. 6607	23.4500	NaN	S
889	890	1	1	Behr, Mr. Karl Howell	male	26.0	0	0	111369	30.0000	C148	C
890	891	0	3	Dooley, Mr. Patrick	male	32.0	0	0	370376	7.7500	NaN	Q

图 2.62　泰坦尼克数据集中年龄信息有所缺失

数据中存在空白数值最直接的影响就是会在数据输入模型时收到报错,因为大多数模型无法处理空白值。

我们往往对某列数据的格式有一定的预期,这一预期可能出于常识、数据收集者的文档等。例如,对泰坦尼克数据集中 Pclass 的预期为"一个包含所有乘客船舱类别(分 1、2、3 等)信息的数据"。假设某行的 Pclass 列中出现了 three 这一数值,就会与预期中船舱类比只有 1、2、3 这 3 种可能性的假设起冲突,但因为 three 在抽象概念上等同于 3,这样的误差属于格式误差。对 Sex 这一列的预期为"一个包含所有乘客性别信息,取值可为 'male'(男性)或 'female'(女性)两种字符串的数据"。假设某行的 Sex 列出现了 'male '这一数值(注意字符串结尾的空格),这一行取值便不符合预期,因为 Python 中的字符串 'male '不等于 'male',但由于 'male '在抽象概念上等同于 'male',这同样属于格式误差。这类误差容易在人工输入数据时出现。

在对某列数据做更多特征提取或运用该列做更多数据处理前需要排除格式上的误差。例如第 1 章提到的一位有效编码,会将 'male'和 'male '作为两种不同的类别,拓展出多余的一列。根据该列使用 .merge 函数进行双表合并时,也会因字符串不完全对等使合并不能按照预期进行。这样的细节累积会让排错的过程越来越复杂,因此需尽早排除原始数据中的误差。

我们对某些数据的数值范围也有一定的预期。举个常见的例子,现实中许多数值一般情况下不可取为负数,如价格、订阅量、长度等。若收集到的此类数据中出现了负值,便与预期产生了冲突,这样的误差属于数值误差。数值误差可能会因偶然因素或系统因素导致。偶然因素所导致误差例如,在人工点货时若将原有 1 件的产品清点为 0 件,那么下一次购物者购入此物件系统自动更新物品量时,便会显示 -1 个单位。人为清点失误这一偶然事件导致了此误差。系统因素导致的误差例如,表格中记录长度的一列实则记录了相对长度,而负数只是表示了较基准线较短的长度。我们在做出预期时没有足够了解数据所表达的真实信息,因此产生了系统性的预期误差。

不论是偶然因素还是系统因素导致的数值误差,都可能导致在之后使用数据时用到不合理的假设,从而得到不合乎预期的输出。

由于最终输入模型的数据将直接影响预测的准确度,保证输入数据与预期相符至关重要。机器学习流程的排错相对困难,复杂的模型、大规模的数据加上某些问题本质上的不可预测性让程序员很难确认准确率不达标的原因,但若对输入数据有具体准确的理解,则可以排除数据错误引起的准确率问题。

举个例子,假设上月方便面销量对本月销量的预测起决定性作用。在合并存储销量的表和存储其他特征的表时使用物件 ID 作为合并列。我们对两个表中 ID 列的预期为"同一产品的 ID 相同"。这时如果某个表中的 ID 列存在大量格式误差,导致 ID 名后附带多余的空格,会使得合并时本应有相应销量数据的产品无法合并到对应的销量信息,导致合并后销量信息多为空白值。最终预测准确率不达标,数据分析师需要排查可能导致低准确率的原因。从我们的角度看,这明显是因为某重要特征在合并时因数据误差丢失,但在预处理代码繁多的项目中找到这一问题需要花费大量时间。

总体而言,在每一步获得新特征时都需保证其与预期相符,可以节省大量的后期排错时间。

2.3.2　如何处理数据误差

本节将讲解如何使用 Pandas 解决以上列举的完整度、格式和数值方面上的误差,最后会从一个更广义的角度概括误差处理的步骤。

第 1 章中提到,根据特征中空白值的本质差异,处理此特征的方法也应该相应调整。面对含有空白值的特征时,首先该考虑的是此特征中空白值是否可能使用合理数值填满。换而言之,我们应该考虑是否存在一系列猜想数值与每一空白值相对应,且猜想数值与真实数值的偏差引入的噪声小于此特征所带来的收益。注意关键词"合理",这不是一个可以量化的特质,因此可能存在多种"合理"的填充方法,其效果需要根据填充后特征与模型配合取得的预测质量评判。

接下来会使用泰坦尼克号数据集乘客 Age 信息的空白值填充为例,讲解如何将一个"合理"的填充方案使用 Python 落实在 DataFrame 上,以及拟出合理填充方案的思路。在这里简单回顾一下使用泰坦尼克号训练集的准备步骤:第一,将下载的文件夹中的 train.csv 文件移动至用于实验的 Jupyter Notebook 所在路径;第二,使用 test 环境打开 Notebook;第三,在 Notebook 的一个 Code cell 中执行:

```
import pandas as pd
df = pd.read_csv('./train.csv')
```

准备工作完成后,Python 变量 df 将存储 train.csv 的表格数据。

首先,我们需要了解 Age 特征中有效值的比重——也就是非空白值的比重。大多数情况下,有效值比重较大的特征可以使用合理数值填满。对一个 Pandas Series 使用 .count() 函数可以取得此列数据除去空白值外的有效数值个数,再用有效个数除以 df 总行数,在下一个 cell 中执行:

```
print(df['Age'].count() / len(df))
```

输出为有效数值比重:

```
0.8013468013468014
```

因此得出,Age 特征中有效特征占比＞80％,同时意味着空白值比重＜20％。也许我们可以根据 80％ 已知的乘客年龄数据填补空缺。最简单的填缺方式为输入平均值,这种填缺方法可以让填充的数值处于合理范围内,但简单的平均值必然与实际数值存在较大误差。为训练集填缺时引入的误差会在模型训练时化作噪声,降低模型的准确率。我们可以从 80％ 的有效数据中大致了解一下年龄对于乘客生存率的影响。导入绘图所需模块,在下一个 cell 中执行:

```
import matplotlib.pyplot as plt
import numpy as np
```

使用 pd.cut 函数切割 DataFrame,在 x 参数中输入将用于分割 DataFrame 的 Series,在

bins 参数中输入分割序列。pd.cut 会根据每行数据所对应的该 Series 值,将每行分入 bins 序列中的一格。分割过的 DataFrame 可以使用 df.groupby 重新组合,再使用.mean()函数即可取得不同 Age 分段每列的平均数值。使用 plt.scatter 绘制年龄与存活率关系的散布图,在下一个 cell 中执行:

```
# Chapter2/data_error_processing.ipynb

df_survivor_age = df.groupby(pd.cut(x = df["Age"], bins = np.arange(0, 81, 10))).mean()
plt.scatter(df_survivor_age['Age'], df_survivor_age.Survived)
plt.xlabel('Age')
plt.ylabel('Survival rate')
plt.title('Survival rate across different age groups')
plt.show()
```

输出如图 2.63 所示。

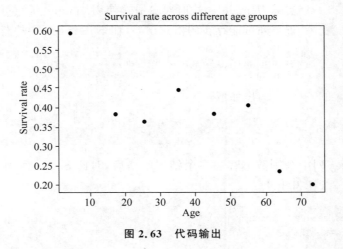

图 2.63　代码输出

由此可见,年龄较小的乘客生存率相对较高,因此,在一个极端的例子中,假设空缺值的真实数值皆大于 60。根据图 2.63,可以推测这 20% 的生存率较低。若在这 20% 空缺信息中填入平均年龄(大约 29),训练集中年龄为 29 的乘客生存率将大幅降低,因而模型在面对测试集数据时,会有更大的概率错将年龄接近 29 的乘客 Survived 预测为 0。

解决这一问题的办法在于尽可能地根据其他信息做出更为准确的填缺。我们可以推测,同一性别和客舱等级的乘客年龄相对更接近,从而将空缺值填充为同一性别和客舱等级的平均乘客年龄,在下一个 cell 中执行:

```
for sex in df['Sex'].unique():
    for pclass in df['Pclass'].unique():
        condition = (df['Sex'] == sex) & (df['Pclass'] == pclass)
        df.loc[condition & df['Age'].isna(), 'Age'] = df[condition]['Age'].mean()
```

两个 for 循环用于取得每个独特的 Sex 和 Pclass 组合,使用组合创建相应条件,并在.loc 函数中输入条件,以及想要更改的列名。注意,等号左边的条件在满足 Sex 和 Pclass 的前提下附加了 df['Age'].isna() 这一条件,而等号右边的条件只需满足 Sex 和 Pclass 相等。这是因为,等号左边用于索引所有满足当前迭代对应的 Sex 和 Pclass 值,并且 Age 列需要被填充的数据行;而等号右边只需取得所有满足当前迭代对应的 Sex 和 Pclass 值的数据行 Age 平均值。Pandas 在取平均值时会默认只提取有效值的平均数。

为了更好地展示之前讲到的格式误差的例子,首先创建一个存在此类格式误差的 DataFrame,在下一个 cell 中执行:

```python
df = pd.DataFrame({'Id': [1, 2, 3, 4, 5, 6],
                   'Gender': ['male', 'female', 'male ',
                              'male', 'female', 'female']})
display(df)
```

	Id	Gender
0	1	male
1	2	female
2	3	male
3	4	male
4	5	female
5	6	female

图 2.64　代码输出

输出如图 2.64 所示。

单纯从 display(df) 中看不出 Gender(性别)列第 3 行的 'male' 实际为 'male '。这时对 Series 使用 .unique 函数可以快速直观地检查某列可能存在的格式误差,在下一个 cell 中执行:

```python
print(df['Gender'].unique())
```

输出如下:

```
['male' 'female' 'male ']
```

检查出 Gender 列中个别数据存在多余结尾空格后,对此 Series 使用 .apply 函数即可清理空格,在下一个 cell 中执行:

```python
def trim_series(series_element):
    return series_element.strip()

df['Gender'] = df['Gender'].apply(trim_series)
print(df['Gender'].unique())
```

输出如下:

```
['male' 'female']
```

首先需要定义一个去除字符串前后空格的函数,如上段代码中的 trim_series。如何理解这个函数的输入和输出呢? 可以将这个函数接收的对象想象成 Series 中的任一数值,对其进行修改并返回,而函数最后返回的对象将是 Series 中此数值更改后的取值。注意,此函数将对 Series 中的每行做出同样的修改,因此在函数内修改数值时,注意不要修改无误差数值。在这个例子中,Gender 列的每一数值皆为字符串,可以使用 .strip 函数去除前后空格。若数值本身不存在前后空格引起的格式误差,.strip 则不会对其进行更改。对 Gender 列使用 .apply 并输入函数 trim_series,即可根据 trim_series 中的逻辑更改 Gender 列的数值。注意,.apply 函数并不会更改对象本身,只会创建一个新的 Series 对象,存储修改过数值的

Series。更改原 Series 需要索引 Series 后重新赋值,如上段代码中最后一行所示。

检测数据是否存在数值误差时,需要结合对每列的数值范围的预期做判断。用一个简单的 DataFrame 模拟 2.3.1 节中提到的负存货的例子,在下一个 cell 中执行:

```
df_stock = pd.DataFrame({'Item Id': [0, 1, 2, 3, 4, 5],
                         'Stock level': [10000000, 20, 385, 56, -3, 231]})
```

从一个小的 DataFrame 中可以轻易发现 Stock level(库存量)这一列中可能存在的两个数值误差——10000000 和 −3。以我们对库存的认知判断,其取值应大于或等于 0,且一般情况下不应过大。实际应用中的数据量级往往难以用肉眼来鉴别误差,可以使用 .min 和 .max 函数读取最小值与最大值,在下一个 cell 中执行:

```
print(df_stock['Stock level'].min(), df_stock['Stock level'].max())
```

输出如下:

```
-3 10000000
```

发现数值误差后,需要推测误差来源。理解误差来源有时可以帮助我们更准确地修改出现误差的数据。例如 2.3.1 节中提到的,假设若某次清点库存时漏点了 5 件 Item Id 为 4 的商品,将原有 10 件的商品记录为 5 件。由于商品栏上实际摆有 10 件商品,顾客可以购买 5 件之后继续购买第 6 件、第 7 件、第 8 件,而这时候数据库中的库存将会变成 −1、−2、−3。理解这一误差来源后,我们可以合理地推断出所有负取值所对应的真实数值应该接近于 0——大概率下最初的清点误差不会太大。这时可以筛选 Stock level 为负数的数据行进行重新赋值,在下一个 cell 中执行:

```
df_stock.loc[df_stock['Stock level'] < 0, 'Stock level'] = 0
print(df_stock['Stock level'].min(), df_stock['Stock level'].max())
```

输出如下:

```
0 10000000
```

数据集中不再存在负数。

而有些时候,误差来源并不能带来更多关于真实数值的信息。假设这一例子中的 10000000 这一误差值源于输入时错将另一无关信息输入本列,那么这一库存量的真实值则与 10000000 这一误差值毫无关联。这些不附带信息的误差值可以被当作空白值,用填充空白值的方法修改这些误差。也许昨日的 Stock level 仍存在某一数据库内,可用作今日数值;或取某一合理的平均值填充。

当然,以上列举的例子并不全面,完整度、格式、数值等方面的误差还可能以许多不同的方式出现在数据中,但解决所有数值误差的核心在于,对数值应反映的数据情况做出精细的预估,而后使用 Python 和 Pandas 所提供的大量工具核实这些预估,便可以全面地侦察误差隐藏的角落。在数据与预估不符时,若明显出现数据误差,可根据现有信息推测该数据的真实数值；某些时候，数据与预估的出入源于预估的失误，这时需要通过了解真实数据重新预估。

2.4　数据重新格式化

同一数据存储于不同格式时，其最大效益会有所不同。例如在人类学习时，信息传递的形式在一定程度上决定了最终得以学到的内容——相同的内容，使用学习者的母语传递比使用学习者不太熟悉的外语传递更有效率。在将数据输入机器学习模型之前，我们需要思考，什么样的格式可以让机器更有效地理解数据中特征与目标值的关系。本节将讲解何时需要将数据重新格式化，以及如何使用 Pandas 进行数据重新格式化。

表格数据格式可包括多重含义，本节将其定义为表格的行列数。在这个定义下，重新格式化即为改变表格行列数的修改。注意，这里的修改不包括预处理无法输入模型的数值，例如使用 get_dummies 做一位有效编码。对数据储存格式的优化奠定了理解预测问题的角度，是一个高层的概念问题，需要在预处理数值之前解决。

表格数据格式转变的核心在于重新定义"用于索引的列"。这里打上引号是因为此类列并不存在于正常定义中——表格的每列都可以用于索引，但是在实际应用中，表格行与行之间往往被一列或某几列的数据区分。举个例子，在一个存储用户喜好的表格中，每行存储着不同用户的两个喜好和个人信息。在这里，用户的编号区分了行与行，因此用户编号可以被称作一个"用于索引的列"。这样的一个表格以用户为核心，存储其各项特征并对其某一位置特征或行为模式进行预测。同样的数据也可以从另一个角度分析：每行储存着两类喜好：喜好者的编码及个人信息。这样来看，喜好的类别区分了行与行，并且将某些喜好取值相同的行归为一类。若是这样解读表格，表格的核心就变成了喜好类别，以某一喜好为基准，存储该喜好拥有者的各项特征并预测此喜好的影响，因此，"用于索引的列"也因不同的解读而从之前的用户编号转变为喜好类别。

对表格的解读隐晦中决定了预测目标，也在很多时候决定了表格数据的格式，以及数据所能承载的特征。为了更好地展示上述例子，建立一个存储用户喜好、个人信息和行为特征的 DataFrame，执行：

```
# Chapter2/data_reformatting.ipynb

import pandas as pd

df = pd.DataFrame({'User Id': [0, 1, 2, 3, 4, 5, 6],
                    'Preference 1': ['food', 'tech', 'finance', 'finance', 'tech',
                                      'tech', 'tech'],
                    'Preference 2': ['tech', 'finance', 'tech', 'food', 'food',
                                      'finance', 'finance'],
                    'Age': [16, 21, 25, 31, 43, 29, 17],
                    'Click Ads': ['likely', 'unlikely', 'likely', 'likely',
                                   'unlikely', 'unlikely', 'likely']})

display(df)
```

这个简单的 DataFrame 中包含 User Id(用户编码)、Preference 1(喜好一)、Preference 2(喜好二)、Age(年龄)和 Click Ads(是否会单击广告)这 4 项数据——这里假设 Preference 1 与 Preference 2 拥有相同权重且不重复。显示结果如图 2.65 所示。

若以 User Id 作为用于索引的列,预测目标为 Click Ads,则 df 已经处于一个合适的格式。这是因为在未来预测未知用户行为时,合理的预测方式是以单个用户为一个单位输入(每行代表一个预测单位),取得个体行为预测。可以看出,df 作为训练集已经具备这一属性——每行代表一个用户。使用 df 训练出的模型可以"根据单个用户的两个喜好和年龄预测其是否单击广告"。

若将预测问题定义为"根据单个喜好及其拥有者年龄判断其拥有者是否单击广告",df 则需要经过格式上的处理后方能作为模型训练集。从这个问题定义中可以看出,未来预测用户行为时,输入的数据中只有"单个喜好"和用户年龄,与训练集中的格式不符,而大多数模型只支持预测与训练集格式相同的未知数据。在无法控制未知数据格式的前提下,可以选择将训练集数据重新格式化。将原数据中的每行分割为两行,Preference 1 和 Preference 2 分别作为每行中的"单个喜好",其他信息保持不变,如图 2.66 所示。

User Id	Preference 1	Preference 2	Age	Click Ads
0	0	food	tech	16	likely
1	1	tech	finance	21	unlikely
2	2	finance	tech	25	likely
3	3	finance	food	31	likely
4	4	tech	food	43	unlikely
5	5	tech	finance	29	unlikely
6	6	tech	finance	17	likely

图 2.65 代码输出

	User Id	Age	Click Ads	Preference
0	0	16	likely	food
1	1	21	unlikely	tech
2	2	25	likely	finance
3	3	31	likely	finance
4	4	43	unlikely	tech
5	5	29	unlikely	tech
6	6	17	likely	tech
7	0	16	likely	tech
8	1	21	unlikely	finance
9	2	25	likely	tech
10	3	31	likely	food
11	4	43	unlikely	food
12	5	29	unlikely	finance
13	6	17	likely	finance

图 2.66 重新定义预测问题后所需的 DataFrame 格式

在图 2.66 中,从保留的 User Id 中可以看出,原数据中以单个用户为代表的每行被分割成两行。第 0 行和第 7 行在 User Id、Age 和 Click Ads 皆相同的情况下,Preference 列分别取值为原 DataFrame 中 Preference 1 和 Preference 2 的数值。经过这样的格式修改后,表格将支持使用"单个喜好"作为用于索引的列,并与未知数据格式相符。使用.melt 函数完成上述格式转变:

```
display(df.melt(id_vars = ['User Id', 'Age', 'Click Ads'],
        value_vars = ['Preference 1', 'Preference 2']))
```

显示结果如图 2.67 所示。

在.melt 函数中,id_vars 参数为所有保持不变的列,而 values_vars 参数则代表所有将被压缩成一列数值的列名。对一个 DataFrame 使用.melt 函数后,原数据中每行的 id_vars

	User Id	Age	Click Ads	variable	value
0	0	16	likely	Preference 1	food
1	1	21	unlikely	Preference 1	tech
2	2	25	likely	Preference 1	finance
3	3	31	likely	Preference 1	finance
4	4	43	unlikely	Preference 1	tech
5	5	29	unlikely	Preference 1	tech
6	6	17	likely	Preference 1	tech
7	0	16	likely	Preference 2	tech
8	1	21	unlikely	Preference 2	finance
9	2	25	likely	Preference 2	tech
10	3	31	likely	Preference 2	food
11	4	43	unlikely	Preference 2	food
12	5	29	unlikely	Preference 2	finance
13	6	17	likely	Preference 2	finance

图 2.67　代码输出

所对应的列将复制 len(values_vars) 份,每份分别对应该行 values_vars 中一列的数值,并存于新建的 value 列;value 列数值对应的原列名将存于新建的 variable 列中。

在单个用户喜好的例子中,由于 Preference 1 和 Preference 2 不分权重高下,原列名便不再重要,因此可以对 DataFrame 使用 .drop 函数去除多余的 variable 列。若需改变新建列 value 的列名,可以使用 .rename 函数,在 columns 参数中输入一个键为原列名、值为新列名的字典:

```
df.melt(id_vars = ['User Id', 'Age', 'Click Ads'],
        value_vars = ['Preference 1', 'Preference 2']).drop(\
        columns = ['variable']).rename(columns = {'value': 'Preference'})
```

也可以在使用 .melt 函数时使用 value_name 直接指定新建列的列名:

```
df.melt(id_vars = ['User Id', 'Age', 'Click Ads'],
        value_vars = ['Preference 1', 'Preference 2'],
        value_name = 'Preference').drop(columns = ['variable'])
```

第 3 章

CHAPTER 3

基 础 建 模

第 2 章讲解了技术流程中的第 1 步——数据清理,介绍如何安装 Anaconda、Jupyter Notebook、Pandas、scikit-learn、XGBoost、LightGBM、CatBoost 和 TensorFlow,同时讲解如何使用 Pandas 解决表格数据常见的数据缺陷。本章专注于讲解如何快速搭建稳健的基准模型(benchmark model)。

基准模型的作用有二。第一,在进一步为项目投入资源之前,我们可以通过建立简单的模型大致了解数据的可预测性,并根据基准模型的表现与各步骤的可优化空间估算项目收益;第二,基准模型的表现可以为后续更加优化、复杂的模型提供基准,通过与基准模型表现的比对,可以更早发现预测管道可能存在的问题。设想若是跳过基础建模直接投入大量资源建立最优化的模型,第一,我们可能会发现当前拥有的数据并不能对目标进行准确的预测,因而需要收集更多的数据、特征或改变问题定义,这些改变可能会改变最优模型的选择,淘汰曾经调试的“最优”模型,浪费投入的资源;第二,若优化后的模型表行较基准模型更低,大概率是因为搭建的预测管道程序出错,而非优化模型本身不能取得更好的表现。由于实践中的预测管道包括从获取数据、数据处理到输入模型、获得预测结果等多个步骤,往往难以判断较低准确率是源自模型本身无法学习当前数据中的规律,还是因为预测管道某个环节的代码出现了问题。若与拥有基准模型的准确率做比对,当优化模型的准确率低于基准模型时,我们可以较为肯定是预测管道的某一步骤出现程序错误,尽早修复程序中的漏洞。

3.1 判断何为 X 和 y

2.1.4 节中提到了训练模型时需要用到 X_train 和 y_train,本节将定义 X、y,并讲解选择不同 X、y 的意义。

3.1.1 X 和 y 的定义

机器学习算法的目的在于学习将输入的变量映射到目标输出的函数。输入的变量由许多具有描述性质的特征组成,被称作变量 X;输出的变量是预测目标,被称作变量 y。X 的储存形式多为二维矩阵,每行代表一个独立数据点,而每列存储某个特征的取值。第 i 行 j 列存储的是第 i 个独立数据点 j 特征的取值。y 的存储形式根据预测的不同,可为一维数组或二维矩阵。若预测目标为单个数值,如"3日后冰激凌的销量是多少",y可用一维数组表示,其长度等于X的行数。若预测目标为多个数值,如"接下来一个星期每天冰激凌销量各为多少",y需要使用二维矩阵表示,矩阵行数等于X的行数,列数为7,等于预测目标的个数。

模型将学习训练集中X与y之间的关系,并使用未来数据对应的X变量预测其y的取值,因此,选取X所包含特征时,需要确认可以在有效时间内获取未来数据相应特征的取值。假设预测目标为3日后冰激凌的销量,可以将训练集中X中的每行设定为历史数据中某一天,X中的各列特征将描述决定当日销量的因素,相应位置的y为当日销量。我们可能会认为"昨日销量"这一特征可以帮助预测,便在X中加入一列表示昨日销量的数据。这一做法在提取作为训练集的历史数据时不会出现报错——若可以成功提取某一天,称为天数k,销量作为某行y的取值,那么一般情况下天数$k-1$的销量数据也将存在于数据库中,并可以作为该行X中昨日销量这一特征的取值,但昨日销量这一特征在预测目标时并不适用。预测目标为3日后冰激凌的销量,这意味着未来数据对应的X变量中昨日销量这一特征需以2日后冰激凌的销量填写,这显然无法实现。这一问题被称为数据泄露,常伴随着较实际情况更为乐观的模型表现。3.3节将讲解如何规避此类问题。

面对某一问题时,采取不同解决问题的途径意味着对y的定义会有所不同。根据需要预测的问题,最直接的方法是让y的取值为这个问题的答案。某种程度上,y的选择也决定了X中每行描述的具体对象。例如在预测3日后冰激凌销量时,训练集中y为某日销量,那么X中每行描述的具体对象就是该交易日。若预测目标为下一周销量的平均值,可以使用最直接的方式将y定义为某周销量平均值,这时X中每行描述的具体对象就是该交易周;也可以采取另一种途径,将y定义为从下周星期一开始计算每天冰激凌的销量各为多少,最后计算7个日期销量预测的平均值取得问题答案。X中每行描述的具体对象为一个交易日。对于y的选择需根据项目的具体情况及得以收集到的数据内容。上述的例子中,若可以收集到具体形容某日特征的数据,如该日天气,并且这类特征对预测准确性可能起到影响,如夏日中较为凉爽的几天冰激凌销量大概率会降低,将描述对象定义为单个交易日可获得较大的收益。反之,若无法收集此类数据,若仍将每个交易周分割为7日,理论上的最大效益可能与分割前相差无几,长度却是分割前的7倍左右,因此为了尽可能压缩数据大小,减少计算资源的浪费,应该让每行代表一个交易周。

确定了y的定义及每行应当描述的具体对象后,X的定义也逐渐明了。X中每行用来描述已确定的、应当描述的对象。其特征应尽量与描述对象处于同一级——这里的等级指的是泛指程度,越低的等级表示越具体。例如当描述对象为一个交易日时,应尽量多选具体到该交易日的特征,而非该交易日所处的交易周的特征。少量的泛指性特征可用于做更高层的划分,如月份这一特征,虽无法对同一月份中的日与日进行区分,却可以区分不同月份的日期。若X中皆为高于描述对象等级的特征,例如在描述对象为交易日而特征皆描述交易周或更广的时间范围时,模型将无法通过数据学习同一交易周中不同交易日为何拥有不同销量,从而失去将描述对象划分为交易日的意义。

3.1.2　X和y的选择对预测的影响

3.1.1节对X与y选择的讲解也许会让你想起2.4节中讲的数据重新格式化。的确,

2.4 节展示了 X、y 的选择如何出现在实际应用中。本节将结合 3.1.1 节讲述的 X、y 选择思路，重新分析 2.4 节的例子，并讨论 X、y 的选择对于预测结果和训练模型所需计算力的影响。

在回顾 2.4 节的例子之前，先统一一下 2.4 节与 3.1.1 节中对同一概念的不同用词。2.4 节中提到，"表格数据格式转变的核心在于重新定义'用于索引的列'"，这一转变的实质为改变每行描述的对象。

重新创建 2.4 节例子中的 DataFrame：

```
import pandas as pd

df = pd.DataFrame({'User Id': [0, 1, 2, 3, 4, 5, 6],
                   'Preference 1': ['food', 'tech', 'finance', 'finance', 'tech',
                                    'tech', 'tech'],
                   'Preference 2': ['tech', 'finance', 'tech', 'food', 'food',
                                    'finance', 'finance'],
                   'Age': [16, 21, 25, 31, 43, 29, 17],
                   'Click Ads': ['likely', 'unlikely', 'likely', 'likely',
                                 'unlikely', 'unlikely', 'likely']})

display(df)
```

显示如图 3.1 所示。

	User Id	Preference 1	Preference 2	Age	Click Ads
0	0	food	tech	16	likely
1	1	tech	finance	21	unlikely
2	2	finance	tech	25	likely
3	3	finance	food	31	likely
4	4	tech	food	43	unlikely
5	5	tech	finance	29	unlikely
6	6	tech	finance	17	likely

图 3.1 代码输出

假设需要预测的问题为"某用户是否会单击广告"，那么 y 的选择是一个储存单个用户是否单击广告的数组，每行描述的对象为单个用户。已有数据中 Click Ads 这一列数据可以用作 y。这时可以确定，X 中每行用来描述单个用户。已有数据中 User Id、Preference 1、Preference 2 和 Age 这 4 列用于描述单个用户的特征即可作为 X。分割 DataFrame 取得 X 与 y，在新的 cell 中执行：

```
X = df[['User Id', 'Preference 1', 'Preference 2', 'Age']]
y = df['Click Ads']
```

分割后的 X 是一个 Pandas DataFrame，y 是一个 Pandas Series，两者分别可以不经转换当作二维矩阵或一维数组输入 sklearn 的模型中训练模型。

若需要预测的问题为"某用户的年龄"，那么 y 的选择是一个储存单个用户年龄的数组,每行描述的对象为单个用户。已有数据中 Age 这一列数据可以用作 y。这时同样可以确定,X 中每行用来描述单个用户。已有数据中 User Id、Preference 1、Preference 2 和 Click Ads 这 4 列用于描述单个用户的特征即可作为 X。分割 DataFrame 取得 X 与 y,在新的 cell 中执行:

```
X = df[['User Id', 'Preference 1', 'Preference 2', 'Click Ads']]
y = df['Age']
```

第 6 章将讲解如何为 X 制造更多高收益特征,但在基础建模这一步骤中,若非决定性特征隐藏于现有数据中而必须加以处理取得,暂时不需要对特征进行过多优化。针对基础建模中用于训练模型的数据,只需根据 2.3 节中的方法保证其无数据误差,X 中只保存有效特征,且使用特征在预测未来数据时可及时取得即可。关于 X 中的特征是否有效,更多鉴别方法也会在 6.5 节特征工程中讲解。本节将介绍一个简单的判断特征是否无效的方法。

观察数据及了解每列所代表的信息,可以发现 User Id 这一特征拥有许多不同的取值,并且属于定类数据。这类数据被称为高基数(high-cardinality)定类数据,往往不提供任何决定 y 取值的信息。这里回顾一下定类数据的特点:类别之间没有大小顺序的分类数据,这意味着不同取值之间没有顺序上的关联。关于高基数定类数据,考虑 3 种情况:第一,训练集中每一取值仅有一行,未知数据中不同数据点该特征取值皆不同且不等于训练集中该特征的任一取值;第二,训练集中每一取值的样本数皆小于可以分割取值为该数的数据点组成独立训练集所需的个数,且未知数据改特征取值有一定概率等于训练集中某些数据点该特征的取值;第三,训练集中某些取值的样本小于可以分割取值为该数的数据点组成独立训练集所需的个数,同时,某些取值的样本数大于或等于可以分割取值为该数的数据点组成独立训练集所需的个数,且未知数据改特征取值有一定概率等于训练集中某些数据点该特征的取值。

设想 User Id 被用作 X 中的一项特征输入模型训练,由于各用户编码之间没有任何关联,且每个用户编码仅在训练集中出现一次,模型能学习到的只有训练集中出现过的用户编码和其是否单击广告的联系。由于用户编码这一特征的本质,训练集中出现过的用户编码将不再出现在未知的需预测数据中,也就意味着模型在预测未知数据时,将无法有效运用从训练集中学习到的用户编码与其是否单击广告的关联,因此在上述两段代码例子中,我们皆可以选择在输入模型之前去除 User Id 这一特征。

用户编码这一高基数特征的例子较为特殊,因为一个用户编码只属于一个用户。第 2 种情况较为普遍,为方便讲解,定义一个符合第 2 种情况的特征并称为特征 T。模型将试图学习 T 中不同取值所对应的 y 值。若未知数据点中 T 的取值等于训练集某些数据点的 T 取值,由于每个取值的样本数皆较低,则模型将无法从相同的取值中学习到足够的信息。另外,由于不同取值之间并无关联,模型也无法从取值类似的数据点中学习到足够的信息。若未知数据点中 T 的取值不等于训练集中任一 T 的取值,同理,由于不同取值之间并无关联,则模型无法从 T 中学习到有效的信息。

接下来,假设 T 符合第 3 种情况。对于未知数据中 T 取值不存在于训练集或在训练集中样本数量较小的数据点,同第 2 种情况的原理,模型将无法在训练时从 T 中学习到有助于预测改数据点的信息,但训练集中同一 T 取值样本较多的数据点可以考虑单独切割,作为独立训练集训练模型。建立一个简单的、符合此情况的 DataFrame,在新的 cell 中执行:

```
df2 = pd.DataFrame({'T': [1] * 100 + [2] * 100 + [3] * 100 + list(range(4,100)),
                    'label': [0] * 98 + [1] * 2 + [0] * 95 + [1] * 5 +\
                    [1] * 100 + [0] * 96})
display(df2)
```

显示结果如图 3.2 所示。

这个简化的例子中 df2 变量的 T 列是一个符合第 3 种情况的特征,label(标签)是一个二分类的预测目标,两者皆无特殊含义。虽然通过 DataFrame 的定义可以得出 T 与 label 取值的具体分布,但在分析实际数据时,需要对两个 Series 分别使用 .value_counts() 函数,清点 T 与 label 中各取值的个数,在新的 cell 中执行:

	T	label
0	1	0
1	1	0
2	1	0
3	1	0
4	1	0
...	...	...
391	95	0
392	96	0
393	97	0
394	98	0
395	99	0

396 rows × 2 columns

图 3.2 代码输出

```
print(df2['T'].value_counts())
print('\n----------\n') #分割线
print(df2['label'].value_counts())
```

输出如下:

```
1     100
2     100
3     100
37      1
28      1
     ...
69      1
70      1
71      1
72      1
50      1
Name: T, Length: 99, dtype: int64


----------


0     289
1     107
Name: label, dtype: int64
```

.value_counts() 函数左列输出为取值,右列输出为该取值在 Series 中的个数,取值个数由大到小、自上到下排列。由此得出,396 个数据点中 T 取值为 1、2、3 的分别有 100 个,其余取值分别有 1 个,有 96 个不同于 1、2、3 的不同取值;label 为 0 的数据点有 289 个,label 为 1 的数据点有 107 个。当未知数据中 T 出现非 1、2、3 的取值时,模型只能根据训练集中的一个数据点进行预测,这样取得的结果是不可靠的。若将 T 取值为 1、2、3 的数据点分

割,在新的 cell 中执行:

```
T1 = df2[df2['T'] == 1]
T2 = df2[df2['T'] == 2]
T3 = df2[df2['T'] == 3]
```

打印 T1、T2 和 T3 中 label 的平均值,在下一个 cell 中执行:

```
print(T1['label'].mean(),
      T2['label'].mean(),
      T3['label'].mean())
```

输出如下:

```
0.02 0.05 1.0
```

这意味着在预测未知数据时,若未知数据 T 取值为 1 或 2,则该数据点 label 大概率为 0;若位置数据 T 取值为 3,则该数据点 label 大概率为 1。这样的推测源自 100 个数据点的取值分布,因此较为可靠。

实践中的预测比上述例子复杂许多,往往在定类数据特征之外有许多别类特征,因此训练集是否分割及如何分割这一问题并不平凡。考虑这个问题时,第一,考虑计算力的预算,使用分割的数据训练模型所需计算力较少,可以在低投入的同时估算预测准确性;第二,考虑分割后舍弃的数据点是否可能提高预测准确率——假设上述例子中在 T 这个特征之外还有许多非定类数据特征,若要将 T1 从 df2 中分割出来,需确认 T 值不等于 1 的数据点无法对 T 值等于 1 的数据点的 label 取值提供太多有效信息。举一个具体些的例子,商品的类别属于定类数据,因此方便面和洗衣粉属于不同类。假设数据中包含某日前 3~21 日的销量和产品类型作为特征,预测目标为 3 日后的销量。按照以上的方法分割,产品类型为方便面和洗衣粉的数据点将被分开输入不同的模型训练,但也许此零售公司洗衣粉的销售规律与方便面类似。理论上,模型可以通过学习方便面和洗衣粉两类产品的过往销售规律,以提高对方便面销量预测的准确性。在计算力允许的情况下,应将方便面、洗衣粉及所有过往销售规律类似的数据点聚为一类,训练专门预测此类销售规律数据点的模型。6.4 节将讲解如何聚类,获取最终用于训练的 X。

本节最后,接着 2.4 节的例子巩固对 y、X 和每行描述对象的定义思路。若以用户编码作为每行描述对象,即可直接从当前 df 中分割 X 与 y。这样定义的好处在于,若收集到的数据中形容单个用户的特征较多,特征对每个数据点的描述将较为详细。若以单个爱好及爱好拥有者组合作为每行描述对象,需先使用 2.4 节中介绍的 .melt 函数,在新的 cell 中执行:

```
df = df.melt(id_vars = ['User Id', 'Age', 'Click Ads'],
             value_vars = ['Preference 1', 'Preference 2']).drop(\
             columns = ['variable']).rename(columns = {'value': 'Preference'})
display(df)
```

显示结果如图 3.3 所示。

如此定义每行描述对象的好处在于,若收集到的数据中形容单个爱好的特征较多,特征在详细描述用户的同时可以描述此用户的爱好。当 Preference 1 和 Preference 2 处于同一行时,若将描述两个喜好的特征直接附加到每行,多数模型无法有效认知到 X 中列与列的关系,效果不如重新定义每行的描述对象。

假设预测目标为"拥有某一喜好的用户是否单击广告",可以确认,y 为 Click Ads。同时可以确定,X 中每行用来描述一个用户及其一个喜好的组合。重新格式化的数据中,User Id、Age 和 Preference 这 3 列用于描述单个用户及其一个喜好的特征即可作为 X。分割 DataFrame 取得 X 与 y,在新的 cell 中执行:

	User Id	Age	Click Ads	Preference
0	0	16	likely	food
1	1	21	unlikely	tech
2	2	25	likely	finance
3	3	31	likely	finance
4	4	43	unlikely	tech
5	5	29	unlikely	tech
6	6	17	likely	tech
7	0	16	likely	tech
8	1	21	unlikely	finance
9	2	25	likely	tech
10	3	31	likely	food
11	4	43	unlikely	food
12	5	29	unlikely	finance
13	6	17	likely	finance

图 3.3　代码输出

```
X = df[['User Id', 'Age', 'Preference']]
y = df['Click Ads']
```

3.2　训练集、验证集与测试集

3.1 节多次谈及训练集这一名词,本书虽未正式定义过训练集,却指出训练集为训练模型的数据集。验证集和测试集的定义没有训练集这样浅显易懂,两者之间也容易混淆。本节将讲解何为验证集、测试集,这二者和训练集 3 个数据集之间的关系。

3.2.1　三者的定义及关系

训练集(training set),顾名思义,指的是用于训练模型的数据集。训练集中需包含预测目标的真实取值,用于分割为 y。就像人类学习如何解某类题目时,刚开始需要将自己的答案和正确答案进行比对,认识到自己推算答案中的错误并巩固正确解题的思路。不同于人类学习,想让机器学习规律往往需要提供大量示例,因此,训练集通常由大量历史数据组成。从本节开始将称训练集中分割出来的 y 为 y_train,X 为 X_train;验证集中分割出来的 y 为 y_val,X 为 X_val;测试集中分割出来的 y 为 y_test,X 为 X_test,以此区分不同数据集中分割出来的 X 与 y。

模型训练完成后,需要通过某种方式得知模型的准确率。验证集(validation set)用于核对模型的准确性。在完成训练的模型中输入 X_val,而后将模型根据 X_val 做出的预测与 y_val 比对,得出模型预测验证集中 y 的准确率。验证集中同样需要包含预测目标的真实取值,与训练集并无大差别,两者皆取自历史数据,但验证集对于数据点个数的要求较低,收集足够排除偶然因素的数据量即可。数据点过少,准确率可能与预测未知数据时得到的准确率均值偏差较大;数据点过多,浪费了本可加入训练集的数据。验证集可以被用于调试模型的超参数(hyperparameter),进一步优化模型,这一步骤简称调参。第 5 章将讲解如何调参。

　　使用验证集检测模型的准确率,就像是为准备一个无规定日期的考试做过大量习题后的模拟考试。模拟考试的结果用作决定是否结束训练进行真正考试的参考。模拟考试的次数太少,学生可能出于偶然得分过高而过早参加考试;次数太多,就会占据训练的时间。在反复训练的过程中,每次模拟考试的结果需要告知学生,并作为参考进行下一阶段的训练。

　　测试集(test set)用于模拟需要模型预测的未知数据,并对模型预测未知数据的准确率做出最终的估算。这里的未知,指的是对预测目标真实取值 y 的未知——真正需要预测的数据中无法分割出 y。而用于模拟未知数据的测试集中需要包含对应的 y 取值,与预测值进行比对提供准确率的参考。不论是测试集还是未知数据,X 皆为已知信息。测试集因为需要 y 的真实取值,也需取自历史数据。由此,可以将训练集、验证集和测试集看作分割于同一个历史数据集的 3 个不同功能的数据集。

　　若使用验证集检测的模型准确率达标,即可开始真正的预测。

　　测试集和验证集最大的区别在于,使用验证集得到的准确率可以用来调试模型,而测试集得到的准确率,不论好坏,都不应该用于调试模型。举个稍为具体的例子总结以上 3 个数据集用法的区别:假设有 10 个不同的模型可供选择,10 个模型皆使用同一个训练集训练。这时如果想要在 10 个模型中选出 1 个为最优模型,使用训练集进行评估明显不合适——将训练集中每个数据点的 y 取值"背过"的模型不一定有准确预测未知数据的能力,因此,10 个模型对验证集的预测准确率便成为评判更优模型的标准。由此筛选的最优模型,称其为 M,在某种程度上也取得了验证集中 y 的信息,换而言之,验证集对于 M 不算是绝对的未知信息,无法模拟未知数据,因此,M 对验证集预测的准确率不适于估算 M 预测未知数据时的准确率。

　　这里你可能会有所疑惑:M 既没有使用验证集进行训练,也没有直接观察到验证集中 X 所对应的 y,如何取得验证集中 y 的信息?这与 M 的定义有关。M 是多个不同模型中预测验证集准确率最高的模型。设想可供选择的模型不止 10 个,而是 1000 个或更多。每个模型或多或少存在偶然将某一数据点预测正确的概率,因此,在众多预选模型中挑出的最优模型,有一定概率是在没有学习到 X 与 y 之间真实关系的情况下,偶然对验证集取得较高的预测准确率。在选择 M 的同时,相当于透露了验证集中 y 取值最接近的一组预测。这就像一张只有选择题且所有选择题选项有限的模拟考卷。如果在不知答案的情况下做了 1000 遍,并根据答案选择最高得分考量学生的准备程度,这样的预估显然过于乐观。

　　训练集、验证集和测试集都属于模型调试阶段使用的数据集,而模型的调试往往需要多次迭代,因此,测试集中 y 的信息虽然没有如验证集一样直接用于选择最优模型,却也或多或少由于人为因素影响着最后模型的选择。例如,在调试的过程中可能遇到以下情况:训练后的模型经过验证集的筛选,选出了最优的模型 M1。在使用 M1 预测测试集中 y 的取值并与 y_test 进行比对时,却发现准确率远低于 M1 预测验证集时取得的准确率。一定程度上的准确率下降可能属于正常现象,正如上一个例子所述,M1 是多个不同模型中预测验证集准确率最高的模型,因此对于验证集的预测可能高于其他数据集,但需警惕大幅度的差异值。测试集与训练集、验证集分割自同一个历史数据集,理论上这 3 个数据集的 X 与 y 之间的关系相似,但也存在不同数据集数据分布不类似的可能性。若这种情况成立,且无法判断这种分布差异的来源,则基本可以确定,现有的特征无法预测目标问题。不论在历史数据的预测中达到多高的准确率,都无法预测未来数据的规律会发生什么样的改变。

假设上述情况不成立,换而言之,数据在分布上并不存在集与集之间大的改变,那么M1得以在验证集预测中取得最优的成绩,而无法在预测测试集时取得类似的成绩,问题就出在模型上。经过验证集的调参,M1可能出于偶然,正好是一个没有掌握数据规律却猜对了验证集中大多数 y 取值的模型。了解这一问题后,我们可能会重新调参,筛选最优模型。假设类似情况出现多次迭代,每次选择的最优模型预测验证集的准确率都类似,而预测测试集时准确率时高时低,同时都与验证集有所差距。到了第 5 次迭代为最优模型,称为 M5,在验证集和测试集的准确率终于接近,这时,我们是否能较为肯定地使用 M5 进行未来数据的预测,并预估其与预测测试集的准确率相近?答案是不能十分肯定。虽然 M5 没有使用测试集调参,但在人为观察到前 4 次迭代的最优模型预测测试集的准确率皆较低,而决定再次调参,直到测试集的预测准确率提升时,我们已经使用了测试集的信息筛选 M5。

测试集有限时,若多次使用同一测试集预估未来准确率,并根据人为观察预测结果决定是否需要重新筛选最优模型,容易使预测测试集的准确率高于预测未来数据时可以取得的准确率。而多个迭代的筛选往往是难免的。在这个两难的局面下,为避免过分高估未来预测的准确率,第一,需要在每次进入下一次迭代的调试前思考两次迭代的差异。例如,下一次迭代是否使用到不同范围的参数,是否使用不同的模型等,并思考下一次迭代中做出的改变是否可能改善不同数据集准确率不一致的问题。合理地增加迭代,可以避免过多接触测试集 y 的信息。第二,每次迭代中若出现不同数据集准确率不一致的问题,需了解模型中什么样的结构引发了这一问题,并确认最终用于预测未来数据的最优模型中没有类似的结构。3.4 节偏差与方差中将讲解一些可能造成此问题的原因。

3.2.2 如何使用 sklearn 分离 3 个集

本节讲解如何使用 sklearn 进行最基础的 3 集分离。由于模型的优化不属于基础建模这一步骤,关于更多分离验证集的方法将在第 5 章讲解。

3.1.1 节提到,3 个不同功能的数据集皆取自历史数据,因此,最直接的方法是为 3 集设定合理的比例,并根据比例从历史数据中分割。

训练集中的数据点相对较多,而用于优化和评估模型的验证集与测试集所需数据点相对较少。一个常用的训练集:验证集:测试集数据点个数的比例是 70:15:15。使用 sklearn 的 model_selection 模块中的 train_test_split 函数可以将输入的数据集和比例分成两个数据集。如此分割两次,即可获得 3 个符合比例的数据集。首先,建立一个代表历史数据的 DataFrame。这个 DataFrame 只有 Id(编码)、Age(年龄)和 target(目标)3 列信息,可以更清楚地看到分割的情况,执行:

```
import pandas as pd

df = pd.DataFrame({'Id': [1, 2, 3, 4, 5, 6, 7, 8, 9, 10],
                   'Age': [17, 30, 29, 69, 15, 58, 42, 32, 36, 70],
                   'target': [0, 1, 1, 0, 0, 0, 1, 1, 1, 0]})
display(df)
```

	Id	Age	target
0	1	17	0
1	2	30	1
2	3	29	1
3	4	69	0
4	5	15	0
5	6	58	0
6	7	42	1
7	8	32	1
8	9	36	1
9	10	70	0

图 3.4　代码输出

显示结果如图 3.4 所示。

使用 train_test_split 函数,首先分割出占比 70% 的训练集,另外 30% 将同时包含验证集和测试集;再从 30% 的数据中分割出占比 50% 的验证集,剩下的 50% 作为测试集。在下一个 cell 中执行:

```
# 导入 train_test_split 函数
from sklearn.model_selection import train_test_split

df_train, df_val_test = train_test_split(df, test_size = 0.3,
random_state = 42)
```

函数 train_test_split 参数第 1 项输入一个序列或者一个序列需要分割的 DataFrame,使用参数 train_size 或 test_size 进行分割。参数 random_state 作为伪随机数生成器的种子,在同一 random_state 下,"随机"分割的结果相同。train_size 决定了函数返回的 DataFrame 序列中第 1 个 DataFrame 的数据量占比;test_size 决定了函数返回的 DataFrame 序列中第 2 个 DataFrame 的数据量占比。上述代码中,设定 test_size=0.3,将 70% 的数据分入 df_train 中,30% 的数据分入 df_val_test 中。至此,df_train 已经成为符合数据量占比的训练集,接下来分割验证集和测试集,并显示 3 个分割后的数据集。在下一个 cell 中执行:

```
df_val, df_test = train_test_split(
                    df_val_test, test_size = 0.5, random_state = 42)
display(df_train, df_val, df_test)
```

显示结果如图 3.5 所示。

	Id	Age	target
0	1	17	0
7	8	32	1
2	3	29	1
9	10	70	0
4	5	15	0
3	4	69	0
6	7	42	1

	Id	Age	target
5	6	58	0

	Id	Age	target
8	9	36	1
1	2	30	1

图 3.5　代码输出

原历史数据 df 中有 10 个数据点,分割后的训练集 df_train 占比 70%,拥有 7 个数据点;验证集和测试集各占比 15%,但因数据点个数需为整数,验证集中本应有 1.5 个数据点,向下取整得 1,测试集中本应有 1.5 个数据点,向上取整得 2。示例中显示的各集数据量符合这一计算。

函数 train_test_split 中 stratify 这一参数可用于控制某列不同取值在 3 个数据集中的比例。为演示这一参数的作用,定义一个包含 100 个数据点的 DataFrame。在下一个 cell 中执行:

```
df2 = pd.DataFrame({'Id': list(range(100)),
                    'type': [1, 2, 3, 4, 5] * 20,
                    'target': [0] * 50 + [1] * 50})
```

从 df2 的定义中可知，df2 中 type（类型）这一特征有 5 个取值，每个取值各占 20% 的数据点；target 这一特征有 2 个取值，每个取值占 50% 的数据点。重复上一个例子的分割方法，并打印分割后 3 个数据集中 type 和 target 两个特征的取值分布，在下一个 cell 中执行：

```
# Chapter3/stratify_0.ipynb

df_train, df_val_test = train_test_split(df2, test_size = 0.3, random_state = 42)
df_val, df_test = train_test_split(
                    df_val_test, test_size = 0.5, random_state = 42)

# 打印 3 个分割后数据集中 type 和 target 的数据分布
print('df_train, type')
print(df_train['type'].value_counts(), '\n')
print('df_train, target')
print(df_train['target'].value_counts(), '\n')

print('df_val, type')
print(df_val['type'].value_counts(), '\n')
print('df_val, target')
print(df_val['target'].value_counts(), '\n')

print('df_test, type')
print(df_test['type'].value_counts(), '\n')
print('df_test, target')
print(df_test['target'].value_counts(), '\n')
```

输出如下：

```
df_train, type
2    16
5    15
3    15
4    14
1    10
Name: type, dtype: int64

df_train, target
1    37
0    33
Name: target, dtype: int64

df_val, type
1    7
4    3
```

```
3      3
2      2
Name: type, dtype: int64


df_val, target
0      8
1      7
Name: target, dtype: int64


df_test, type
5      5
4      3
1      3
3      2
2      2
Name: type, dtype: int64


df_test, target
0      9
1      6
Name: target, dtype: int64
```

从输出中可以看出，3 个数据集中 type 和 target 的取值分布皆没有保持 df2 中这两列的取值分布，接下来将分开讨论两列数据在不同集中取值分布不同的后果。首先需要注意的一点是，未来数据的任意一列取值分布，将有大概率与完整的历史数据集中该列取值分布相似。训练集占比较大，因此取值分布更大概率接近完整历史数据，而占比较小的验证集于测试集中就容易出现与原分布相差较远的取值分布。当 type 取值分布不同时，测试集相较完整历史数据集而言，会过分侧重某些类 type，而轻视某些类 type。例如上段代码输出中，df_test 中 type 为 5 的占比约为 33%，高于原占比的 20%；type 为 3 和 5 的占比分别约为 13%，低于原占比。这会导致预测测试集的准确率更接近预测 type 为 5 的数据的准确率。若模型 type 为 5 的数据的准确率高于预测 type 为 2 和 3 的数据，使用分布如此的测试集预估的未来数据准确率将过于乐观。

举一个较为极端的具体例子：假设模型对于 type 为 5 的数据的预测准确率为 90%，对于 type 为任意其他值的预测准确率为 35%。这里补充一条说明：对于不同 type 预测的准确率差异完全合理，因为不同 type 的数据规律存在或多或少的差异，而某些规律更容易被模型学习。由于完整历史数据中每种 type 占比相同，可以合理推测，未来数据中每种 type 的占比大概率也相同。预测未来数据的准确率可以由以下公式计算：$\dfrac{0.9+0.3\times4}{5}=0.42$。使用测试集预估的准确率为 $0.9\times\dfrac{1}{3}+0.3\times\dfrac{2}{3}=0.5$，是一个过于乐观的预估。

当 target 取值分布不同时，与 type 取值不同的后果类似。例如 df_test 中 target 取值为 0 的数据是取值为 1 的数据的 1.5 倍，而完整历史数据集中两者占比相等。这会导致预测测试集的准确率更接近预测 target 为 0 的数据的准确率。一个预测测试集准确率整体较高的模型，可能对真实 target 为 0 的数据点预测准确率较高，而对真实 target 为 1 的数据点预测准确率较低。这也意味着,预测未来数据时,假阴性的比例将比假阳性高。

　　考虑到上述后果,使用 stratify(分层)参数保证分割的 3 集某列取值分布相似。稍微修改上段代码,在 stratify 中输入单列数据并执行,代码如下:

```
#Chapter3/stratify_1.ipynb

df_train, df_val_test = train_test_split(df2, test_size = 0.3, random_state = 42, stratify =
df2['type'])
df_val, df_test = train_test_split(
                    df_val_test, test_size = 0.5, random_state = 42,
stratify = df_val_test['type'])

#打印 3 个分割后数据集中 type 和 target 的数据分布
print('df_train, type')
print(df_train['type'].value_counts(), '\n')
print('df_train, target')
print(df_train['target'].value_counts(), '\n')

print('df_val, type')
print(df_val['type'].value_counts(), '\n')
print('df_val, target')
print(df_val['target'].value_counts(), '\n')

print('df_test, type')
print(df_test['type'].value_counts(), '\n')
print('df_test, target')
print(df_test['target'].value_counts(), '\n')
```

输出如下:

```
df_train, type
5    14
4    14
3    14
2    14
1    14
Name: type, dtype: int64

df_train, target
0    36
1    34
Name: target, dtype: int64

df_val, type
5    3
4    3
3    3
2    3
```

```
1      3
Name: type, dtype: int64


df_val, target
1      8
0      7
Name: target, dtype: int64


df_test, type
5      3
4      3
3      3
2      3
1      3
Name: type, dtype: int64


df_test, target
1      8
0      7
Name: target, dtype: int64
```

3 集中不同 type 的取值比例皆相等。

想要同时对多列执行嵌套分层，不建议使用 stratify 参数并输入多列特征。当 stratify 参数为多列时，train_test_split 会将多列中所有不同取值的总和作为不同类进行成比例分割。例如在 df2 中，在 stratify 参数中输入 df2[['target', 'type']]，train_test_split 会认为一共存在从 0~6 的 6 个取值，且不会将 target 和 type 中的 1 作区分。3.2.3 节将讲解如何手动进行多列执行嵌套分层。

若历史数据中存在时间关系，且预测问题也与时间有关，则需保证训练集中的数据时间前于验证集，而验证集中的数据时间前于测试集。例如预测 3 日后方便面销量这一问题，假设收集到 2017 年至 2019 年这 3 年的历史销量数据，并准备将其分割为训练集、验证集和测试集。直接使用 train_test_split，按比例随机抽取分别选入 3 集的数据点，会导致某些出现在测试集中的数据点时间前于训练集中的数据点。这就意味着，一个经过未来数据训练的模型在对过去的数据进行预测。例如在测试集中可能存在 2018 年 5 月的数据，而训练集中却有 2018 年 6 月的数据。这样的预测结果不能合理预估模型预测未知数据的准确率。为确保 3 集之间的时间顺序，可以使用 sklearn 中的 TimeSeriesSplit 交叉验证器进行分割。需要注意的是，TimeSeriesSplit 是一个 Python class，使用时需要先定义一个类为 TimeSeriesSplit 的对象，再使用对象所带的函数。

5.3 节会详细讲解交叉验证，以及如何在交叉验证中使用交叉验证器。本节仅作简单的介绍。交叉验证器会对输入的 DataFrame 进行多次分割。TimeSeriesSplit 将输入的 DataFrame 分为 $n+1$ 等份，并输出 n 对符合时间排序的 DataFrame。假设分为 $n+1$ 等份的 DataFrame 编码，编号小的 DataFrame 储存时间更靠前的数据，那么第 i 次分割的输出中一个数据集包含编码为 $1 \sim i$ 个等份，以及一个仅包含编码为 $i+1$ 等份的数据集。在下一个 cell 中定义一个数据点间存在时间关系的 DataFrame，执行：

```
import random

time_lst = list(range(100))
random.shuffle(time_lst)  # 打乱时间顺序
df_time = pd.DataFrame({'time': time_lst,
                        'sales': [random.randint(1,10) for _ in range(100)]})
```

在 df_time 中,time(时间)列记录每个数据点对应的时间,取值为 1~100 的一个整数,其中越小的数表示越靠前的时间点,时间不能重复;sales(销售)列记录该时间点的销售量。使用 TimeSeriesSplit 之前需保证 DataFrame 本身自上到下满足时间排序,而 df_time 中的时间点是随机的,因此需先对 df_time 进行排序。对一个 Pandas Series 使用 .sort_values 函数,并在 by(根据)参数中输入用于排序的列,可以将所有行按照该列取值的大小顺序排列。在下一个 cell 中执行:

	time	sales
0	0	7
1	1	5
2	2	10
3	3	6
4	4	5
...	...	...
95	95	2
96	96	5
97	97	10
98	98	8
99	99	7

100 rows × 2 columns

图 3.6 代码输出

```
df_time.sort_values(by = ['time'], inplace = True)
df_time.reset_index(drop = True, inplace = True)
display(df_time)
```

为了之后使用指数索引时间更靠前的数据点,这里使用 reset_index 重新为指数排序。上段代码显示结果如图 3.6 所示。

对 df_time 使用 TimeSeriesSplit 方法如下:

```
# Chapter3/time_series_0.ipynb

# 导入 class
from sklearn.model_selection import TimeSeriesSplit

# n_splits 决定分割次数,默认为 5
ts_split = TimeSeriesSplit(n_splits = 3)
for train_indices, val_test_indices in ts_split.split(df_time):
    # 返回的一对数据集中左集大于或等于右集,因此选择左集作为训练集
    # 右集作为验证集和测试集的总和
    df_train, df_val_test = df_time.loc[train_indices],\
                            df_time.loc[val_test_indices]
    print("训练集的最大时间值: ", df_train['time'].max(),
          "验证集加测试集的最小时间值: ", df_val_test['time'].min())
    print("训练集的大小: ", df_train['time'].count(),
          "验证集加测试集的大小: ", df_val_test['time'].count())
    print()
```

输出如下:

```
训练集的最大时间值: 24        验证集加测试集的最小时间值: 25
训练集的大小: 25            验证集加测试集的大小: 25
```

训练集的最大时间值：49	验证集加测试集的最小时间值：50
训练集的大小：50	验证集加测试集的大小：25
训练集的最大时间值：74	验证集加测试集的最小时间值：75
训练集的大小：75	验证集加测试集的大小：25

由此可见，每次分割的训练集中数据点的时间皆小于验证集和测试集中数据点的时间。这里的 n 为 3，输入的 DataFrame 被分为 4 等份，每一等份包含 25 个数据点。3 次分割中，第 3 次分割的训练集占比最接近 70%，第 2 次分割的占比最接近 50%。使用一个计数变量 count，确保 df_train 和 df_val_test 的赋值为第 3 次分割的一对数据集，修改上段代码，执行：

```
# Chapter3/time_series_1.ipynb

# 导入 class
from sklearn.model_selection import TimeSeriesSplit

# n_splits 决定分割次数，默认为 5
ts_split = TimeSeriesSplit(n_splits = 3)
count = 0

for train_indices, val_test_indices in ts_split.split(df_time):
# count 用于记录分割的次数
    count += 1
    if count != 3:
        continue # 跳过此次分割
    else:
        df_train, df_val_test = df_time.loc[train_indices],\
                                df_time.loc[val_test_indices]

# 分割结束后确认两集的大小：
print("训练集的最大时间值：", df_train['time'].max(),
    "验证集加测试集的最小时间值：", df_val_test['time'].min())
print("训练集的大小：", df_train['time'].count(),
    "验证集加测试集的大小：", df_val_test['time'].count())
```

输出结果如下：

训练集的最大时间值：74	验证集加测试集的最小时间值：75
训练集的大小：75	验证集加测试集的大小：25

通过同样的方法，在下一个 cell 中将 df_val_test 分割成两个占比相等的数据集，分别为验证集和测试集，执行：

```
# Chapter3/time_series_1.ipynb

# 使用 reset_index 重新为 df_val_test 的指数排序，为之后使用指数分割做准备
```

```
df_val_test.reset_index(drop = True, inplace = True)

# 重新定义 TimeSeriesSplit 对象,设定 n = 2,分割 df_val_test
ts_split = TimeSeriesSplit(n_splits = 2)

# 重置计数变量
count = 0

for val_indices, test_indices in ts_split.split(df_val_test):
    count += 1
    if count != 2:
        continue # 跳过此次分割
    else:
        # 唯有第 2 次分割的一对数据集使用到 df_val_test 中所有数据点(25 个)
        df_val, df_test = df_val_test.loc[val_indices],\
                          df_val_test.loc[test_indices]

# 分割结束后确认两集的大小
print("验证集的最大时间值: ", df_val['time'].max(),
      "测试集的最小时间值: ", df_test['time'].min())
print("验证集的大小: ", df_val['time'].count(),
      "测试集的大小: ", df_test['time'].count())
```

输出结果如下:

```
验证集的最大时间值: 91        测试集的最小时间值: 92
验证集的大小: 17              测试集的大小: 8
```

若想让验证集和测试集使用到 df_val_test 中全部数据点,需要在最后一次分割时赋值。已知最后一次分割时的一对数据集大小比例为 $n:1$,且 TimeSeriesSplit 中的 n_split 最小可取值为 2,设定 $n=2$,使这个比例最接近 $1:1$。

最后,在下一个 cell 中显示分割后的训练集、测试集和验证集,执行:

```
display(df_train.head(), df_val.head(), df_test.head())
```

显示结果如图 3.7 所示。

	time	sales		time	sales		time	sales
0	0	7	0	75	10	17	92	4
1	1	2	1	76	10	18	93	8
2	2	6	2	77	2	19	94	9
3	3	5	3	78	5	20	95	3
4	4	9	4	79	3	21	96	9

图 3.7　代码输出

3.2.3　如何使用 Pandas 手动分离 3 个集

通过 3.2.2 节的例子可以看出,在特定情况下,使用 sklearn 中的函数并不能完全按照意愿分割训练集、验证集和测试集。例如在分割时间序列的例子中,若想使用原历史数据中的全部数据点,只能使用第 n 次分割的那对数据集,而该对数据集的比例为 $n:1$,因此,分割后的一对数据无法完全符合某些预想的比例。另外,如 3.2.2 节中提到,train_test_split 函数中的 stratify 参数无法针对多列执行嵌套分层。本节将讲解如何直接使用 Pandas,完成 3.2.2 节的随机分割和时间序列分割。

重新定义 3.2.2 节中的 df2,执行:

```
import pandas as pd

df2 = pd.DataFrame({'Id': list(range(100)),
                    'type': [1, 2, 3, 4, 5] * 20,
                    'target': [0] * 50 + [1] * 50})
```

接下来,执行对 Id 和 type 两列的嵌套分层。首先,定义何为单列分层及如何使用 Pandas 进行单列分层。3.2.2 节的例子中使用到的单列分层,根据 DataFrame 中某一列的数据取值比例分割数据集,保证分割后的数据集中该列不同取值之间比例不变。使用 Pandas 根据 type 列取值比例分层,代码如下:

```
# Chapter3/stratify_2.ipynb

train_ratio = 0.7        # 定义训练集的比例
val_ratio = 0.15         # 定义验证集的比例
test_ratio = 0.15        # 定义测试集的比例

# 定义 3 个空集,每个集会在接下来的 for 循环中逐步添加数据点
train_df = pd.DataFrame()
val_df = pd.DataFrame()
test_df = pd.DataFrame()

for value in df2['type'].unique():
# 取特定比例(train_ratio)的 df2 中 type 取值为 value 的数据点,加入训练集
    train_df = train_df.append(df2[df2['type'] == value].sample(\
                                frac = train_ratio, random_state = 42))

# 取特定比例(val_ratio)的 df2 中 type 取值为 value,
# 且未加入训练集的数据点加入验证集
# 因为某些数据点已经加入训练集,而 sample 函数中 frac 参数需为相对该 DataFrame 的样本比例
# 重新计算比例
    new_val_ratio = val_ratio / (1 - train_ratio)
    val_df = val_df.append(df2[(df2['type'] == value) &\
                            (~df2['Id'].isin(train_df['Id'].unique()))].sample(\
                            frac = new_val_ratio, random_state = 42))

# 取特定比例(test_ratio)的 df2 中 type 取值为 value,
# 且未加入训练集或验证集的数据点加入验证集
# 因为某些数据点已经加入训练集和验证集
# 而 sample 函数中 frac 参数需为相对该 DataFrame 的样本比例
```

```
#重新计算比例.若 train_ratio + val_ratio + test_ratio = 1,new_test_ratio = 1
    new_test_ratio = test_ratio / (1 - train_ratio - val_ratio)
    test_df = test_df.append(df2[(df2['type'] == value) &\
                            (~df2['Id'].isin(train_df['Id'].unique())) &\
                            (~df2['Id'].isin(val_df['Id'].unique()))].sample(\
                            frac = new_test_ratio, random_state = 42))
```

　　此方法分割保持取值占比的原理在于,for 循环中每次迭代针对 df2 中 type 的一个取值,并从 type 满足该取值的数据点中抽取每集目标占比的样本数,按比例分别加入 3 个集。分割时需注意两点,第一,确保训练集、验证集和测试集的数据点不重合;第二,使用 .sample 函数抽取某 DataFrame 样本时,须确保用于设定抽取比例的 frac 参数准确。这两点皆在代码注释中有更详细的讲解。

　　在下一个 cell 中,验证分割后的 3 集取用了 df2 中的所有数据点,且 3 集之间数据点无重合。执行:

```
print(len(train_df.append(val_df).append(test_df)['Id'].unique()))
```

　　输出如下:

```
100
```

　　由于原数据集中不同行的 Id 不重复,如此证明,分割后的 3 集无重合的数据点,且 3 集的总和为完整的 df2。然后,验证训练集、验证集和测试集 3 集之间的数据点个数比例是否为 70 : 15 : 15,在下一个 cell 中执行:

```
print('训练集占比: ', len(train_df) / len(df2))
print('验证集占比: ', len(val_df) / len(df2))
print('测试集占比: ', len(test_df) / len(df2))
```

　　输出如下:

```
训练集占比: 0.7
验证集占比: 0.15
测试集占比: 0.15
```

证明代码运行结果中 df_train、df_val 和 df_test 相对 df2 的比例符合定义的 train_ratio、val_ratio 和 test_ratio。

　　最后,验证 3 集中 type 取值的占比等同于该取值在 df2 中的原占比。使用 .value_counts 函数,并设定 normalize 参数为 True,打印取值占比。在下一个 cell 中执行:

```
# Chapter3/stratify_2.ipynb

print('df2 中各取值占比: ')
print(df2['type'].value_counts(normalize = True))
```

```
print()
print('训练集中各取值占比：')
print(train_df['type'].value_counts(normalize = True))
print()
print('验证集中各取值占比：')
print(val_df['type'].value_counts(normalize = True))
print()
print('测试集中各取值占比：')
print(test_df['type'].value_counts(normalize = True))
```

输出如下：

```
df2 中各取值占比：
5    0.2
4    0.2
3    0.2
2    0.2
1    0.2
Name: type, dtype: float64

训练集中各取值占比：
5    0.2
4    0.2
3    0.2
2    0.2
1    0.2
Name: type, dtype: float64

验证集中各取值占比：
5    0.2
4    0.2
3    0.2
2    0.2
1    0.2
Name: type, dtype: float64

测试集中各取值占比：
5    0.2
4    0.2
3    0.2
2    0.2
1    0.2
Name: type, dtype: float64
```

各集中 type 取值分布相等。

了解单列分层的思路后，可以开始定义嵌套分层并使用 Pandas 执行对 Id 和 type 两列的嵌套分层。嵌套分层根据 DataFrame 中多列数据取值比例分割数据集。多列数据的"取值"，指的是每列取值的组合，可以将每个取值想象为一个 Python tuple。若两个数据点每列取值对应相等,则二者在分层问题中被归为同一取值的数据点。如单列分层问题,嵌套分层保证分割后的数据集中不同取值之间比例不变,而这里的取值,定义为用于分层的多个选定列取值。

回到 df2 这个具体例子中,type 和 target 两列作为用于分层的列。type 和 target 组合一共有 10 种取值:type=1,target=0;type=1,target=1;type=2,target=0;type=2,target=1;type=3,target=0;type=3,target=1;type=4,target=0;type=4,target=1;type=5,target=0;type=5,target=1。已知 df2 中每种取值占比均为 10%,分割后的 3 集中每个取值占比也应为 10%。使用与单列分层时类似的方法:

```
train_ratio = 0.7          #定义训练集的比例
val_ratio = 0.15           #定义验证集的比例
test_ratio = 0.15          #定义测试集的比例


#定义 3 个空集,每个集会在接下来的 for 循环中逐步添加数据点
train_df = pd.DataFrame()
val_df = pd.DataFrame()
test_df = pd.DataFrame()


for type_value in df2['type'].unique():
    for target_value in df2['target'].unique():
        #取特定比例(train_ratio)的 df2 中 type 取值为 type_value,
        #且 target 取值为 target_value 的数据点,加入训练集
        train_df = train_df.append(df2[(df2['type'] == type_value) &\
                                (df2['target'] == target_value)].sample(\
                                frac = train_ratio, random_state = 42))


        #取特定比例(val_ratio)的 df2 中 type 取值为 type_value,
        #target 取值为 target_value,且未加入训练集的数据点加入验证集
        #因为某些数据点已经加入训练集
        #而 sample 函数中 frac 参数需为相对该 DataFrame 的样本比例,重新计算比例:
        new_val_ratio = val_ratio / (1 - train_ratio)
        val_df = val_df.append(df2[(df2['type'] == type_value) &\
                            (df2['target'] == target_value) &\
                        (~df2['Id'].isin(train_df['Id'].unique()))].sample(\
                            frac = new_val_ratio, random_state = 42))


        #取特定比例(test_ratio)的 df2 中 type 取值为 type_value,
        #target 取值为 target_value,且未加入训练集或验证集的数据点加入验证集
        #因为某些数据点已经加入训练集和验证集
        #而 sample 函数中 frac 参数需为相对该 DataFrame 的样本比例.重新计算比例:
        #若 train_ratio + val_ratio + test_ratio = 1,则 new_test_ratio = 1
        new_test_ratio = test_ratio / (1 - train_ratio - val_ratio)
        test_df = test_df.append(df2[(df2['type'] == type_value) &\
                            (df2['target'] == target_value) &\
                        (~df2['Id'].isin(train_df['Id'].unique())) &\
                        (~df2['Id'].isin(val_df['Id'].unique()))].sample(\
                            frac = new_test_ratio, random_state = 42))
```

　　两个嵌套的 for 循环，里层循环的每次迭代针对 df2 中 type 和 target 的一个取值组合，并从 type 和 target 满足该取值的数据点中抽取每集目标占比的样本数，按比例分别加入 3 个集。这里需要注意的点与单列分割时类似，在代码中有详细注释。

　　在下一个 cell 中，验证分割后的 3 集取用了 df2 中的所有数据点，且 3 集之间数据点无重合。执行：

```
print(len(train_df.append(val_df).append(test_df)['Id'].unique()))
```

输出如下：

```
100
```

　　由于原数据集中不同行的 Id 不重复，由此证明，分割后的 3 集无重合的数据点，且 3 集的总和为完整的 df2。验证训练集、验证集和测试集 3 集之间的数据点个数比例是否为 70∶15∶15，在下一个 cell 中执行：

```
print('训练集占比: ', len(train_df) / len(df2))
print('验证集占比: ', len(val_df) / len(df2))
print('测试集占比: ', len(test_df) / len(df2))
```

输出如下：

```
训练集占比: 0.7
验证集占比: 0.1
测试集占比: 0.2
```

　　由此可见，df_train、df_val 和 df_test 相对 df2 的比例不完全符合定义的 train_ratio、val_ratio 和 test_ratio。这是因为，使用两列数据分层时，每列不同取值只占据 10 个数据点。也就意味着，10 个数据点中 7 个数据点需分为训练集，剩下 3 个数据点的 50% 分入验证集，50% 分入测试集。3×0.5＝1.5，验证集中本应有 1.5 个数据点，向下取整得 1；测试集中本应有 1.5 个数据点，向上取整得 2。

　　最后，验证 3 集中各 type 和 target 取值组合的占比等同于该取值在 df2 中的原占比。在下一个 cell 中执行：

```
# Chapter3/stratify_3.ipynb

for type_value in df2['type'].unique():
    for target_value in df2['target'].unique():
        print('type 取值为{t}, '.format(t = type_value) + \
              'target 取值为{v}的取值组合比例分别为'.format(v = target_value))
        print('df2: ', len(df2[(df2['type'] == type_value) &\
                    (df2['target'] == target_value)]) / len(df2),
            '; 训练集: ', len(train_df[(train_df['type'] == type_value) &\
                    (train_df['target'] == target_value)]) / len(train_df),
            '; 验证集: ', len(val_df[(val_df['type'] == type_value) &\
```

```
                                    (val_df['target'] == target_value)]) / len(val_df),
                '; 测试集: ', len(test_df[(test_df['type'] == type_value) &\
                        (test_df['target'] == target_value)]) / len(test_df))
        print()
```

输出如下：

```
type 取值为 1, target 取值为 0 的取值组合比例分别为
df2: 0.1；训练集: 0.1；验证集: 0.1；测试集: 0.1

type 取值为 1, target 取值为 1 的取值组合比例为
df2: 0.1；训练集: 0.1；验证集: 0.1；测试集: 0.1

type 取值为 2, target 取值为 0 的取值组合比例为
df2: 0.1；训练集: 0.1；验证集: 0.1；测试集: 0.1

type 取值为 2, target 取值为 1 的取值组合比例为
df2: 0.1；训练集: 0.1；验证集: 0.1；测试集: 0.1

type 取值为 3, target 取值为 0 的取值组合比例为
df2: 0.1；训练集: 0.1；验证集: 0.1；测试集: 0.1

type 取值为 3, target 取值为 1 的取值组合比例为
df2: 0.1；训练集: 0.1；验证集: 0.1；测试集: 0.1

type 取值为 4, target 取值为 0 的取值组合比例为
df2: 0.1；训练集: 0.1；验证集: 0.1；测试集: 0.1

type 取值为 4, target 取值为 1 的取值组合比例为
df2: 0.1；训练集: 0.1；验证集: 0.1；测试集: 0.1

type 取值为 5, target 取值为 0 的取值组合比例为
df2: 0.1；训练集: 0.1；验证集: 0.1；测试集: 0.1

type 取值为 5, target 取值为 1 的取值组合比例为
df2: 0.1；训练集: 0.1；验证集: 0.1；测试集: 0.1
```

由以上输出可见，每个分割集中各取值组合比例皆保持为 0.1，与原 df2 中该组合取值
比例相等。

3.3 数据泄露

数据泄露(data leakage)，指的是训练集中包含某些有关 y 取值，且无法在预测未来数
据时获取的信息。这里所指的有关 y 取值的信息，包括任何被选作 X 中特征的数据。这可
能导致模型预测训练集、验证集和测试集 3 集数据的准确率远高于预测未来数据的准确率。
本节将列举各种类型的数据泄露，以及如何尽早发现并规避可能存在的数据泄露。

3.3.1　不同类型的数据泄露

数据泄露的方式分两大类。第一类,有关 y 取值的信息由直接或间接的方式出现在各集 X 的某些特征中,且该特征在预测未来数据时无法及时收集,这类数据泄露也被称为目标泄露(target leakage);第二类,训练集的 X 中某些特征使用了测试集的信息,这类数据泄露也可以称为训练集与测试集相互污染(train-test contamination)。本节将分别讲解什么样的错误会导致这两类数据泄露。

最极端的目标泄露是将 y 的真实取值直接作为一个 X 中的特征并训练、验证、测试模型,此特征称为 t。在数据点充足的情况下,大多数模型可以将该特征取值与 y 取值联系起来。当下一次输入列数相同的 X 并使用模型预测其对应的 y 时,模型会直接输出该特征数值。这种情况听似离谱,但在实践中,由于 X 和 y 许多时候分割于同一个数据集,不经意间可能会在 X 中保留与 y 值相等的特征。显然,在预测未来数据时无法获取特征 t 的取值,而 t 的取值极大程度上包含了 y 取值的信息,因此,t 在训练集、验证集和测试集中的存在被称为目标泄露。

当特征与预测目标之间存在时间关系时,也需特别留意可能存在的目标泄露。例如 3.1.1 节中提到,预测 3 日后冰激凌的销量,若存在"昨日销量"这一特征,则涉及数据泄露。昨日销量这一特征称为 $t1$,$t1$ 或多或少影响相对其时间点的明日销量,也就是目标日销量 y,因此,将 $t1$ 设定为训练集、验证集和测试集中的特征将导致目标泄露。在实践中,由于训练集、验证集和测试集皆取自历史数据库,所以在设计特征时,若只考虑可以从历史数据库中提取的有关信息,而不考虑该信息与其对应的目标点之间的时间关系,则很有可能落入类似陷阱。

时间关系中的一个特例为因果关系。某些时候,现有的表格中存在一些看似对预测目标有益的特征。例如以下代码所创立的 DataFrame,执行:

```python
# Chapter3/data_leakage_0.ipynb

import pandas as pd

df = pd.DataFrame({'Patient id': list(range(10)),
                   'Height (cm)': [160, 180, 170, 154,
                                   159, 174, 165, 177,
                                   184, 168],
                   'Gender': ['Female', 'Male', 'Male', 'Female',
                              'Female', 'Female', 'Female', 'Male',
                              'Male', 'Male'],
                   'Weight (kg)': [60, 90, 59, 49, 53,
                                   80, 45, 70, 79, 68],
                   'Eats sugar products': [False, False, True, False,
                                           True, False, False, True,
                                           True, True],
                   '...': ['...'] * 10, # ...用于表示省略许多其他特征
                   'Has diabetes': [True, True, False, True,
                                    False, True, False, False,
                                    False, False]})

display(df)
```

显示结果如图 3.8 所示。

Patient id	Height (cm)	Gender	Weight (kg)	Eats sugar products	...	Has diabetes
0	0	160	Female	60	False	...	True
1	1	180	Male	90	False	...	True
2	2	170	Male	59	True	...	False
3	3	154	Female	49	False	...	True
4	4	159	Female	53	True	...	False
5	5	174	Female	80	False	...	True
6	6	165	Female	45	False	...	False
7	7	177	Male	70	True	...	False
8	8	184	Male	79	True	...	False
9	9	168	Male	68	True	...	False

图 3.8　代码输出

假设预测目标 y 为 Has diabetes(患糖尿病),Height (cm)(以厘米计位的身高)、Gender(性别)、Weight (kg)(以千克计量的体重)、Eats sugar products(是否吃含糖食品)等列皆被用作 X 中的特征。表格中的数据点取自个人收到检查结果一个月后,在调查问卷中的自主报告。从显示的 df 中可见,Eats sugar products 和目标 Has diabetes 有很强的相关性——除了 Patient id 为 6 的数据点,其余数据点中,此两列的取值正好相反。如果 X 中存在 Eats sugar products 这一与目标存在很强关系性的特征,则模型预测测试集的准确率将非常高。

但 Eats sugar products 这一特征与目标 Has diabetes 存在较强的因果关系,且 Has diabetes 的取值为因,Eats sugar products 的取值为果。单从这两列的列名无法得出这一因果结论,但表格的来源暗示了这一关系。每列数据的取值,来自于得知糖尿病检测结果的个体一个月后的自主报告。重点在于"得知糖尿病检测结果"和"一个月后",这意味着检测结果可能影响了个体的生活方式。而由常理推测,若个体得知患有糖尿病,则很有可能同时被告知不能再吃含糖食品,导致 Has diabetes 为 True 的数据点 Eats sugar products 特征取值皆为 False。日常生活中若不特别注意,人们或多或少会摄入含糖食品,因此,Has diabetes 为 False 的数据点 Eats sugar products 特征取值大概率为 True。图 3.8 中这两列的取值关系进一步证明了这一推测。

但在预测某个体是否患有糖尿病时,患者的生活方式并不受检测结果的影响,因此,糖尿病患者大概率会摄取含糖食品。换言之,形容该个体的数据点中,Eats sugar products 大概率为 True。而模型会因训练集中 Eats sugar products 和 Has diabetes 的关系,错误判断该个体不患有糖尿病。在这个例子中预测未来数据时,看似可以轻易取得患者"是否吃含糖食品"这一特征,但经过检查,"是否吃含糖食品"这一特征应被更准确地形容为"得知糖尿病检测结果后一个月是否吃含糖食品",而这一特征的取值无法在预知未来数据时获得,因此,Eats sugar products 在训练集、验证集和测试集中的存在被称为目标泄露。

相比目标泄露,训练集与测试集相互污染这一数据泄露方式更不容易被察觉。最极端的污染,是测试集的数据出现在训练集或验证集中。由于预测的未来数据大概率不会与训练集或验证集中数据完全相同,因此模型对测试集的预测结果无法准确预估其预测未来数据的准确率。

更微妙的污染情况是,训练集中的特征取值从某种程度上受到测试集数据的影响。在下一个 cell 中创建一个新的 DataFrame,执行:

```
＃Chapter3/data_leakage_1.ipynb

import numpy as np

df2 = pd.DataFrame({'User id': list(range(10)),
                    'Preference': ['food', 'tech', 'finance', 'finance', 'tech',
                                   'tech', 'tech', 'food', 'tech', 'food'],
                    'Age': [16, 21, np.nan, 31, 43, 29, np.nan, 24, np.nan, 36],
                    'Click Ads': ['likely', 'unlikely', 'likely', 'likely',
                                  'unlikely', 'unlikely', 'likely',
                                  'unlikely', 'unlikely', 'likely']})


display(df2)
```

显示结果如图 3.9 所示。

预测目标为 Click Ads(是否单击广告),使用 Preference(喜好)和 Age(年龄)作为用户特征进行预测。Age(年龄)这一特征存在空白值,若直接使用该特征平均值填补,在下一个 cell 中执行:

```
df2['Age'].fillna(df2['Age'].mean(), inplace = True)
display(df2)
```

显示结果如图 3.10 所示。

	User id	Preference	Age	Click Ads
0	0	food	16.0	likely
1	1	tech	21.0	unlikely
2	2	finance	NaN	likely
3	3	finance	31.0	likely
4	4	tech	43.0	unlikely
5	5	tech	29.0	unlikely
6	6	tech	NaN	likely
7	7	food	24.0	unlikely
8	8	tech	NaN	unlikely
9	9	food	36.0	likely

图 3.9　代码输出

	User id	Preference	Age	Click Ads
0	0	food	16.000000	likely
1	1	tech	21.000000	unlikely
2	2	finance	28.571429	likely
3	3	finance	31.000000	likely
4	4	tech	43.000000	unlikely
5	5	tech	29.000000	unlikely
6	6	tech	28.571429	likely
7	7	food	24.000000	unlikely
8	8	tech	28.571429	unlikely
9	9	food	36.000000	likely

图 3.10　代码输出

然后使用 sklearn 中的 train_test_split 函数以 70∶15∶15 的比例分割训练集、验证集和测试集,在下一个 cell 中执行:

```
from sklearn.model_selection import train_test_split

df_train, df_val_test = train_test_split(df2, test_size = 0.3, random_state = 42)
```

```
df_val, df_test = train_test_split(
                    df_val_test, test_size = 0.5, random_state = 42)
display(df_train, df_val, df_test)
```

显示结果如图 3.11 所示。

	User id	Preference	Age	Click Ads
0	0	food	16.000000	likely
7	7	food	24.000000	unlikely
2	2	finance	28.571429	likely
9	9	food	36.000000	likely
4	4	tech	43.000000	unlikely
3	3	finance	31.000000	likely
6	6	tech	28.571429	likely

	User id	Preference	Age	Click Ads
5	5	tech	29.0	unlikely

	User id	Preference	Age	Click Ads
8	8	tech	28.571429	unlikely
1	1	tech	21.000000	unlikely

图 3.11 代码输出

df2 中 User id 为 1 的数据点被分入测试集，User id 为 2 和 6 的数据点被分入训练集。而 User id 为 2 和 6 的数据点 Age 列原取值为空白值，填补时使用的平均值受到 User id 为 1 的数据点的影响。在实践中，当数据量较大时，类似以上分布的情况大概率会发生——训练集中原为空白值数据的填补值受到测试集的影响。而由于未知数据的 Age 列不影响训练集中空白值的填补，未知数据与训练集的关系或多或少异于测试集，因此，模型预测测试集的准确率无法合理预估预测未来数据的准确率。

3.3.2 发现并避免目标泄露

3.3.1 节中列举了几个存在目标泄露的例子。从这些例子可见，多数情况下，只要选择合理的特征就可以避免目标泄露。重新定义 3.3.1 节中的 df，执行：

```
# Chapter3/data_leakage_2.ipynb

import pandas as pd

df = pd.DataFrame({'Patient id': list(range(10)),
                   'Height (cm)': [160, 180, 170, 154,
                                   159, 174, 165, 177,
                                   184, 168],
                   'Gender': ['Female', 'Male', 'Male', 'Female',
                              'Female', 'Female', 'Female', 'Male',
                              'Male', 'Male'],
```

```
                    'Weight (kg)': [60, 90, 59, 49, 53,
                                    80, 45, 70, 79, 68],
                    'Eats sugar products': [False, False, True, False,
                                            True, False, False, True,
                                            True, True],
                    '...': ['...'] * 10,
                    'Has diabetes': [True, True, False, True,
                                     False, True, False, False,
                                     False, False]})
```

假设被省略的列中不含泄露目标的特征,且省略的列数较多,选择 X 时可执行:

```
# 当选择某 DataFrame 中大多数列而排出少数列时,可以使用此方法
X = df[[c for c in df.columns if c not in ['Patient id',
                                           'Eats sugar products',
                                           'Has diabetes']]]

display(X)
```

显示结果如图 3.12 所示。

	Height (cm)	Gender	Weight (kg)	...
0	160	Female	60	...
1	180	Male	90	...
2	170	Male	59	...
3	154	Female	49	...
4	159	Female	53	...
5	174	Female	80	...
6	165	Female	45	...
7	177	Male	70	...
8	184	Male	79	...
9	168	Male	68	...

图 3.12 代码输出

但在实践中,列与列之间的时间关系也许无法通过简单的列名和数据来源获得。在这种情况下,可以计算每列与目标之间的相关系数(Correlation coefficient),找出明显异常的特征。相关系数一般以字母 r 表示,用于度量两个变量之间的线性关系。其计算公式为

$$r(X,Y) = \frac{\mathrm{cov}(X,Y)}{\sigma_X \sigma_Y} \tag{3.1}$$

其中 $\mathrm{cov}(X,Y)$ 代表变量 X 与 Y 的协方差,σ_X 代表变量 X 的标准差,σ_Y 代表变量 Y 的标准差。相关系数取值范围为 $[-1,1]$。当两个变量之间的 r 为 0 时,两者不相关;当两个变量之间的 r 为正数时,两者之间存在正相关关系,且 r 越大代表相关关系越强;当两个变量之间的 r 为负数时,两者之间存在负相关关系,且 r 越小代表相关关系越强。使用 NumPy 中的 corrcoef 函数计算相关系数,此函数的输出为一个相关系数矩阵,矩阵第 i 行 j 列表示第 i 个变量与第 j 个变量的相关系数。在下一个 cell 中执行:

```
# Chapter3/data_leakage_2.ipynb

import numpy as np

# 计算相关系数需保证两个变量皆为数值(Python 中的布尔值也属于数值),
# 因此,首先将非数值列转换为数值
df_int = df.copy() # 复制 df
df_int.loc[df_int['Gender'] == 'Male', 'Gender'] = 0
df_int.loc[df_int['Gender'] == 'Female', 'Gender'] = 1
df_int['Gender'] = df_int['Gender'].astype(int)
```

```
#打印身高、体重、性别和是否摄入含糖食品 4 个特征
# 以及目标本身与目标之间的相关系数
for c in ['Height (cm)', 'Weight (kg)',
          'Gender', 'Eats sugar products', 'Has diabetes']:
    print('{t}与 Has diabetes 之间的相关系数为'.format(t = c),
          np.corrcoef(df_int[c], df_int['Has diabetes'])[0][1])
```

输出如下：

```
Height (cm)与 Has diabetes 之间的相关系数为 − 0.18501305048794728
Weight (kg)与 Has diabetes 之间的相关系数为 0.260856896854182
Gender 与 Has diabetes 之间的相关系数为 0.408248290463863
Eats sugar products 与 Has diabetes 之间的相关系数为 − 0.816496580927726
Has diabetes 与 Has diabetes 之间的相关系数为 1.0
```

在此声明，以上数据纯属举例，因此以上特征与目标之间的相关系数不代表真实情况。由输出可见，Eats sugar products 这一特征与目标之间的相关系数约为−0.82，两者之间存在很强的负关系。目标 Has diabetes 与其本身的相关系数为 1，属于很强的正关系。将 X、y 输入模型训练前，可以打印 X 中每列与 y 之间的相关系数。若某列与 y 之间存在很强的正关系或负关系，则需特别注意该列特征是否存在目标泄露。

尽早搭建模拟预测未来数据的管道，可以有效侦查目标泄露。管道可以在模型训练完成之前搭建，与收集、创建特征同步。许多对于目标泄露的疏忽，源自错误判断历史数据中的某些特征是否可以在预测未来数据时获得。例如预测 3 日后方便面的销量时，历史数据中可以提取每个数据点对应的"昨日销量"，而在实际预测时无法获得这一特征。假设在训练模型之前，搭建一个预测未来数据的管道。管道模拟从数据库中提取形容未来数据的特征取值，并对其进行预处理。在这个问题定义中，管道将在预测当日，收集描述 3 日后这一时间点的所有训练时所用的特征取值。这也意味着，管道需要提取两日后的销量信息，因此，将无法搭建使用当前特征的预测管道。搭建管道遇到的这一障碍，可及时告诉我们训练集中存在目标泄露，需解决泄露问题后再进行模型的训练及优化。

另外，尽早设身处地预测未来数据，也可以让一些不易察觉的目标泄露浮出水面。也许在预测 3 日后方便面的销量时，我们会认为"3 日前方便面销量"这一特征不属于目标泄露，但在模拟预测的当日，假设预测时间为下午 5 点，可能会发现当日销量并未停止更新，仍有增加的可能性，因此，预测时提取的当日销量，对于 3 日后来讲，是"3 日前截止到下午 5 点的方便面销量"，而历史数据中储存并进入训练集的为"3 日前方便面总销量"。这时，根据历史数据中每日销量记录的结算时间，我们需要考虑是否可能在当日获得当日总销量这一数据。若答案为否，则"3 日前方便面总销量"在这个例子中属于目标泄露。

3.3.3 避免训练集与测试集的相互污染

相较目标泄露，训练集与测试集的相互污染更加难以被发现。以 3.1.1 节中的 df2 为例，若在数据预处理时使用过测试集的信息填补训练集中的空白值，可以视为一种微妙的污染，且没有简单的方法可以完全排查此类污染。你可能会考虑，是否可以从数据分布或训练

集与测试集的相似度入手,检测之前的预处理中是否存在类似污染。测试集的数据被用于填补训练集的空白值,理论上,测试集将较未来数据而言更接近训练集的数据分布——这也是引发顾虑的原因,若测试集更接近训练集,则模型对其预测结果将过于乐观,但是,不同数据集本身就存在数据分布上的差异,且例子中这样微妙的污染往往不会造成明显的数据分布差异,单纯对比训练集与测试集和未来数据集的数据分布差异,无法完全说明训练集与测试集之间存在相互污染。

最简单的方式,也许是在预处理数据和分离 3 集这两个步骤上多加思考,确保最后分离的测试集数据无法被训练集或验证集获取。需要确保的是,测试集能在最大程度上模拟未知数据。这也意味着,任何对测试集做的预处理,当使用到未来数据时也应当合理。举个例子,假设历史数据为以下表格,执行:

```
# Chapter3/data_leakage_3.ipynb

import pandas as pd
import random
import numpy as np

# 设定随机种子,确保执行此段代码可以创建相同的 df
random.seed(42)

# Age(年龄)列取值范围为[20, 80]的一个整数
# random.randint(1, 10) = 1 的概率为10%,因此 Age 列有 10% 概率为空白值
df = pd.DataFrame({'User id': list(range(100)),
                'Age': [random.randint(20, 80) if random.randint(1, 10) != 1 \
                    else np.nan for _ in range(100)],
                '...': ['...'] * 100,
                'target': [0] * 50 + [1] * 50})
display(df)
```

显示结果如图 3.13 所示。

	User id	Age	...	target
0	0	21.0	...	0
1	1	35.0	...	0
2	2	28.0	...	0
3	3	63.0	...	0
4	4	25.0	...	0
...	...	...	...	...
95	95	40.0	...	1
96	96	21.0	...	1
97	97	79.0	...	1
98	98	76.0	...	1
99	99	35.0	...	1

100 rows × 4 columns

图 3.13　代码输出

从显示结果可见,Age(年龄)列多为有效数值。对 Series 使用.isna()和.sum()函数,计算空白值个数,在下一个 cell 中执行:

```
print(df['Age'].isna().sum())
```

输出结果如下:

```
10
```

在下一个 cell 中,以 70∶15∶15 的比例分割训练集、验证集和测试集,并分别打印训练集与测试集的空白值个数,执行:

```
# Chapter3/data_leakage_3.ipynb

from sklearn.model_selection import train_test_split

df_train, df_val_test = train_test_split(df, test_size = 0.3, random_state = 42)
df_val, df_test = train_test_split(
                        df_val_test, test_size = 0.5, random_state = 42)

print('训练集中空白值个数为: ', df_train['Age'].isna().sum())
print('测试集中空白值个数为: ', df_test['Age'].isna().sum())
```

输出结果如下：

```
训练集中空白值个数为: 7
测试集中空白值个数为: 2
```

现在考虑如何填补 Age 列中的空白值。使用全集的平均值会导致训练集与测试集相互污染，因此，填补某集时，可以考虑只使用该集数据的平均值填补该集，在下一个 cell 中执行：

```
# 由于污染问题重点考虑训练集和测试集，暂时忽略验证集
df_train['Age'].fillna(df_train['Age'].mean(), inplace = True)
df_test['Age'].fillna(df_test['Age'].mean(), inplace = True)

# 确认填补后的训练集和测试集中无空白值
print('训练集中空白值个数为: ', df_train['Age'].isna().sum())
print('测试集中空白值个数为: ', df_test['Age'].isna().sum())
```

输出结果如下：

```
训练集中空白值个数为: 0
测试集中空白值个数为: 0
```

如此做法可以保证训练集中的数据不受测试集的影响，避免相互污染，但这样处理的问题在于，若等待预测的未来数据个数较少或需分为每批数据点较少的批次预测，且存在空白值，那么未来数据中 Age 的平均值受偶然因素影响较大，大概率不接近历史数据的平均值。举个较为极端的例子，假设每次预测只能预测两个数据点，且其中一个数据点的 Age 列为空白值。使用与填补测试集同样的方法，该空白值将使用该次未来数据集中 Age 列有效取值的平均值填补。换言之，空白值将直接使用另一个数据点中 Age 的取值填补，这明显会存在较大的误差。

因此，填补测试集 Age 列空白值时，可以考虑使用训练集 Age 列有效取值的平均值。这样的填补不属于数据泄露，因为训练集的数值在预测未来数据时同样可以取得，且从理论角度，训练集与测试集的关系应等同于训练集与未来数据集的关系。如此填补，在测试集合理模拟了未来数据集的同时，使填补值更加接近总体均值。修改填补方式，执行：

```
df_train['Age'].fillna(df_train['Age'].mean(), inplace = True)
#填补 df_test 时,将 df_test['Age'].mean()改为 df_train['Age'].mean()
df_test['Age'].fillna(df_train['Age'].mean(), inplace = True)
```

当污染较为极端时,例如测试集的数据点直接出现在训练集中,有一定概率可以从对比模型预测训练集和测试集的准确率中,发现可能存在污染。若预测测试集的准确率过高,或过于接近训练集准确率,且已经确认不存在目标泄露,这时可以检查预处理和分割数据集的代码,是否存在训练集与测试集相互污染。

3.4　偏差与方差

训练一个机器学习模型时,目的是尽量提高模型预测测试集准确率。提高准确率,也可以称为降低预测误差。

预测误差由 3 部分组成,偏差(bias)、方差(variance)和不可约的误差(irreducible error)。不可约的误差来自于数据本质上的噪声,或是现有特征的不足。选择模型时,需要尽量降低偏差与方差,以降低最终对未来数据的预测误差。

3.4.1　定义偏差与方差

在预测某目标变量 Y 与一系列特征变量 X 的关系时,通常假设 Y 与 X 之间存在函数关系,可以用函数 f 表示:

$$Y = f^*(X) + e \tag{3.2}$$

其中,f^* 为一个准确反映 Y 与 X 之间关系的函数,而 e 是 X 经过 f^* 映射后,映像与真实取值之间的误差项。虽然 f^* 是一个理论上准确反映 Y 与 X 之间关系的函数,但若 X 中没有足够的特征,或数据中存在噪声,则 $f^*(X)$ 与 Y 之间还是会存在差异。定义 e 为 Y 与 $f^*(X)$ 之间的差异,$e = Y - f^*(X)$,从而得出式(3.2)。e 是数据本身的缺陷,无法用优化模型降低,也被称为贝叶斯误差(Bayes error)。

一个机器学习模型也是一个反映 Y 与 X 之间关系的函数,这里称为 g。训练模型时,目的是让函数 g 趋近于 f^*。换言之,我们希望在训练的过程中,让模型找到准确反映 Y 与 X 之间关系的函数。在实践中,f^* 往往过于复杂,因此,g 通常不等于 f^*。

偏差用于衡量真实关系函数 f^* 与模型学习到的函数 g 之间的差异。某数据点 x 的偏差值可由以下等式计算:

$$\text{bias}^2(x) = (E[g(x)] - f^*(x))^2 \tag{3.3}$$

$E[g(x)]$ 表示模型使用 g 函数预测数据点 x 的平均输出。根据不同的训练集,同样的模型可能会产生不同的预测结果,这些结果的平均值用 $E[g(x)]$ 表示。使用平均值,可以撇去使用不同训练集对输出的影响,因此,$E[g(x)]$ 可以表示模型本身的输出,而非限制于某训练集的输出。

方差用于衡量同一使用不同训练集后输出结果之间的差异。测试集中某数据点 x 的方差值可由以下式计算:

$$\text{var}(x) = E[(g(x) - E[g(x)])^2] \tag{3.4}$$

可以将预测目标 $f^*(x)$ 想象为靶心,将同一模型使用不同训练集训练后对 x 的预测结果想象为不同的击中点。低偏差意味着不同击中点的平均值与靶心距离较近;高偏差代表不同击中点的平均值与靶心距离较远;低方差意味着每个击中点距离不同击中点的平均值皆较近,击中点较为集中;高方差代表每个击中点距离不同击中点的平均值皆较远,击中点较为分散,如图 3.14 所示。

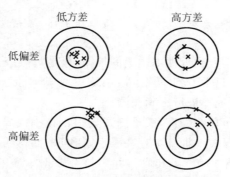

图 3.14　偏差与方差高低组合示例

由于 f^* 往往过于复杂,不同结构的模型在训练时,不同程度上简化了 f^*,从而得到 g。高偏差意味着模型过度简化了 f^*,从而无法学习到数据本质上的规律;低偏差意味着模型没有过多的简化 f^*。换言之,偏差较高的模型学习到的函数较为简单,而偏差较低的模型学习到的函数较为复杂。

从模型的角度看,低方差意味着使用不同训练集并不会过多改变模型所学函数;高方差意味着使用不同训练集将大幅度改变模型所学函数。理论上,关于同一问题分割的不同训练集应该存在同样的规律,因此,高方差往往预示模型并没有学习到训练集本质上的规律。

3.4.2　过拟合与欠拟合

当偏差较低而方差较高时,模型使用某些训练集训练后,预测训练集的准确率可能远高于同一模型使用其他训练集训练的准确率。正如 3.4.1 节所述,高方差预示着,模型并没有学习到训练集本质上的规律。结合较低的偏差,可以推测,某训练集中可能存在属于只存在于该训练集中的规律,该规律无法套用到别的训练集,也不存在于测试集或未来数据中。若该规律正好被模型学习,则模型预测该训练集的准确率,将会远高于其中规律无法被学习的训练集。

这种情况往往容易导致过拟合(overfitting)问题。过拟合,指的是模型在根据某一数量有限的训练集学习 X 与 y 之间的关系函数时,学习结果过分贴合该训练集的各个数据点,如图 3.15 所示。

在图 3.15 中,圆点表示某一训练集中的数据点,线表示模型学习到的 X 与 y 之间的关系函数。模型函数穿过训练集的每个数据点,这就意味着,模型预测训练集的误差低至 0%,但这样的准确率并不能说明模型能准确预测测试集数据。方块表示测试集数据,可见其与模型所学习的函数线之间的误差远大于 0%,如图 3.16 所示。

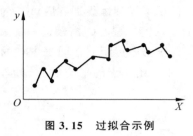 

图 3.15　过拟合示例　　　　　图 3.16　测试集与模型函数存在差异

这是因为模型并没有学习到数据本质上的规律,只是"背过"了训练集中的每个数据点,或者如本节开头所述,模型只学习到了属于该训练集的规律,因此,遇到存在类似本质规律的测试集时,模型无法根据规律进行准确预测。

过拟合的后果在训练集存在噪声,或是测试集中存在稍微异于训练集的数据点时尤为明显。首先考虑第一种情况——训练集存在噪声,如图 3.17 所示。

点 a 是训练集中的一个噪声点,其取值并不符合数据本质的规律,但由于模型函数过度拟合于训练集数据,所学函数误将噪声认作有效数据,并穿过噪声点。点 b 是测试集中的一个点,其 X 与 y 取值的关系符合总体数据集的本质规律。使用此模型预测测试集中 X 特征与 a 相似的点 b,预测输出将接近点 a 的 y 取值,与点 b 的真实取值相差甚远。

接下来,考虑第二种情况——测试集中存在稍微异于训练集的数据点,如图 3.18 所示。

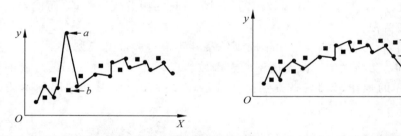

图 3.17　过拟合模型训练集中存在噪声　图 3.18　过拟合模型预测与训练集稍有差异的数据点

点 d 是训练集中 X 取值最右的数据点——这里使用"取值最右"而非"取值最大"形容点 d,是因为 X 中的数据点在多数情况下是一个数组,而数组之间的大小需要根据特定问题定义。点 a、b、c 是测试集中的 3 个数据点,其取值皆符合数据本质的规律,但 X 取值皆位于 d 之右。由于模型没有学习到数据本质的规律,我们可以合理假设,模型所学习函数穿过最右点 d 后,将直线下降。显然,模型预测 a、b、c 取值时,将存在非常大的误差。

与过拟合相对的另一个极端是欠拟合(underfitting)。欠拟合指的是模型学习到的函数与训练集数据拟合程度较低,往往与高偏差同时出现。模型函数过于简单,无法完全表达数据所呈现的规律,如图 3.19 所示。

在图 3.19 中,直线表示模型学习到的 X 与 y 之间的关系函数。函数完全没有捕捉到 X 取值较右数据点所表达的规律,因此,该模型在预测训练集数据时,所得误差较大。加入测试集数据,如图 3.20 所示。

简单的直线模型,同样无法准确预测测试集数据,且预测测试集的误差接近预测训练集的误差。

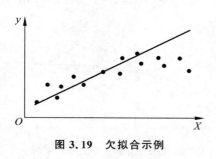

图 3.19　欠拟合示例

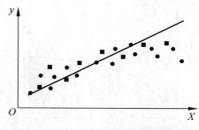

图 3.20　欠拟合示例加测试集数据

过拟合的模型相对数据本质规律过于复杂,而欠拟合模型过于简单。在实践中,这两者无法同时完全解决——模型无法在变得更加简单的同时变得更加复杂,因此,选择和优化模型的目标在于同时缓解过拟合和欠拟合现象,使模型所学函数接近数据本质规律,如图 3.21所示。

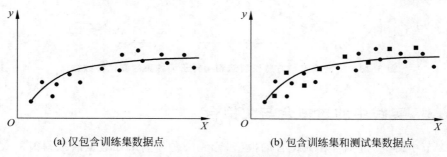

　　(a) 仅包含训练集数据点　　　　　　　　(b) 包含训练集和测试集数据点

图 3.21　同时缓解过拟合与欠拟合

图 3.21 中的曲线表示模型所学函数。预测训练集时,模型对训练集的预测将存在少量误差,预测测试集时将存在数值相似的误差。由于模型捕捉到了数据本质的规律,我们可以合理推测,使用不同训练集获得的函数将较为相似,预测误差也均为较低值,因此,一个同时缓解了过拟合与欠拟合的模型,对应着低方差与低偏差。同时解决过拟合、欠拟合的过程,也被称作平衡偏差与方差。

最后,回顾两个在模型过拟合时引起严重后果的情况,第一,训练集存在噪声;第二,测试集中存在稍微异于训练集的数据点。二者在一个平衡了偏差与方差的模型中,皆不构成大的问题。首先,由于大部分数据点符合本质规律,一个平衡了偏差与方差的模型,不会因为少量噪声的存在而大幅度改变模型函数,因此可以推测,当训练集中存在噪声时,模型函数仍能描述数据本质规律,如图 3.22 所示。

因此,当训练集存在噪声时,模型仍能在预测训练集和测试集时保持较高的准确率。

测试集中的数据,大概率符合总数据集本质规律。假设测试集中某些数据出现在训练集 X 取值最右点之右,如图 3.23 所示。

点 d 是训练集中 X 取值最右的数据点;点 a、b、c 是测试集中的 3 个数据点,其取值皆符合数据本质的规律。模型函数随着 X 取值向右增进,预测的 y 值首先大幅增加,而后增幅变得平缓,因此可以推测,该模型函数在 X 取值位于 d 点之右时,预测的 y 值会继续平缓增加,因此,当测试集数据点稍微异于训练集时,模型仍能在预测测试集时保持较高的准确率。

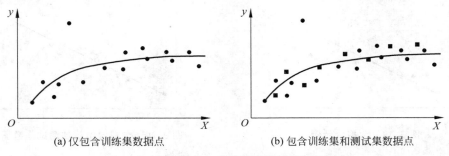

(a) 仅包含训练集数据点　　　　　　(b) 包含训练集和测试集数据点

图 3.22　平衡偏差与方差模型遇到噪声的影响

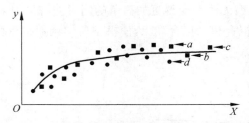

图 3.23　平衡偏差与方差模型遇到稍异于训练集的测试集数据点

3.4.3　实践中的过拟合与欠拟合

3.4.2 节中讲到,过拟合和欠拟合的模型,皆无法在预测未知数据时取得好的表现。本节将讨论如何在实践中发现模型存在过拟合或欠拟合,并有针对性地进行优化模型。

欠拟合往往容易被发现。之前提到过,我们需要尽量减少使用测试集数据的次数,因此,若模型预测训练集和验证集的准确率皆较低,且较为相似,基本可以推断模型欠拟合。甚至可以单纯使用训练后的模型预测验证集,若其准确率较低,可以推断模型欠拟合。

模型的欠拟合起因可归为两大类。第一,模型本身较数据而言过于简单。例如数据中的 X 与目标 y 存在二次多项式的关系,若模型只能建立直线关系,那么该模型结构将无法表达数据中的规律。这种情况下,可以考虑使用更加复杂的模型。第二,数据中的 X 与 y 也许不存在可以被模型解释的关系。假设收集到的数据中有 x1 和 x2 两个特征,预测目标为 y,x3 是与 y 有关但未被收集到的数据,如图 3.24 所示。

	x1	x2	x3	y
0	4	23	2	29
1	2	43	4	49
2	5	2	356	363
3	3	44	3	50
4	5	11	2	18
5	7	43	5	55
6	2	66	45	113
7	6	3	4	13

图 3.24　假想数据

y 与 x1、x2、x3 的关系为 y＝x1＋x2＋x3,但由于 x3 不属于收集到的特征之一,且 x1 和 x2 两个特征与 y 之间不存在本质上的规律,所以模型将无法从现有数据中学习并有效预测未知数据。在这种情况下,需要收集更多的特征,而非增加模型的复杂性。

区分这两类起因时,可以结合现有模型的复杂性和现有特征的信息量推断。

模型过拟合时,往往无法仅从训练集预测准确率判断。较高的训练集准确率,可能是因为模型学习到了数据的本质规律,也可能是出现了过拟合。在这种情况下,可以根据验证集与训练集准确率或误差的差异,判断是否存在过拟合现象。举一个简单的例子,创建一个 DataFrame,其中 x1、x2、x3 为 X 中的 3 个特征,3 个特征与 y 之间的关系为 y=x1+x2+x3,执行:

```
# Chapter3/overfitting_0.ipynb

import pandas as pd
import numpy as np

# 这里使用 NumPy 代替 Python 自带的 random
# 展示另一种创建随机数组的方法
np.random.seed(42)
df = pd.DataFrame({'x0': list(range(100)),
                   'x1': np.random.random(100) * 100,
                   'x2': np.random.random(100) * 100,
                   'x3': np.random.random(100) * 100})
df['y'] = df['x1'] + df['x2'] + df['x3']
display(df)
```

显示结果如图 3.25 所示。

	x0	x1	x2	x3	y
0	0	37.454012	3.142919	64.203165	104.800095
1	1	95.071431	63.641041	8.413996	167.126468
2	2	73.199394	31.435598	16.162871	120.797864
3	3	59.865848	50.857069	89.855419	200.578336
4	4	15.601864	90.756647	60.642906	167.001417
...	...	...	...	...	...
95	95	49.379560	34.920957	52.224326	136.524843
96	96	52.273283	72.595568	76.999355	201.868206
97	97	42.754102	89.711026	21.582103	154.047231
98	98	2.541913	88.708642	62.289048	153.539603
99	99	10.789143	77.987555	8.534746	97.311444

100 rows × 5 columns

图 3.25 代码输出

分割训练集、验证集和测试集,在下一个 cell 中执行:

```
from sklearn.model_selection import train_test_split

df_train, df_val_test = train_test_split(df, test_size = 0.3, random_state = 42)
df_val, df_test = train_test_split(df_val_test, test_size = 0.5, random_state = 42)
# 使用.shape 打印 3 个 DataFrame 的形状,打印格式为(行数,列数)
print(df_train.shape, df_val.shape, df_test.shape)
```

输出如下:

```
(70, 5) (15, 5) (15, 5)
```

x0、x1、x2、x3作为特征,预测目标为 y。创建一个过度拟合于该训练集的模型,在下一个 cell 中执行:

```
# Chapter3/overfitting_0.ipynb

class overfitting_model:
    train_X = None
    train_y = None
    joined_df = None
    fitted = False

    def fit(self, X, y):
        # 训练时"背过"训练集每个数据点对应的 y 取值
        self.train_X = X
        self.train_y = y
        self.joined_df = X.join(y)
        self.fitted = True

    def predict(self, X):
        if not self.fitted:
            print('模型还未经过训练')
        # 预测时,根据数据点的第一个特征(也就是 x0)的取值
        # 直接输出训练集中该特征相等数据点的平均值
        # 若训练集中不存在该特征取值相等的例子,预测为 0
        feature_1 = self.train_X.columns[0]
        output = []
        for i in range(len(X)):
            feature_1_val = list(X[feature_1])[i]
            if feature_1_val in list(self.train_X[feature_1]):
                output.append(self.joined_df[self.joined_df[feature_1] == \
                                             feature_1_val]['y'].mean())
            else:
                output.append(0)
        return output

# 建立一个 overfitting_model 对象,称其为 overfitting_model_instance
# 并使用 df_train 进行训练
overfitting_model_instance = overfitting_model()
overfitting_model_instance.fit(df_train[['x0', 'x1', 'x2', 'x3']],
                               df_train['y'])
```

这个模型"背过"了训练集中所有数据点的 y 取值。其中,模型使用训练集中与预测数据点 x0 取值相同点的平均 y 值之一行为,相当于提取仅属于该训练集,而无法泛论到其他数据集的规律。使用模型预测训练集。由于预测目标为连续变量,使用简单的均方误差(mean squared error,MSE)衡量预测结果与真实 y 取值的误差。均方误差,计算预测值与真实取值每一项差的平方的平均值,其计算公式为

$$\text{MSE} = \frac{1}{n} \sum_{1}^{n} (y_i - y_i')^2 \tag{3.5}$$

其中,n 为数据点个数,y_i 表示第 i 个数据点的真实取值,y_i' 表示模型对第 i 个数据点的预测值。在下一个 cell 中,使用 sklearn 中的 mean_squared_error 函数,评估 overfitting_model_instance 对训练集的预测误差,执行:

```
from sklearn.metrics import mean_squared_error
prediction_train =  overfitting_model_instance.predict(df_train[['x0', 'x1',
                                                                  'x2', 'x3']])
print('模型预测训练集所得 MSE 为', mean_squared_error(df_train['y'], prediction_train))
```

输出如下:

```
模型预测训练集所得 MSE 为 476.4947309235288
```

在下一个 cell 中,评估 overfitting_model_instance 对验证集的预测误差,执行:

```
prediction_val =  overfitting_model_instance.predict(df_val[['x0', 'x1',
                                                             'x2', 'x3']])
print('模型预测验证集所得 MSE 为', mean_squared_error(df_val['y'], prediction_val))
```

输出如下:

```
模型预测验证集所得 MSE 为 11626.439792116962
```

在实践中,我们往往不能如例子中这样,得知模型的具体运行原理,但巨大的误差差异,足以说明模型出现了过拟合。附加一条说明:这个例子中,模型同时存在过拟合和欠拟合的现象。模型预测训练集的误差较大,但预测验证集所得误差更大。这样的情况对应高偏差和高方差。

在实践中,偶然的情况下,模型的过拟合也许无法用以上方法发现。若验证集相对训练集的数据量比例过小,有一定概率,则验证集中大部分数据点与训练集的某些数据类似。分割出一个满足这样条件的验证集,称其为 df_val_small,在下一个 cell 中执行:

```
#Chapter3/overfitting_0.ipynb

df_val_small = df_val[df_val['x0'].isin([14, 72, 87])]
prediction_val_small =  overfitting_model_instance.predict(df_val_small[['x0',
                                                                         'x1',
                                                                         'x2',
                                                                         'x3']])
print('模型预测小验证集所得 MSE 为', mean_squared_error(df_val_small['y'],
                                                  prediction_val_small))
print('模型预测小验证集结果为\n', prediction_val_small)
```

输入如下:

模型预测小验证集所得 MSE 为 405.7961962539237
模型预测小验证集结果为
[138.97113429657134, 169.11995751410032, 102.54169051412093]

仅包含 3 个数据点的验证集 MSE 与预测训练集取得的 MSE 相似,但这明显不是因为过拟合问题被解决了,而是因为验证集过小,导致其包含的数据恰好与训练集某些数据类似——prediction_val_small 中不存在为 0 的预测,由此可知,df_val_small 中每个点的 x0 取值都存在于训练集中。一个过拟合的模型,在预测非常接近训练集的数据时,误差较低,但从原验证集 df_val 的预测误差看来,这样的数据点并不多见,因此,只要使用常规的验证集与训练集比例,或是 5.3 节中将要讲解的交叉验证——使用多个训练集和验证集组合,便可以避免这个问题。

3.5　小结

基础建模的步骤为第 1 步,根据问题定义和收集到的数据选择 X、y;第 2 步,分割训练集、验证集和测试集;第 3 步,使用训练集的 X、y 训练模型;第 4 步,使用验证集预估模型预测未来数据的准确率。最后,本章讲解了两个在基础建模和优化模型阶段都需要避免的问题——数据泄露和模型的过拟合或欠拟合。

## 第 4 章

模 型 选 择

第 3 章讲解了基础建模的基本步骤,如何合理预估模型预测未来数据的准确率,以及搭建模型时需要避免的问题。本章将介绍一系列实践中常用的模型,包括模型运行原理,如何在 Python 中使用,以及如何根据具体问题在一系列模型中进行选择。

4.1 朴素贝叶斯分类器

朴素贝叶斯分类器(Naïve Bayes classifier)是一类基于贝叶斯定理的分类器。分类器指的是用于解决分类问题的模型或算法。朴素贝叶斯分类器属于一种统计模型,其原理较为简单,运行速度快,模型输出也较容易理解,因此,在面对合适的分类问题时,朴素贝叶斯分类器常被用作基准模型。

贝叶斯定理用于计算某随机事件的条件概率。其数学表达式为

$$P(A \mid B) = \frac{P(B \mid A)P(A)}{P(B)} \tag{4.1}$$

其中,A 和 B 代表随机事件且 $P(B)$ 不等于 0;$P(A|B)$ 表示在 B 条件下 A 的概率,也可以解释为在事件 B 已经发生的情况下,事件 A 发生的概率;$P(B|A)$ 表示在 A 条件下 B 的概率;$P(A)$ 和 $P(B)$ 分别是事件 A 和事件 B 发生的概率。

放在一个预测分析问题中,贝叶斯公式可以写为

$$P(y \mid X) = \frac{P(X \mid y)P(y)}{P(X)} \tag{4.2}$$

将 X 中的特征取值看作事件 B,y 取值看作事件 A。假设需要预测某 X 取值为 $x0$ 的数据点对应的 y 取值。在已知训练集中 y 取值为 $y0$ 的概率、X 取值为 $x0$ 的概率,以及 y 取值为 $y0$ 的条件下 X 取值为 $x0$ 的概率,可以根据式(4.2)计算该数据点 y 取值为 $y0$ 的概率。

举一个具体的例子,假设想要根据某天的天气情况判断小明是否会在该日在户外打羽毛球。使用户外温度、是否下雨、风速和阳光烈度 4 个特征作为 X。建立一个假想的训练集,执行:

```
# Chapter4/naïve_bayes_0.ipynb

import pandas as pd

# 4 个特征皆用程度表示
# Temperature(温度): High(高)表示温度较高,Normal(正常)表示不热也不冷,
# Low(低)表示温度较低
# Raining(是否下雨?): No(否)表示没有下雨,Yes(是)表示下雨了,
# Slightly(些许)表示微微下雨
# Wind speed(风速): High 表示风速较高,Normal 表示风速正常,Low 表示风速较低
# Sun intensity(阳光烈度): High 表示较晒,Normal 表示有太阳但不烈,Low 表示阴天
# Play badminton(是否打羽毛球): Yes 表示小明当天会打羽毛球,No 表示不会
df_train = pd.DataFrame({'Temperature': ['High', 'High', 'Normal',
                                         'Low', 'Normal', 'Normal',
                                         'Low', 'Normal', 'Low',
                                         'Normal'],
                         'Raining': ['No', 'Yes', 'Slightly', 'No',
                                     'Slightly', 'Slightly', 'No',
                                     'Yes', 'No', 'No'],
                         'Wind speed': ['High', 'Normal', 'Normal',
                                        'Normal', 'Low', 'Low',
                                        'Normal', 'Normal', 'Normal',
                                        'High'],
                         'Sun intensity': ['High', 'Low', 'Normal',
                                           'High', 'Normal', 'Low',
                                           'High', 'Low', 'High',
                                           'Low'],
                         'Play badminton': ['No', 'No', 'Yes', 'Yes',
                                            'No', 'Yes', 'Yes', 'No',
                                            'Yes', 'Yes']})
display(df_train)
```

显示结果如图 4.1 所示。

	Temperature	Raining	Wind speed	Sun intensity	Play badminton
0	High	No	High	High	No
1	High	Yes	Normal	Low	No
2	Normal	Slightly	Normal	Normal	Yes
3	Low	No	Normal	High	Yes
4	Normal	Slightly	Low	Normal	No
5	Normal	Slightly	Low	Low	Yes
6	Low	No	Normal	High	Yes
7	Normal	Yes	Normal	Low	No
8	Low	No	Normal	High	Yes
9	Normal	No	High	Low	Yes

图 4.1　代码输出

假设需要预测的数据点 x 中 Temperature 取值为 Normal,Raining 取值为 No,Wind

speed 取值为 Normal,Sun intensity 取值为 High。建立一个这样的数据点,在下一个 cell 中执行:

```
x = pd.DataFrame({'Temperature': ['Normal'], 'Raining': ['No'],
                  'Wind speed': ['Normal'], 'Sun intensity': ['High']})
```

为了方便书写,用 $x1$ 表示 Temperature,$x2$ 表示 Raining,$x3$ 表示 Wind speed,$x4$ 表示 Sun intensity,y 表示 Play badminton。在这个例子中,根据 x 各个特征的取值,小明出门打球的概率可以表示为 $P(y=\text{Yes}|x1=\text{Normal}, x2=\text{No}, x3=\text{Normal}, x4=\text{High})$。使用式(4.2)计算这个概率:

① $P(y=\text{Yes})$

② $P(x1=\text{Normal}, x2=\text{No}, x3=\text{Normal}, x4=\text{High}|y=\text{Yes})$

③ $P(x1=\text{Normal}, x2=\text{No}, x3=\text{Normal}, x4=\text{High})$

从训练集数据看来,在 10 个数据点中有 6 个数据点 y 为 Yes,因此:

$$P(y=\text{Yes})=\frac{6}{10}=0.6 \tag{4.3}$$

接下来计算 $P(x1=\text{Normal}, x2=\text{No}, x3=\text{Normal}, x4=\text{High})$。这是一个联合概率,当联合概率中的 4 个随机变量分别独立于彼此时,以下等式成立:

$$P(x1=\text{Normal},x2=\text{No},x3=\text{Normal},x4=\text{High})$$
$$=P(x1=\text{Normal})\times P(x2=\text{No})\times P(x3=\text{Normal})\times P(x4=\text{High}) \tag{4.4}$$

而朴素贝叶斯分类器之所以被称为"朴素",是因为它假设在类别 y 确定的情况下,X 中的所有特征相互独立。在这个假设下,使用式(4.2)计算:

$$P(x1=\text{Normal},x2=\text{No},x3=\text{Normal},x4=\text{High} \mid y=\text{Yes})$$
$$=P(x1=\text{Normal} \mid y=\text{Yes})\times P(x2=\text{No} \mid y=\text{Yes})\times$$
$$P(x3=\text{Normal} \mid y=\text{Yes})\times P(x4=\text{High} \mid y=\text{Yes})$$
$$=\frac{3}{6}\times\frac{4}{6}\times\frac{4}{6}\times\frac{3}{6}=\frac{1}{9}\approx 0.11 \tag{4.5}$$

需要注意的是,朴素贝叶斯的假设仅限于"在类别 y 确定的情况下",因此,只能套用于条件概率的分解。这一假设并不能帮助我们计算 $P(X)$。幸运的是,$P(X)$ 不受 y 取值的影响,因此,在计算 $P(y|X)$ 时,不同的 y 取值所对应的 $P(X)$ 相等。我们可以在分别计算 X 条件下每个 y 取值的条件概率时,忽略 $\frac{1}{P(X)}$,直接计算 $P(X|y)P(y)$。由于 $\frac{1}{P(X)}$ 在不同 y 取值下取值不变,其具体取值并不影响不同 y 取值所对应 $P(y|X)$ 的大小关系,因此,$P(X|y)P(y)$ 最大的 y 取值也会是 $P(y|X)$ 最大的 y 取值,该 y 取值将作为朴素贝叶斯分类器根据 X 的预测输出。

根据式(4.3)和式(4.5)的计算结果,可得

$$P(x1=\text{Normal},x2=\text{No},x3=\text{Normal},x4=\text{High} \mid y=\text{Yes})\times P(y=\text{Yes})\approx 0.067 \tag{4.6}$$

下一步计算 y 取值为 No 所对应的 $P(X|y)P(y)$。首先:

$$P(y=\text{Yes})=\frac{4}{10}=0.4 \tag{4.7}$$

其次：

$$P(x1 = \text{Normal}, x2 = \text{No}, x3 = \text{Normal}, x4 = \text{High} \mid y = \text{No})$$

$$= P(x1 = \text{Normal} \mid y = \text{No}) \times P(x2 = \text{No} \mid y = \text{No}) \times$$

$$P(x3 = \text{Normal} \mid y = \text{No}) \times P(x4 = \text{High} \mid y = \text{No})$$

$$= \frac{2}{4} \times \frac{1}{4} \times \frac{2}{4} \times \frac{1}{4} = \frac{1}{64} = 0.015625 \tag{4.8}$$

最后得出：

$$P(x1 = \text{Normal}, x2 = \text{No}, x3 = \text{Normal}, x4 = \text{High} \mid y = \text{No}) \times P(y = \text{No}) = 0.00625 \tag{4.9}$$

而

$$0.067 > 0.00625 \tag{4.10}$$

由此可得出预测结论，在数据点 x 这样的天气情况下，小明会选择出门打羽毛球。

根据不同的应用，朴素贝叶斯分类器包含 3 种具体的模型：多项式朴素贝叶斯分类器（Multinomial Naïve Bayes classifier）、伯努利朴素贝叶斯分类器（Bernoulli Naïve Bayes classifier）和高斯朴素贝叶斯分类器（Gaussian Naïve Bayes classifier）。

多项式朴素贝叶斯分类器，用于特征为多项式分布时。多项式分布是一个多项实验结果的概率分布。多项实验有以下 4 个特点：

（1）实验重复 n 次。

（2）每次实验的结果为 k 个离散数中的一个。

（3）任意一次实验中，结果为 k 个离散数中任意一个的概率不变。

（4）实验相互独立——一次试验的结果不影响另一次试验的结果。

因此，多项式朴素贝叶斯分类器多用于特征皆为离散数的分类问题。本节开头定义的 df_train 中特征符合这一条件，但由于特征皆使用文字储存，需要先将文字信息转换为数字。对 Pandas Series 使用 .map 函数，函数中输入一个键为 Series 原取值，值为修改值的 Python 字典，即可将 Series 原取值分别映射成新取值。在定义过 df_train 的文件中的下一个 cell 中执行：

```
# Chapter4/naïve_bayes_1.ipynb

# 定义将文字映射成数字的 Python 字典
temp_wind_sun_map = {'Low': 1, 'Normal': 2, 'High': '3'}
rain_map = {'No': 1, 'Yes': 2, 'Slightly': '3'}
target_map = {'No': 0, 'Yes': 1}

# 使用字典对相应的列的数值进行映射
def map_categorical_features(df):
    df['Temperature'] = df['Temperature'].map(temp_wind_sun_map)
    df['Raining'] = df['Raining'].map(rain_map)
    df['Wind speed'] = df['Wind speed'].map(temp_wind_sun_map)
    df['Sun intensity'] = df['Sun intensity'].map(temp_wind_sun_map)
    # 若输入 df 为预测数据(不包含 y 取值)，不需要执行以下转换
    if 'Play badminton' in df.columns:
        df['Play badminton'] = df['Play badminton'].map(target_map)
```

```
map_categorical_features(df_train)

display(df_train)
```

显示结果如图 4.2 所示。

	Temperature	Raining	Wind speed	Sun intensity	Play badminton
0	3	1	3	3	0
1	3	2	2	1	0
2	2	3	2	2	1
3	1	1	2	3	1
4	2	3	1	2	0
5	2	3	1	1	0
6	1	1	2	3	1
7	2	2	2	1	0
8	1	1	2	3	1
9	2	1	3	1	1

图 4.2 代码输出

使用 sklearn 中的多项式朴素贝叶斯分类器 MultinomialNB 进行训练。MultinomialNB 模型中可输入 3 个任选参数：alpha、fit_prior 和 class_prior。使用朴素贝叶斯计算类别概率时,需要使用每个类别先验概率。例如式(4.6)中的 $P(y=\mathrm{Yes})$ 和式(4.9)中的 $P(y=\mathrm{No})$ 就是目标类别为 Yes 和 No 的先验概率。class_prior 参数中可以手动输入目标中每个类别的先验概率,输入类型为一个序列,序列中每项分别对应目标中一个类别的先验概率,其默认取值为 None。若 fit_prior 设定为 True,则模型将根据数据中每个类别的比例,计算其先验概率。fit_prior 的默认取值为 True。需要注意的是,当 class_prior 不为 None 时,模型会忽视 fit_prior 这一参数,直接使用 class_prior 中输入的先验概率进行训练。若 class_prior 为 None 且 fit_prior 为 False,则模型将会假设所有目标的先验概率相等。

式(4.8)中,朴素贝叶斯计算 $P(x1=\mathrm{Normal},x2=\mathrm{No},x3=\mathrm{Normal},x4=\mathrm{High}|y=\mathrm{No})$ 的条件概率时使用 $P(x1=\mathrm{Normal}|y=\mathrm{No})$、$P(x2=\mathrm{No}|y=\mathrm{No})$、$P(x3=\mathrm{Normal}|y=\mathrm{No})$ 和 $P(x4=\mathrm{High}|y=\mathrm{No})$ 4 个条件概率相乘。4 个用于相乘的条件概率中,任何一个都有可能为 0,而取值为 0 的原因可能是该特征取值本身并不常见。举个例子,假设 Wind speed 除了训练集中的 3 个类别,High、Normal 和 Low 以外,还有一个非常罕见的类别 Extremely low(非常低)。由于这种天气过于罕见,训练集中不存在 Wind speed 取值为 Extremely low 的例子,但这并不说明此天气下打球或不打球的概率为 0,因此,为了防止某一条件概率为 0,模型将该特征每个取值的个数都增加 1,或是任何大于 0 的数。这个增加的个数,可以通过 alpha 参数输入模型,alpha 的默认取值为 1。

接下来使用 MultinomialNB 进行训练和预测,在下一个 cell 中执行：

```
# 导入模型
from sklearn.naive_bayes import MultinomialNB
# 定义一个多项式朴素贝叶斯分类器,称为 clf
clf = MultinomialNB()
# clf.fit(X, y)用于训练模型,在函数中输入 X 与 y,使用默认参数取值
clf.fit(df_train.drop(columns = ['Play badminton']),
        df_train['Play badminton'])
```

将预测数据点 x 的特征以同样的映射方式转换为数字,在下一个 cell 中执行:

```
map_categorical_features(x)
display(x)
```

显示结果如图 4.3 所示。

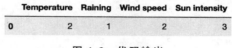

	Temperature	Raining	Wind speed	Sun intensity
0	2	1	2	3

图 4.3　代码输出

使用训练好的模型对转换后的预测数据进行预测,在下一个 cell 中执行:

```
print(clf.predict(x))
```

输出结果如下:

```
[1]
```

反向映射输出 1,得到预测结果为 Yes——小明会选择出门打羽毛球。模型的预测结果与我们通过计算所得结果相同。

　　伯努利朴素贝叶斯分类器用于特征为多元伯努利分布时。换言之,X 中有多个特征,但每个特征都只有两个取值。sklearn 中的伯努利朴素贝叶斯分类器名为 BernoulliNB,其参数包含与 MultinomialNB 相同的 alpha、fit_prior 和 class_prior,外加一个 binarize 参数。当特征取值多于 2 时,可以使用 binarize 参数设定阈值,将特征映射到"大于阈值"和"小于或等于阈值"两个类别中。其中,大于阈值的取值用数字 1 代替,小于或等于阈值的取值用数字 0 代替。

　　打羽毛球的例子中,每个天气特征都有 3 个取值。其中 1 普遍表示该天气特征较"弱";2 表示"普通";3 表示"强烈",因此,若想使用伯努利朴素贝叶斯分类器预测该数据集,可以将每个特征的"弱"和"普通"简化为一类。这样做会丢失一部分信息,但在某些问题中,将多类数据转化为两类可以降低模型学习的难度。

　　接下来使用 BernoulliNB 进行训练和预测,在下一个 cell 中执行:

```
from sklearn.naive_bayes import BernoulliNB
# 设定 binarize 为 2,将原取值为 1 和 2 的数据点取值改为 0
# 原取值为 3 的数据点取值改为 1
```

```
clf = BernoulliNB(binarize = 2)
clf.fit(df_train.drop(columns = ['Play badminton']),
        df_train['Play badminton'])
print(clf.predict(x))
```

输出结果如下：

```
[1]
```

反向映射输出 1，得到预测结果为 Yes——小明会选择出门打羽毛球。模型的预测结果与我们通过计算所得结果，以及多项式朴素贝叶斯分类器预测结果相同。

高斯朴素贝叶斯分类器针对特征为连续变量的问题，并假设变量分布为高斯分布（Gaussian distribution）。一个高斯分布的特征取值大多靠近平均值，而越偏离平均值的取值概率越低，如图 4.4 所示。

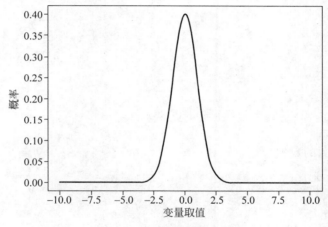

图 4.4　高斯分布示例

在生活中，我们可以合理假设许多变量都属于高斯分布，因此，当数据特征为连续变量时，高斯朴素贝叶斯分类器是一个合适的选择。

回到打羽毛球的例子，这次假设所有的特征都是连续变量，且为高斯分布。重新定义 df_train，在下一个 cell 中执行：

```
# Chapter4/naïve_bayes_2.ipynb

# 假设特征为连续变量
# Temperature 变量储存当日温度，单位为摄氏度
# Raining 变量储存当日预计降雨量，单位为毫米/日
# Wind speed 变量储存当日预计平均风速，单位为米/秒
# Sun intensity 变量储存阳光强度，取值范围为[0, 3]，越高值表示该日阳光越烈
df_train2 = pd.DataFrame({'Temperature': [33, 31, 26, 18, 25,
                                          24, 15, 23, 13, 25],
                          'Raining': [0, 15, 3, 0, 5,
```

```
                        2, 0, 17, 0, 0],
          'Wind speed': [8.1, 3.5, 3.9, 5.1, 0.5,
                        0.7, 4.6, 4.3, 6.1, 7.3],
          'Sun intensity': [4.2, 1, 3, 4.3, 3.2,
                          0.9, 4.1, 0.3, 4.6, 1.2],
          'Play badminton': ['No', 'No', 'Yes', 'Yes',
                          'No', 'Yes', 'Yes', 'No',
                          'Yes', 'Yes']})
display(df_train2)
```

显示结果如图 4.5 所示。

	Temperature	Raining	Wind speed	Sun intensity	Play badminton
0	33	0	8.1	4.2	No
1	31	15	3.5	1.0	No
2	26	3	3.9	3.0	Yes
3	18	0	5.1	4.3	Yes
4	25	5	0.5	3.2	No
5	24	2	0.7	0.9	Yes
6	15	0	4.6	4.1	Yes
7	23	17	4.3	0.3	No
8	13	0	6.1	4.6	Yes
9	25	0	7.3	1.2	Yes

图 4.5　代码输出

同样,需要预测的数据特征也将为连续变量,在下一个 cell 中重新定义数据点 x,执行:

```
x2 = pd.DataFrame({'Temperature': [24.5], 'Raining': [0],
                  'Wind speed': [3.67], 'Sun intensity': [4.25]})
```

使用 .map 函数,将 df_train2 中的目标值转换为数字形式,在下一个 cell 中执行:

```
target_map = {'No': 0, 'Yes': 1}
df_train2['Play badminton'] = df_train2['Play badminton'].map(target_map)
```

接下来,使用 sklearn 中的高斯朴素贝叶斯分类器 GaussianNB 进行训练和预测。GaussianNB 中 priors 的用法与 MultinomialNB 中的 class_prior 相同,可以用来手动输入每个目标类别的先验概率。在下一个 cell 中执行:

```
#导入模型
from sklearn.naive_bayes import GaussianNB
#定义一个高斯朴素贝叶斯分类器,称为 clf
clf = GaussianNB()
#clf.fit(X, y)用于训练模型,在函数中输入 X 与 y,使用默认参数取值
clf.fit(df_train2.drop(columns = ['Play badminton']),
        df_train2['Play badminton'])
print(clf.predict(x2))
```

输出如下：

```
[1]
```

反向映射输出 1，得到预测结果为 Yes——小明会选择出门打羽毛球。模型的预测结果与我们通过计算所得结果、多项式朴素贝叶斯分类器、伯努利朴素贝叶斯分类器的预测结果相同。

4.2 关联规则算法

关联规则算法（Apriori algorithm）用于挖掘数据之间的关联。其常用于解决的问题形式为已知某系列事件集 $S_1 \in \{A, B, C, \cdots\}$ 成立，且事件集 $S_2 \in \{X, Y, \cdots\}$ 与 S_1 存在一定关联，两个事件集之间存在什么样的关联，S_1 中的事件又会如何影响 S_2 中事件成立的概率？换言之，关联规则算法用于预测 S_1 中的事件是否从某种程度上导致 S_2 中事件的成立。使用逻辑蕴含公式可以表达为

$$S_1 \Rightarrow S_2 \tag{4.11}$$

其中，已知事件集 S_1 也被称为关联规则的先导（antecedent），预测事件集 S_2 被称为关联规则的后继（consequent）。这里需要注意的是，S_1 中的事件导致 S_2 中事件成立的概率并不等于 S_1 条件下 S_2 的概率，其主要差异在于"导致"这一关系，这一差异将在本节讲解"提升度"这一指标时详细分析。关联规则算法将计算式（4.11）中蕴含式的 3 个指标。根据这 3 个指标，决策者可以更好地判断 S_1 中的事件对 S_2 中事件影响的程度，并做出有效的商业调整。

举一个具体的例子：假设想要预测超市里的哪些商品常被一并购买，以此更有效地安排商品摆放、折扣等。已有的数据库中，包含不同顾客过往的购物清单。创建一个包含此类信息的数据表格，执行：

```
# Chapter4/apriori.ipynb

import pandas as pd

df = pd.DataFrame({'User Id': [0, 1, 2, 3, 4, 5, 6, 7],
                   'Items bought': ['面条, 酱油, 购物袋',
                                    '面条, 盐',
                                    '苹果, 草莓, 水果刀, 购物袋',
                                    '面条, 盐, 香油, 购物袋',
                                    '苹果, 香蕉, 酸奶, 购物袋',
                                    '香蕉, 酸奶',
                                    '苹果, 香蕉',
                                    '草莓, 酸奶, 香蕉']})

display(df)
```

显示结果如图 4.6 所示。

User Id		Items bought
0	0	面条, 酱油, 购物袋
1	1	面条, 盐
2	2	苹果, 草莓, 水果刀, 购物袋
3	3	面条, 盐, 香油, 购物袋
4	4	苹果, 香蕉, 酸奶, 购物袋
5	5	香蕉, 酸奶
6	6	苹果, 香蕉
7	7	草莓, 酸奶, 香蕉

图 4.6　代码输出

使用关联规则算法的术语：这个例子中，已知某位顾客在某次购物中需要购买商品集 S_1，预测"购买商品集 S_1"这一行为导致该顾客该次购物时会同时购买商品集 S_2 的概率。在实际计算时，若不设定任何限制，则关联规则算法会计算所有组合的物品关系。接下来，将使用其中一个组合作为示例，讲解关联规则算法如何计算物品间的关系，又该如何解读算法输出。

这个组合中，已知顾客会购买盐和购物袋，预测该顾客会同时购买面条的概率。

关联规则算法的第 1 步，计算先导和后继并集的支持度（support）。支持度是数据集所有数据点中满足 $S_1 \cup S_2$ 的比例。这个例子中，盐、购物袋、面条同时出现的购物记录共有 1 个，因此，$S_1 \Rightarrow S_2$ 在 df 所代表数据中的支持度为 $\frac{1}{8} = 0.125$。

支持度这一数值可以用来衡量物品集的商业价值，支持度较低的物品组合意味着该组合交易并不常见，计算其中关联规则的收益也相应较低。之前提到，关联规则算法会计算所有组合的物品关系，因此，当物品组合较多时，关联规则算法将需要大量的计算力。缓解这个问题的办法之一是设定支持度的阈值，并放弃对支持度低于阈值的组合进行更多计算。设定阈值不仅能停止对当前关联规则的计算，也会让算法放弃对当前组合超集中关联规则的计算。这个例子中，若阈值为 0.15，{盐，购物袋，面条}这一组合的频率已经低于 0.15，算法将停止计算该组合的关联规则，以及对其超集{盐，购物袋，面条，香油}组合关联规则的计算。

关联规则算法的第 2 步，计算 $S_1 \Rightarrow S_2$ 的置信度（confidence）。置信度计算当 S_1 中物品被购买时，S_2 物品同时被购买的概率。置信度也就是 S_1 条件下 S_2 被购买的概率，使用条件概率表示为 $P(S_2 | S_1) \equiv \dfrac{P(S_1 \cup S_2)}{P(S_1)}$。代入例子中的数据进行计算：

$$P(盐，购物袋，面条) = 0.125 \tag{4.12}$$

$$P(盐，购物袋) = 0.125 \tag{4.13}$$

$$P(S_2 | S_1) = \frac{P(盐，购物袋，面条)}{P(盐，购物袋)} = 1 \tag{4.14}$$

因此，置信度为 1，表示在该数据集中，当盐和购物袋被购买时，面条同时被购买的概率为 100%。

然而，单纯使用置信度无法全面衡量式（4.11）中的蕴含式。一个较高的置信度并不能说明 S_1 的采购导致了 S_2 的采购，只能说明，当 S_1 被采购时，S_2 较大可能也被采购。举一个较为极端的例子说明这两者的区别：假设 $S_1 = \{鸡翅，冰激凌\}$，$S_2 = \{月饼\}$，数据集中仅包含过往中秋时节的交易记录，且所有顾客都购买了月饼。由于所有顾客都购买了月饼，在该数据集中，当鸡翅和冰激凌同时被购买时，月饼也一定被购买，因此 $S_1 \Rightarrow S_2$ 的置信度为 100%，但这并不说明购买鸡翅和冰激凌会导致顾客同时购买月饼，也没有必要将月饼与鸡翅和冰激凌放入同一个区域或打包销售。

因此,关联规则算法的第 3 步将计算提升度(Lift)。提升度用于计算 S_1 的采购提升 S_2 采购概率的程度。提升度 $\equiv \dfrac{P(S_1 \bigcup S_2)}{P(S_1)P(S_2)}$,考虑到 S_2 本身的购买频率,并将其从置信度中除去。提升度为 1 意味着 S_1 与 S_2 之间没有关联;提升度大于 1 意味着顾客对 S_1 的采购从一定程度上导致了其对 S_2 的采购,程度大小取决于提升度的具体值;提升度小于 1 意味着顾客 S_1 的采购从一定程度上阻止了其对 S_2 的采购——例如当 S_1 和 S_2 为不同品牌所售的同一类商品时,$S_1 \Rightarrow S_2$ 的提升度大概率小于 1。

回到盐、购物袋和面条的例子中:

$$P(\text{面条}) = \frac{3}{8} = 0.375 \tag{4.15}$$

$$\text{提升度}(S_1 \Rightarrow S_2) = \frac{P(\text{盐},\text{购物袋},\text{面条})}{P(\text{盐},\text{购物袋}) * P(\text{面条})} = \frac{1}{0.375} \approx 2.67 \tag{4.16}$$

提升度大于 1,代表顾客对盐和购物袋的采购一定程度上导致了该顾客对面条的采购。

Python 中使用 apyori 库进行简单的关联规则运算。使用 conda 安装 apyori,在终端中执行:

```
conda activate test
```

进入 test 环境后,使用 pip 安装 apyori,执行:

```
pip install apyori
```

回到 Jupyter Notebook 中,导入 apyori 中的 apriori 函数确认安装成功,在下一个 cell 中执行:

```
from apyori import apriori
```

将 df 中的购物清单转换为 Python 列表,以方便函数 apriori 进行运算,在下一个 cell 中执行:

```
#split 中使用逗号加空格进行分割
transactions = [t.split(', ') for t in list(df['Items bought'])]
print(transactions)
```

输出如下:

```
[['面条', '酱油', '购物袋'], ['面条', '盐'], ['苹果', '草莓', '水果刀', '购物袋'], ['面条', '盐',
'香油', '购物袋'], ['苹果', '香蕉', '酸奶', '购物袋'], ['香蕉', '酸奶'], ['苹果', '香蕉'], ['草莓',
'酸奶', '香蕉']]
```

变量 transactions(交易)是一个项为 Python 列表的列表。将每行的 Items bought(购物清单)存入一个 Python 列表,并将清单中的每个物品分为列表中的不同项,最后将每个代表单独一行的列表合并进一个镶嵌式列表。

使用 apriori 函数默认设置,输入 transactions,且不设定阈值,执行:

```
#得到所有组合关联规则
results = list(apriori(transactions))
```

得到结果使用 Python 列表表示,并存入 results(结果)变量中。变量 results 中的每项表示一组蕴含式关联规则的计算结果,由于组合较多,这里不进行全部结果的展示。使用蛮力搜索,可以发现{盐,购物袋}⇒{面条}这一蕴含式处于列表中的第 34 项,打印第 34 项,在下一个 cell 中执行:

```
print(results[34])
```

输出如下:

```
RelationRecord(items = frozenset({'购物袋', '面条', '盐'}), support = 0.125, ordered_
statistics = [OrderedStatistic(items_base = frozenset(), items_add = frozenset({'购物袋', '面
条', '盐'}), confidence = 0.125, lift = 1.0), OrderedStatistic(items_base = frozenset({'盐'}),
items_add = frozenset({'购物袋', '面条'}), confidence = 0.5, lift = 2.0), OrderedStatistic
(items_base = frozenset({'购物袋'}), items_add = frozenset({'面条', '盐'}), confidence = 0.25,
lift = 1.0), OrderedStatistic(items_base = frozenset({'面条'}), items_add = frozenset({'购物
袋', '盐'}), confidence = 0.3333333333333333, lift = 2.6666666666666665), OrderedStatistic
(items_base = frozenset({'购物袋', '盐'}), items_add = frozenset({'面条'}), confidence = 1.0,
lift = 2.6666666666666665), OrderedStatistic(items_base = frozenset({'面条', '盐'}), items_
add = frozenset({'购物袋'}), confidence = 0.5, lift = 1.0), OrderedStatistic(items_base =
frozenset({'购物袋', '面条'}), items_add = frozenset({'盐'}), confidence = 0.5, lift = 2.0)])
```

解读输出时,列表中每项为一个 RelationRecord(关联记录)。其中,items(物品列表)表示该 RelationRecord 中所对应的 $S_1 \cup S_2$,不同 RelationRecord 中的 items 集不重复;support 表示 $S_1 \Rightarrow S_2$ 的支持度;ordered_statistics 中包含使用 items 中不同物品组合作为 S_1 和 S_2 所得的关联规则,每个不同组合的关联规则用一个 OrderedStatistic(有序统计)对象储存。在 OrderedStatistic 中,items_base(基础物品)表示 S_1 所对应物品集,items_add(添加物品)表示 S_2 所对应物品集,confidence 为置信度,lift 为提升度。通过观察上段输出中 items_base = frozenset({'购物袋', '盐'}),items_add = frozenset({'面条'})所对应的计算结果可得,{盐,购物袋}⇒{面条}的支持度为 0.125,置信度为 1,提升度约等于 2.67,与之前的人工计算结果相等。

显然,使用蛮力在完整的输出结果中搜寻目标蕴含式的效率非常低。为方便读取目标结果,使用两个 for 循环,在下一个 cell 中执行:

```
Chapter4/apriori.ipynb

s1 = {'盐', '购物袋'}
s2 = {'面条'}

def get_support_confidence_lift(results, s1, s2):
```

```
        for record in results:
#检查该 RelationRecord 的 items 是否为 s1 和 s2 的并集
        if record.items == s1.union(s2):
            print('支持度: ', record.support)
            for stat in record.ordered_statistics:
                #检查该 OrderedStatistic 的 items_base 和 items_add
                #是否分别对应 s1 和 s2
                if stat.items_base == s1 and stat.items_add == s2:
                    print('置信度: ', stat.confidence)
                    print('提升度 : ', stat.lift)

get_support_confidence_lift(results, s1, s2)
```

输出如下：

```
支持度: 0.125
置信度: 1.0
提升度 : 2.6666666666666665
```

改变 s1 和 s2 的选择，可以轻易取得其他商品的关联规则，在下一个 cell 中执行：

```
#改变 s1 和 s2 的选择
s1 = {'酸奶'}
s2 = {'香蕉'}

get_support_confidence_lift(results, s1, s2)
```

输出如下：

```
支持度: 0.375
置信度: 1.0
提升度 : 2.0
```

这意味着该数据集中，顾客对酸奶的采购一定程度上导致了该顾客对香蕉的采购。

设定 apriori 函数中的参数可以设定支持度、置信度和提升度的阈值。设定阈值可以减少输出结果中关联规则的个数，也可以加速度计算时间，在下一个 cell 中执行：

```
Chapter4/apriori.ipynb

import time#测量计算时间

#重新计算 results 并计时
start = time.time()
results = list(apriori(transactions))
end = time.time()
print('未设阈值所需的计算时间(秒): ', end - start)
```

```
# 未设阈值是计算的 RelationRecord 个数
print('未设阈值所得关联规则个数：', len(results))

# 设定阈值并计时
start = time.time()
results_with_conditions = list(apriori(transactions,
                                        min_support = 0.15,
                                        min_confidence = 0.80,
                                        min_lift = 1.2))
end = time.time()
print('设定阈值后所需的计算时间(秒)：', end - start)
print('设定阈值后所得关联规则个数：', len(results_with_conditions))
```

输出如下：

```
未设阈值所需的计算时间(秒)：0.002427816390991211
未设阈值所得关联规则个数：48
设定阈值后所需的计算时间(秒)：0.0002961158752441406
设定阈值后所得关联规则个数：2
```

由此可见，设定阈值后，放弃了许多不满足阈值条件组合的计算，所得关联规则个数减少，同时减少了计算时间。

4.3 K 近邻算法

K 近邻（K-nearest neighbor）算法根据预测数据的特征取值，在训练集中寻找与其取值最接近的 k 个数据点目标取值作为参考，进行预测。当预测问题为分类问题时，K 近邻算法的输出为 k 个近邻中出现次数最多的类别；当预测问题为回归问题时，K 近邻算法的输出为 k 个近邻目标的平均值。

理解 K 近邻算法需要先理解何为特征距离。假设使用特征总数为 D，我们可以将每个特征看作特征空间（feature space）里的一个维度，而数据点该特征的取值则看作数据点在该维度的位置。假设使用特征 x_1 和 x_2，那么 $D=2$，每个数据点可以看作二维实数空间 $\mathbb{R}^2$ 中的一点，如图 4.7 所示。

在 $\mathbb{R}^2$ 中，可以使用常用的欧几里得度量（euclidean metric）计算点与点之间的距离。该度量中，点 p 与点 q 之间的距离 d 计算公式为

$$d(p,q) = \sqrt{\sum_{i=1}^{D}(p_i - q_i)^2} \tag{4.17}$$

其中，p_i 和 q_i 分别代表点 p 和点 q 在第 i 维的取值。

当 k 为 1 的时候，模型预测数据时仅根据一个数据点的取值，因此，该模型的方差将较大；当 k 过大的时候，模型预测数据时根据过多数据点的取值，容易忽略数据中本身存在的规律。为展示这一点，首先定义一个规律简单的数据集，执行：

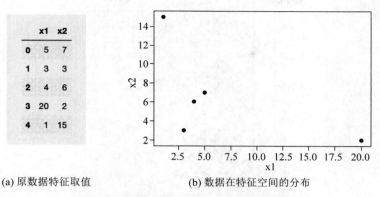

(a) 原数据特征取值   (b) 数据在特征空间的分布

图 4.7　$D=2$ 时数据点在二维特征空间的分布

```
#Chapter4/knn.ipynb

import pandas as pd
import numpy as np


np.random.seed(42)

#x1、x2 为数据集的两个特征,目标 y 为 0 或 1 两类中的一类
df_classification = pd.DataFrame({'x1': np.random.rand(1000),
                                  'x2': np.random.rand(1000)})
#比较大小时加入 np.random.rand(1000) * * 0.2 - 0.1 相当于加入噪声
df_classification['y'] = (df_classification['x1'] ** 2 + \
                  df_classification['x2'] ** 2 > 0.25 + \
                  np.random.rand(1000) * 0.2 - 0.1).apply(int)
```

从 df_classification 的定义中可以看出,刨除噪声因素,特征 x1、x2 和 y 之间存在简单的关系:在欧几里得二维空间中,当向量[x1,x2]位于一个圆心于原点且半径为 0.5 的圆形之内时,y 为 0;反之,y 为 1。使用 Matplotlib 绘制数据点,并使用数据点目标 y 的取值区分颜色,在下一个 cell 中执行:

```
import matplotlib.pyplot as plt

#将 df 中的 X 分割为 NumPy 数组,方便之后的索引
X_classification = np.array(df_classification[['x1', 'x2']])
#使用正方形绘制
plt.figure(figsize = (5, 5))
plt.scatter(X_classification[: , 0], X_classification[: , 1], c = df_classification['y'])
plt.xlabel('x1')
plt.ylabel('x2')
plt.show()
```

显示结果如图 4.8 所示。

其中,深色表示该数据点的 y 取值为 0,浅色表示该数据点的 y 取值为 1。

接下来,使用 sklearn 中的 KNeighborsClassifier 模型进行训练和预测,并可视化当 x1

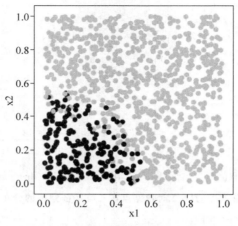

图 4.8 代码输出

和 x2 取值范围在[0, 1]时使用不同 k 值模型的预测表现。KNeighborsClassifier 中的参数 n_neighbors 可以用来设定 k 值，参数 metric 可以用来设定距离衡量标准——例如之前提到过常用的欧几里得度量或余弦距离（cosine distance）。在下一个 cell 中执行：

```
# Chapter4/knn.ipynb

from sklearn.neighbors import KNeighborsClassifier

h = 0.01 # 绘制时格子的大小
x1_min, x1_max = X_classification[:, 0].min(), X_classification[:, 0].max()
x2_min, x2_max = X_classification[:, 1].min(), X_classification[:, 1].max()
# 使用 meshgrid 函数制作格点,在函数中输入序列 x1 和 x2 不同的取值
# meshgrid 会返回两个形状为(x2 序列长度,x1 序列长度)的二维 NumPy 数组
# 称第 1 个数组为 x1x1,第 2 个数组为 x2x2
# x1x1 中每个格点储存 x1 在该位置取值,x2x2 中每个格点储存 x2 在该位置取值
x1x1, x2x2 = np.meshgrid(np.arange(x1_min, x1_max, h),
                         np.arange(x2_min, x2_max, h))

# 展示不同 k 的分类效果
for k in [1, 10, 20, 50, 600]:
    # metric 的默认设定为欧几里得度量
    clf = KNeighborsClassifier(k)
    clf.fit(X_classification, df_classification['y'])

    # 将不同的 x1、x2 组合带入模型预测
    # 使用 np.c_ 将对应格点的 x1 和 x2 合并为一个待预测数据点,并进行预测
    prediction = clf.predict(np.c_[x1x1.ravel(), x2x2.ravel()])

    # 根据预测结果,为格点上色,可视化预测表现
    prediction = prediction.reshape(x1x1.shape)
    plt.figure(figsize = (5, 5))
    plt.pcolormesh(x1x1, x2x2, prediction)
```

```
plt.title('k = {0}'.format(k))
plt.xlabel('x1')
plt.ylabel('x2')
plt.xlim(x1_min, x1_max)
plt.ylim(x2_min, x2_max)
plt.show()
```

显示结果如图 4.9 所示。

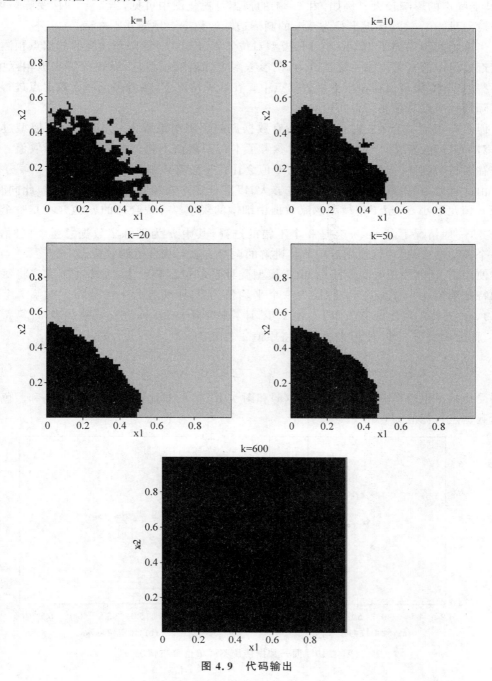

图 4.9　代码输出

以上输出的 5 张图分别可视化了 $k=1$、10、20、50 和 600 时模型对不同取值的 $x1$、$x2$ 组合的预测结果——深色表示预测结果为 0，浅色表示预测结果为 1。深色和浅色的边界线被称为决策边界（decision boundary）。在这里回忆一下数据集 df_classification 中的真实规律：刨除噪声因素，当向量 $[x1, x2]$ 位于一个圆心于原点且半径为 0.5 的圆形之内时，y 为 0；反之，y 为 1。

在这个例子中，由于训练数据集中存在噪声，若模型仅根据最近的一个数据点进行预测，其受噪声的影响较大。例如，由 $k=1$ 的预测可视化图中可见，当 $k=1$ 时，受噪声影响，模型对向量 $[x1, x2]$ 接近半径为 0.5 的圆形边际的数据点预测并不准确。

当 k 值逐渐增加至 10、20、50 时，模型对位于半径为 0.5 的圆形边际的数据点预测越来越接近数据中的真实规律。这是因为，在参考多个邻近数据点后，噪声的影响被相互中和。在某些数据中，噪声仅存在于少量数据点中。在这种情况下，参考多个邻近数据点进行预测可以降低噪声点对预测结果的影响力。

但当 k 值增加至 600 时，模型对所有数据点的预测结果皆为 0。这是因为模型过度放松了对"邻近"的定义，以至于在预测时参考了本与预测点不相似的数据点目标取值。若数据中存在较为细微的规律，使用过大的 k 值会让模型忽略该细微规律。

由此可见，在实践中应该让 k 值足够大，以降低噪声对模型预测的影响；与此同时，要保证 k 值足够小，不至于使模型忽略数据中细微的规律。寻找合适的 k 值并不是一个容易的任务，一般情况下，$k=\sqrt{n}$ 会是一个不错的选择，其中 n 为训练集数据总量。同时，k 作为一个模型参数，也可以使用 5.1 节将讲解的调参方法寻找合适的取值。

使用 K 近邻模型时需要注意，由于模型受计量单位影响较大，训练前需要先将每个维度的特征规范化（normalize），转换为一个平均值为 0、标准差为 1 的分布。对第 i 个特征（称为 x_i）进行规范化的方法如下：第 1 步，计算特征平均值，称为 μ_i；第 2 步，计算特征标准差，称为 σ_i；第 3 步，使用式（4.18）将原值 x 转换为 $\tilde{x}$：

$$\tilde{x} = \frac{x - \mu_i}{\sigma_i} \tag{4.18}$$

模型受计量单位的影响可以由图 4.10(a) 和图 4.10(b) 的对比看出。图中，深色和浅色分别表示数据点目标值为 0 和 1。

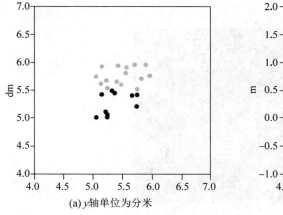
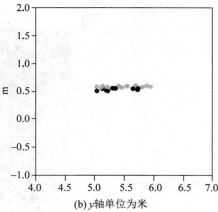

图 4.10　同一数据使用不同单位分布情况

最后简单讲解一下关于 K 近邻所需的计算力,作为挑选模型时的参考之一。K 近邻并不需要任何时间进行训练,可以直接用于预测未知数据,但在预测每个数据点时,都需要重新在训练集中寻找 k 个近邻。当训练集较大且待预测数据点较多时,预测时间对较多数模型而言更长。另外,使用 K 近邻预测时,模型中需要储存所有的训练集数据。这也意味着模型对储存空间的需求较大。

4.4 K 均值聚类算法

4.3 节中讲解的 K 近邻算法要求我们掌握训练集数据的目标取值,这类学习被称为监督学习(supervised learning)——模型会根据历史数据点的特征和特征取值所对应的目标取值进行训练学习。而近邻这个概念,在我们无法掌握训练集目标取值时,也可以有效预测某些信息。当模型不掌握目标取值信息时,其学习过程被称为非监督学习(unsupervised learning)。本节将讲解一个使用近邻概念的非监督学习算法。

K 均值聚类算法(K-means clustering algorithm)将训练集中的数据根据距离关系分为 k 类。遇到新的数据点时,K 均值算法可以预测该数据点属于哪一类。举个例子,我们拥有一个包含商场会员基础信息及消费记录的数据库,想要分析如何将该商场会员分类,并根据不同类别顾客的需求进行定制的营销方式。例如,经常购买纸尿布的顾客可能被聚为"家有新生儿类",经常批量购买食物的顾客可能被聚为"多人家庭类"。在这种情况下,我们无法事先得知已有数据中会员的类别,甚至无法得知数据库内会员一共可以被细分为几类。使用 K 均值算法,可以在不知道任何会员类别信息的情况下,将会员分为 k 个类别。

有些时候,也许我们可以通过人工识别的方式将数据分类,但聚类算法仍可以发挥强大的辅助作用。假设我们收集了一系列从 0 到 9 的手写数字图案,并需要人工输入每幅图案所对应的数字。一张张图片进行人工标识,花费的时间较长。这时候,可以考虑先对图案进行聚类处理,分为 10 类。而后,人工只需要在每一类中找出分类错误的个例,并对多数分类正确的图案同时标上其对应的数字。使用聚类算法辅助,大大提升了人工为训练集数据输入目标值的效率。

聚类算法也可以被用于检测数据中的异常。假设将某网站的网络转账记录进行聚类,共分为两类。那么,我们可以合理怀疑数据点较少的那一类转账记录存在异常。未来有用户转账时,可以提取该转账的特征,并根据其所属类别,预测其是否属于异常转账。

K 均值聚类算法的步骤为以下 5 步:

(1)设定总类别数为 k。

(2)在数据集中挑选任意 k 个点作为质心,每个质心代表一个类别。

(3)根据质心的位置和近邻关系,将每个数据点划分为最近质心的类别。

(4)结束一轮划分后,通过计算每个类别所含数据点的平均值,重新计算质心的位置。

(5)重复 3 和 4 两个步骤,直到每轮质心位置不再发生变化。

当不同迭代下质心位置不再发生时,K 均值聚类模型就完成了训练。此时,每个数据点将于离其最近的质心归为一类。预测新数据类别时,也可以直接计算其与 k 个质心的距离,并归为最近质心所代表的类别。

接下来,使用 sklearn 中的 make_blobs 函数制造一个假想的训练集。函数 make_blobs

将使用一个各向同性的高斯分布,在不同位置随机生成指定数量的数据点。执行:

```
# Chapter4/kmeans.ipynb

import matplotlib.pyplot as plt
from sklearn.datasets import make_blobs

# make_blobs 中,n_samples 设定了数据点个数,输入整数时将被平均分至不同类别
# n_features 设定生成数据点的特征数,为方便可视化,这里设定 n_features 为 2
# centers 设定类别总数
# cluster_std 为每个类别高斯分布的标准差,决定了类别的分散程度
# centers 设定类别个数
X, y = make_blobs(n_samples = 100, n_features = 2,
                  centers = 3, cluster_std = 1, random_state = 42)
plt.scatter(X[:, 0], X[:, 1], s = 10)
plt.show()
```

显示结果如图 4.11 所示。

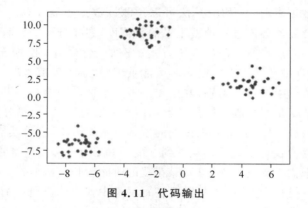

图 4.11 代码输出

使用 sklearn 中的 KMeans 模型进行训练。KMeans 模型参数中,n_clusters 用来设定 k 值,默认值为 8。max_iter 用于设定 KMeans 每次运行时,第 3 和 4 步最多进行多少迭代,也就是重新计算质心的次数,默认值为 300。由于最初的 k 个质心是随机挑选的,而在某些训练集数据分布中,质心不同的初始选择会导致不同的最终结果,因此,训练 KMeans 模型时常会使用多组不同的随机初始质心选择,并返回训练后惰性(inertia)最小的模型。惰性指的是各个点与其所属类别质心方误差的总和,越低的惰性意味着每个类别内数据聚集度越高。使用 n_init 参数可以设定随机重新选择质心的次数,默认次数为 10。

在下一个 cell 中训练一个 KMeans 模型,执行:

```
from sklearn.cluster import KMeans

# 根据数据分布,使用 n_clusters = 3,其余参数使用默认值
kmeans = KMeans(n_clusters = 3)
kmeans.fit(X)
```

```
#对训练集数据进行预测
pred = kmeans.predict(X)
```

可视化预测结果,在下一个 cell 中执行:

```
#Chapter4/kmeans.ipynb

#定义不同预测值可视化时对应的形状
pred_shape = pred.copy().astype(object)
pred_shape[pred_shape == 0] = 'o'      #第一类为圆形
pred_shape[pred_shape == 1] = '<'      #第二类为三角形
pred_shape[pred_shape == 2] = 's'      #第三类为正方形

#重新绘制训练集数据点,并使用 KMeans 模型聚类结果绘制相应形状
for shape, x0, x1 in zip(pred_shape, X[:, 0], X[:, 1]):
    plt.scatter(x0, x1, marker = shape, c = 'orange', s = 30)

#kmeans.cluster_centers_最终模型的所有质心位置
#在同一张图中绘制质心
centers = kmeans.cluster_centers_
plt.scatter(centers[:, 0], centers[:, 1], c = 'black', s = 100, alpha = 0.5)
plt.show()
```

显示结果如图 4.12 所示。

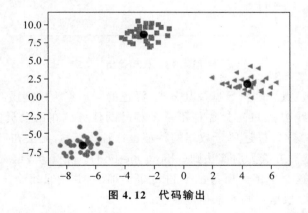

图 4.12 代码输出

训练集中所有数据点都被正确地分入所属类别,3 个类别的数据分别聚集在质心周围。对新数据的预测过程与对训练集的预测相似,在下一个 cell 中对 10 个随机生成的数据点进行分类并可视化,执行:

```
#Chapter4/kmeans.ipynb

import numpy as np

np.random.seed(42)
X_test = np.random.rand(10, 2) * 10 - 5
```

```
pred_test = kmeans.predict(X_test)

#定义不同预测值可视化时对应的形状
pred_test_shape = pred_test.copy().astype(object)
pred_test_shape[pred_test_shape == 0] = 'o'       #第一类为圆形
pred_test_shape[pred_test_shape == 1] = '<'       #第二类为三角形
pred_test_shape[pred_test_shape == 2] = 's'       #第三类为正方形

for shape, x0, x1 in zip(pred_test_shape, X_test[:, 0], X_test[:, 1]):
    plt.scatter(x0, x1, marker = shape, c = 'orange', s = 30)

#绘制质心
plt.scatter(centers[:, 0], centers[:, 1], c = 'black', s = 50)
plt.show()
```

显示结果如图 4.13 所示。

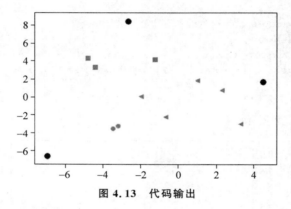

图 4.13   代码输出

其中,不同形状的浅色点为随机数据及其分类,深色的圆形点为模型质心。

之前提到,在实践中,k 的选择往往不是个容易的任务。在给会员分类的例子中,我们无法事先得知 k 的总数。描述单个数据的特征也往往大于 3,无法在三维空间中有效地可视化。一个简单的选择方法为肘部法则(elbow method)。第一步,定义一个合理的 k 取值范围;第二步,使用这个范围内所有的 k 进行聚类训练,并记录每个 k 值最终所对应的惰性;第三步,绘制惰性根据不同 k 取值的变化。

假设我们不知道 X 中的数据分布,也无法对其进行可视化,可以使用肘部法则,在下一个 cell 中执行:

```
#Chapter4/kmeans.ipynb

inertias = []
for k in range(1, 20):
    #使用 n_clusters = k,其余参数使用默认值
    kmeans = KMeans(n_clusters = k)
    kmeans.fit(X)
```

```
        inertias.append(kmeans.inertia_)

plt.plot(range(1, 20), inertias, 'o-')
plt.xlabel('k')
plt.ylabel('inertia')
plt.axvline(3, c = 'red', linestyle = ': ')
plt.show()
```

显示结果如图 4.14 所示。

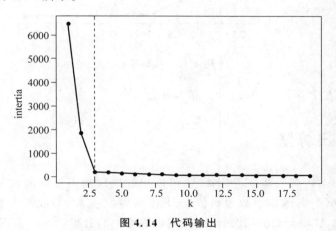

图4.14　代码输出

图 4.14 中的实线呈手肘形状，这也是肘部法则名字的由来。若将实线想象成手肘，那么 $k=3$ 对应的是肘关节的位置，也是肘部法则推荐的最优 k 值。

举一个特征数为 6，真实类别数为 10 的数据集例子。首先，使用 make_blobs 函数创建这样的数据集，在下一个 cell 中执行：

```
＃六维特征空间
X_6d, y_6d = make_blobs(n_samples = 1000, n_features = 6,
                centers = 10, cluster_std = 1, random_state = 42)
```

使用肘部法则寻找合适的 k 值，在下一个 cell 中执行：

```
inertias = [ ]
for k in range(1, 20):
    ＃使用 n_clusters = k,其余参数使用默认值
    kmeans = KMeans(n_clusters = k)
    kmeans.fit(X_6d)
    inertias.append(kmeans.inertia_)

plt.plot(range(1, 20), inertias, 'o-')
plt.xlabel('k')
plt.ylabel('inertia')
plt.show()
```

显示结果如图 4.15 所示。

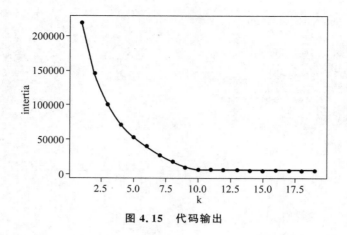

图 4.15　代码输出

由图 4.15 可见,"手肘"所对应的 k 值为 10。

4.5　回归算法

4.3 节和 4.4 节讲解的两个近邻算法,可以很好地预测不规则团状分布的数据。近邻模型预测时的依据是训练集中数据的位置,从某种意义上来讲,近邻模型并没有从数据中"学习"到知识。本节要介绍的回归算法,使用训练集中的数据学习一系列权重,并使用权重对新的数据进行预测。

回归算法中包含线性回归和罗吉斯蒂回归,分别用于解决目标值为连续变量和离散变量的问题。本节将分别介绍两种回归算法的原理,并讲解如何在合适的问题下应用此算法。

4.5.1　线性回归

线性回归(linear regression)是一个基础的用于预测连续变量的模型。假设一个数据点 x 拥有 D 个特征 $[x_1, x_2, \cdots, x_D]$,那么一个线性回归模型对该数据点做出的预测 $f(x)$ 可以由式(4.19)表示:

$$f(x) = \sum_{j=1}^{D} w_j x_j + b \tag{4.19}$$

其中,$w_j = [w_1, w_2, \cdots, w_D]$ 被称为权重(Weights),b 被称为偏移项(bias term)。w 和 b 都是模型通过学习所得参数。假设真实目标值为 y,模型训练的目标是让 $f(x) \approx y$。

那么,模型是如何学习到最优的 w 与 b 参数的呢?首先,为了让与某组 w 和 b 对应的预测值 $f(x)$ 更接近真实目标 y,我们需要以函数的方式表达 $f(x)$ 与 y 之间的距离,这个函数被称为损失函数(loss function)。一个常用的损失函数是均方误差损失(squared error loss),其计算公式如式(4.20)所示:

$$L(f(x), y) = \frac{1}{2}(f(x) - y)^2 \tag{4.20}$$

损失函数用于计量模型预测单个数据点所得 $f(x)$ 与 y 之间的误差,用字母 L 表示,L 取决于变量 $f(x)$ 和 y。假设训练集中一共有 N 个数据点,需要使用式(4.21)中的成本函数

(cost function)计算平均误差:

$$J(w,b) = \frac{1}{2N} \sum_{i=1}^{N} (f(x)^{(i)} - y^{(i)})^2 \tag{4.21}$$

其中, $f(x)^{(i)}$ 和 $y^{(i)}$ 分别表示模型对第 i 个训练数据的预测值和第 i 个训练数据的真实目标取值。成本函数用字母 J 表示。由于:

$$f(x)^{(i)} = w^{\mathrm{T}} x^{(i)} + b \tag{4.22}$$

函数 J 取决于变量 w 和 b。我们可以通过一个技巧,将 b 代入 w 中,从而进一步简化式(4.22)。重新定义 $w = [b, w_1, w_2, \cdots, w_D]$,并重新定义每个数据点 $x^{(i)} = [1, x_1, x_2, \cdots, x_D]$。新的定义下, $w \in \mathbf{R}^{D+1}$, $x \in \mathbf{R}^{D+1}$,且

$$w^{\mathrm{T}} x^{(i)} = \sum_{j=1}^{D} w_j x_j^{(i)} + b \tag{4.23}$$

因此:

$$f(x) = [f(x^{(1)}), f(x^{(2)}), \cdots, f(x^{(N)})] = Xw \tag{4.24}$$

其中, X 为一个 $N \times (D+1)$ 的矩阵。 X 中的第 i 行为 $x^{(i)}$,可以写为

$$\begin{bmatrix} 1 & [x^{(1)}]^{\mathrm{T}} \\ 1 & [x^{(2)}]^{\mathrm{T}} \\ \vdots & \vdots \\ 1 & [x^{(N)}]^{\mathrm{T}} \end{bmatrix}$$

根据式(4.24),使用向量的形式重新书写式(4.21),可得

$$J = \frac{1}{2N} \| Xw - y \|^2 \tag{4.25}$$

式(4.25)明确告诉了模型,去寻找一个最优的权重向量 w^*,满足式(4.26)中的条件:

$$\frac{1}{2N} \| Xw^* - y \|^2 = \underset{w \in \mathbf{R}^{D+1}}{\mathrm{argmin}} \frac{1}{2N} \| Xw - y \|^2 \tag{4.26}$$

一个连续可微分函数的最小值在一个临界点上,因此, J 的最小值所对应的向量 w,将满足

$$\nabla_w J(w) = 0 \tag{4.27}$$

其中, $\nabla_w J$ 表示 J 相对于 w 的梯度,可以写为

$$\nabla_w J(w) = \begin{bmatrix} \dfrac{\partial}{\partial b} J(w) \\[2mm] \dfrac{\partial}{\partial w_1} J(w) \\[2mm] \dfrac{\partial}{\partial w_2} J(w) \\[2mm] \vdots \\[2mm] \dfrac{\partial}{\partial w_D} J(w) \end{bmatrix} \tag{4.28}$$

展开 $\nabla_w J(w)$ 可得

$$\nabla_w J(w) = X^{\mathrm{T}} Xw - X^{\mathrm{T}} y = 0 \tag{4.29}$$

$$w^* = (X^{\mathrm{T}} X)^{-1} X^{\mathrm{T}} y \tag{4.30}$$

式(4.30)所示的最优权重解被称为直接解(direct solution)。许多机器学习的算法无法使用类似的方式求出直接解,而线性回归算法是少见拥有直接解的算法之一。

在实际应用中,我们只需大致了解上述线性回归算法的原理——使用 sklearn 中的 LinearRegression 模型,而并不需要自己根据公式写出相应代码。首先定义一个特征空间为 2 的数据集,执行:

```
# Chapter4/linear_regression.ipynb

import pandas as pd
import numpy as np

np.random.seed(42)

# x 为数据集的特征,目标 y = 0.3x + 5 + 噪声因素
df_regression = pd.DataFrame({'x': np.random.rand(100)})
# 比较大小时加入 np.random.rand(100) * * 0.2 - 0.1 相当于加入噪声
df_regression['y'] = 0.3 * df_regression['x'] + 5 + \
                            np.random.rand(100) * 0.2 - 0.1
```

可视化这个规律简单的数据集,在下一个 cell 中执行:

```
# Chapter4/linear_regression.ipynb

import matplotlib.pyplot as plt

# 使用正方形边框绘制
plt.figure(figsize = (5, 5))
plt.scatter(df_regression['x'], df_regression['y'])
plt.xlabel('x')
plt.ylabel('y')
plt.xlim( - 0.5, 1.5)
plt.ylim(4, 6)
plt.show()
```

显示结果如图 4.16 所示。

为了方便可视化,这个数据集只包含一个特征 x。使用数据集,训练 sklearn 中的 LinearRegression 模型并进行预测。在下一个 cell 中执行:

```
from sklearn.linear_model import LinearRegression

# 定义一个线性回归模型,进行训练
reg = LinearRegression()
# 注意,特征需要是一个 DataFrame 而非 Series,因此使用双括号索引特征 x
reg.fit(df_regression[['x']], df_regression['y'])

# 打印所得直线关系函数的权重
print(reg.coef_)
```

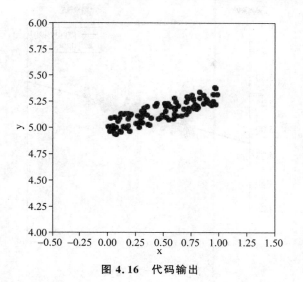

图 4.16 代码输出

输出如下：

```
[0.29329367]
```

该组是模型所计算的最优权重 w^* ——不包含偏移项。

使用 Matplotlib 可视化这个线性关系，代码如下：

```
# Chapter4/linear_regression.ipynb

x_arr = np.linspace(-0.5, 1.5, 30)

# 使用 np.newaxis 将一个形状为(30,)的 x_arr
# 转化为模型所接受的输入形状(30, 1),进行预测
pred = reg.predict(x_arr[:, np.newaxis])

# 将数据点和模型所预测直线画在同一幅图上
plt.figure(figsize = (5, 5))
plt.plot(x_arr, pred, label = 'prediction')
plt.scatter(df_regression['x'], df_regression['y'], label = 'data')
plt.xlabel('x')
plt.ylabel('y')
plt.xlim(-0.5, 1.5)
plt.ylim(4, 6)
plt.legend()
plt.show()
```

显示结果如图 4.17 所示。

图 4.17 中，点为原数据点，线为模型所预测的关系函数。

基础的线性回归模型中存在一个明显的问题——模型只能学习直线关系，或多维特征空间中的超平面关系。而大多真实的数据集中，特征与目标之间存在更为复杂的关系。举

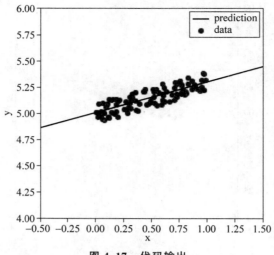

图 4.17 代码输出

个简单的例子,假设 x 与 y 之间呈三次函数关系,那么基础的线性回归无法很好地映射这一关系。在下一个 cell 中建立一个 x 与 y 呈三次函数关系的 DataFrame,并在同一幅图上绘制 y 的真实取值和模型所预测的值,执行:

```
♯Chapter4/linear_regression.ipynb

x_arr = np.linspace(-10, 10, 50)
♯排除噪声因素,x 与 y 呈 y = x^3 + 2x^2 + x 的关系
df_poly = pd.DataFrame({'x': x_arr,
                        'y': x_arr ** 3 + 2 * x_arr ** 2 + x_arr + \
                            np.random.rand(50) * 150 - 75})
reg.fit(df_poly[['x']], df_poly['y'])
plt.scatter(df_poly['x'], df_poly['y'], label = 'data')
plt.plot(df_poly['x'], reg.predict(df_poly[['x']]), label = 'predictions')
plt.xlabel('x')
plt.ylabel('y')
plt.legend()
plt.show()
```

显示结果如图 4.18 所示。

图 4.18 中,圆点所绘为不同 x 值所对应的真实 y 取值,在忽视少量噪声的条件下呈三次函数关系;实线所绘为模型预测的 y 取值。由于这个基础的模型只能预测直线关系,模型的预测并不接近 x 与 y 之间的真实规律。

在这种情况下,可以使用特征映射(feature mapping),也被称为基函数扩展(basis expansion),将一维的特征空间扩展为多维。一个简单的映射方法为多项式特征映射(polynomial feature mapping):在原有特征 x 的基础上,创建特征 x^2, x^3, $\cdots$, x^m。经过特征映射后,线性回归所能模拟的关系不再局限于 $f(x)=w_1x+b$ 一条直线,而是如式(4.31)的多项式:

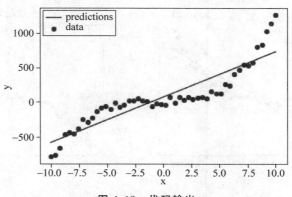

图 4.18 代码输出

$$f(x) = \sum_{i=1}^{m} w_i x^i + b \qquad (4.31)$$

使用不同选择的 m 可以改变模型所学习函数的复杂程度,可视化不同 m 值所得模型函数,在下一个 cell 中执行:

```
# Chapter4/linear_regression.ipynb

# 创建特征 x^2 到 x^19
for m in range(2, 20):
    df_poly['x^' + str(m)] = df_poly['x'] ** m

models = {}
# 可视化 m = 2, 3, 19 时模型所预测的函数关系
for m in [2, 3, 19]:
# 选择相应的特征
    feature_cols = ['x'] + [c for c in df_poly.columns if len(c.split('^')) > 1 and\
                            int(c.split('^')[1]) <= m]
    reg.fit(df_poly[feature_cols], df_poly['y'])
    models[m] = reg
    plt.scatter(df_poly['x'], df_poly['y'], label = 'data')
    plt.plot(df_poly['x'], reg.predict(df_poly[feature_cols]), label = 'predictions')
    plt.title('m = ' + str(m))
    plt.xlabel('x')
    plt.ylabel('y')
    plt.legend()
    plt.show()
```

显示结果如图 4.19 所示。

由图 4.19 可见,当 $m=2$ 时,模型呈现欠拟合。当 $m=3$ 或 $m=19$ 时,模型近乎完美的拟合于训练集数据,但需要注意的是,$m=19$ 所对应的模型实际上学习到了一个过于复杂的函数关系。这一问题可以通过可视化并对比 $m=3$ 和 $m=19$ 时,模型对于取值[-10.5, 10.5]范围内 x 的预测结果见得。在下一个 cell 中,预测一个稍微超出训练集 x 范围的数据集,执行:

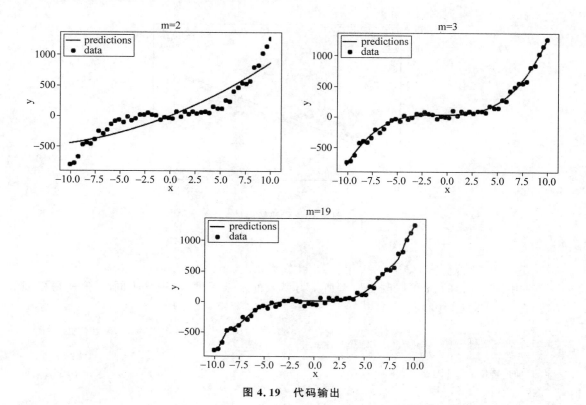

图 4.19   代码输出

```
# Chapter4/linear_regression. ipynb

# 定义一个 x 取值范围为[-10.5, 10.5]的测试数据集
x_arr_expanded = np. linspace(-10.5, 10.5, 50)
df_poly_expanded = pd. DataFrame({'x': x_arr_expanded,
                'y': x_arr_expanded ** 3 + 2 * x_arr_expanded ** 2 + x_arr_expanded + \
                    np. random. rand(50) * 150 - 75})


# 创建特征 x^2 到 x^19
for m in range(2, 20):
    df_poly_expanded['x^' + str(m)] = df_poly_expanded['x'] ** m

# 可视化 m = 3,10,19 时模型所预测的函数关系
for m in [3, 19]:
    # 选择相应的特征
    feature_cols = ['x'] + [c for c in df_poly. columns if len(c. split('^')) > 1 and\
                    int(c. split('^')[1]) <= m]

    # 使用相应 m 值训练好的模型进行预测并绘制预测结果
    plt. scatter(df_poly_expanded['x'], df_poly_expanded['y'], label = 'data')
    plt. plot(df_poly_expanded['x'], models[m]. predict(df_poly_expanded[feature_cols]),
                    label = 'predictions')
```

```
plt.title('m = ' + str(m))
plt.xlabel('x')
plt.ylabel('y')
plt.legend()
plt.show()
```

显示结果如图 4.20 所示。

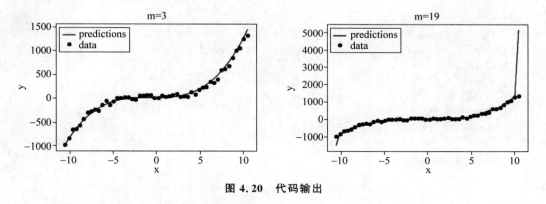

图 4.20　代码输出

由此可见，$m=3$ 的模型预测超出训练集范围数据点的能力远高于 $m=19$ 的模型。在实践中，若简单的模型能达到与复杂模型相似的表现，应该尽量选择简单的模型。

特征映射并不局限于多项式映射。理论上，我们可以使用任何函数映射原有的特征，因此，如何进行特征映射不是一个平凡的问题。近年来在各个领域表现突出的深度神经网络，从某种程度上解决了这一问题。4.6 节讲解深度神经网络时，会更详细地讲解其与线性回归模型的关系。

4.5.2　罗吉斯蒂回归

线性回归可以很好地解决目标值为连续变量的问题，是否也可以解决分类问题呢？假设面对一个二分类问题，那么一个基于 4.5.1 节介绍的线性回归的简单改进，是使用等式 $f(\boldsymbol{x}) = \sum_{j=1}^{D} w_j x_j + b$，外加一个阈值 t，将对应 $f(\boldsymbol{x}) \geqslant t$ 的数据点 $\boldsymbol{x}$ 预测为正类别；反之，则预测为负类别。使用 4.5.1 节所介绍的损失函数均方误差损失，并设定 $t = 0.5$。

定义一个规则简单的二分类数据集并进行可视化，执行：

```
import pandas as pd
import numpy as np
import matplotlib.pyplot as plt


np.random.seed(42)

# x 数据集的特征，目标 y 为 0 或 1 两类中的一类
df_binary = pd.DataFrame({'x': np.linspace(0, 5, 20)})
rand_arr = np.random.rand(20)
```

```
#排除噪声的影响,若 x > 2.5, y = 1; 若 x <= 2.5, y = 0
#加入噪声后,有 5 % 的可能性使这个规律颠倒
df_binary['y'] = [df_binary['x'].iloc[i] > 2.5 if\
            rand_arr[i] < 0.95 else\
            df_binary['x'].iloc[i] <= 2.5 for\
            i in range(len(rand_arr))]
df_binary['y'] = df_binary['y'].apply(int)


#使用正方形边框绘制
plt.figure(figsize = (5, 5))
plt.scatter(df_binary['x'], df_binary['y'], c = df_binary['y'])
plt.xlabel('x')
plt.ylabel('y')
plt.xlim( - 0.5, 5.5)
plt.ylim( - 1, 2)
plt.show()
```

输出如图 4.21 所示。

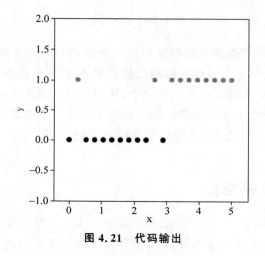

图 4.21　代码输出

图 4.21 中深色圆点表示真实目标取值为 0 的数据点,浅色圆点表示真实目标取值为 1 的数据点。使用 sklearn 中的 LinearRegression 模型进行训练并可视化其对训练集的预测结果,在下一个 cell 中执行:

```
from sklearn.linear_model import LinearRegression

#定义一个线性回归模型,进行训练
reg = LinearRegression()
reg.fit(df_binary[['x']], df_binary['y'])

x_arr = np.linspace( - 3, 8, 30)
pred = reg.predict(x_arr[: , np.newaxis])
```

```
#将数据点和模型所预测直线画在同一幅图上
plt.plot(x_arr, pred, label = 'prediction (continuous)')
#使用模型预测训练集数据点,并使用阈值0.5将预测结果转换为0或1
plt.scatter(df_binary['x'], df_binary['y'],
            c = reg.predict(df_binary[['x']]) >= 0.5, label = 'prediction (binary)')
#绘制阈值0.5与模型预测直线相交点所在纵线
#由于reg.predict([[2.5]]) == 0.5,这条纵线位于x = 2.5
plt.axvline(2.5, linestyle = ':', c = 'red', label = 'decision boundary')
plt.xlabel('x')
plt.ylabel('y')
plt.xlim( - 3, 8)
plt.ylim( - 1, 2)
plt.legend()
plt.show()
```

输出如图 4.22 所示。

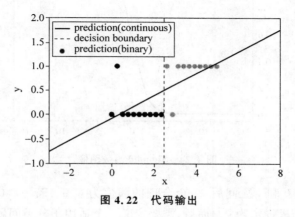

图 4.22 代码输出

图 4.22 中,深色圆点表示模型预测值为 0 的数据点,浅色圆点表示模型预测值为 1 的数据点;实线为模型根据不同 x 取值所预测的 y 值,虚线为模型根据阈值划分正类别与负类别的决策边界。虚线左侧,所有数据点被划分为负类别,而虚线右侧,所有数据点被划分为正类别。

考虑一个 x 取值为 10,y 取值为 1 的数据点 p,以及一个 x 取值为 2.894737,y 取值为 1 的数据点 q,如图 4.23 所示。

由图 4.23 可见,直线所对应的模型预测值与点 p 的距离,大于直线所对应的模型预测值与点 q 的距离,因此,点 p 所对应的损失也将低于点 q。然而,模型正确地预测了点 p 的类别,却错误预测了点 q 的类别。这并不是我们想要得到的结果——理论上,错误的预测应该对应更高的损失。

为解决这一问题,使用一个激活函数(activation function)将预测值限制在 0 和 1 之间。一个常见的激活函数名为 Sigmoid 函数(σ),呈 S 形,数学表达式如式(4.32)所示:

$$\sigma(z) = \frac{1}{1 + e^{-z}} \tag{4.32}$$

其中,z 为模型原预测值。其函数图像如图 4.24 所示。

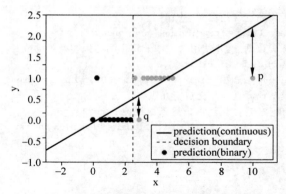

图 4.23　预测值与真实目标之间的距离示例

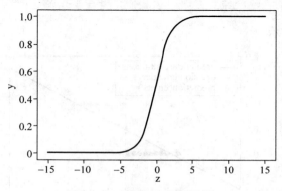

图 4.24　Sigmoid 函数图像

　　将预测值限制在 0 和 1 之间后,一个合理的阈值为 0.5。若 $y \geqslant 0.5$,预测结果设定为 1;若 $y < 0.5$,预测结果设定为 0。而后,需要定义一个适用于分类问题的损失函数。首先,需了解线性回归中的均方损失函数为什么不适用于罗吉斯蒂回归。4.5.1 节提到,多数情况下,最优权重无法通过直接解得出。这些情况下,常用的办法是使用梯度下降(gradient descent),一步步接近最优权重。

　　同理于直接解,由于一个连续可微分函数的最小值存在于一个临界点上,成本函数 J 的最小值所对应的向量 w,将满足 $\nabla_w J(w) = 0$。回顾梯度的定义,$\nabla_w J$ 代表了 J 函数上升最快的 w 向量方向,因此,$-\nabla_w J$ 代表 J 函数下降最快的 w 变量方向。梯度下降使用多个迭代,每个迭代中计算 J 函数下降最快的 w 变量方向,并将当前的 w 变量向该方向移动一小步。理论上,经过多个迭代后,一个随机初始化的 w 变量将移动至临界点。梯度下降的示意图如图 4.25 所示。

　　其中,w_0 为一个随机初始化的权重,虚线为成本函数,箭头指向每个迭代梯度下降移动 w 变量的方向。

　　由于 J 是 w 的复合函数,在求导数时需使用链式法则,如式(4.33)所示:

$$\frac{\partial L}{\partial w_j} = \frac{\partial L}{\partial g} \frac{\partial g}{\partial z} \frac{\partial z}{\partial w_j} = \frac{\partial L}{\partial z} \frac{\partial z}{\partial w_j} \tag{4.33}$$

其中,$j = 1, 2, \cdots, D$。

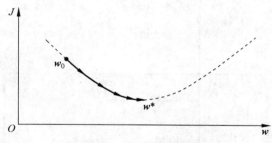

图 4.25 梯度下降示意图

$$z = \boldsymbol{w}^{\mathrm{T}}\boldsymbol{x} + b \tag{4.34}$$

$$g = \sigma(z) = \frac{1}{1 + \mathrm{e}^{-z}} \tag{4.35}$$

$$L(g, y) = \frac{1}{2}(g - y)^2 \tag{4.36}$$

式(4.36)中的 L 写成一个关于 z(而非 g)的函数,如式(4.37)所示:

$$L(z, y) = \frac{1}{2}\left(\frac{1}{1 + \mathrm{e}^{-z}} - y\right)^2 \tag{4.37}$$

根据式(4.37),假设目标值 $y = 1$,绘制 L 关于 z 的函数图,如图 4.26 所示。

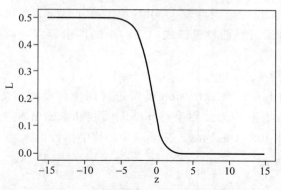

图 4.26 损失函数关于变量 z 的图像

回到均方损失函数为什么不适用于罗吉斯蒂回归的问题,由图 4.26 中损失函数图像可见,当 z 值远低于 0 时,$L(z, y)$ 基本趋近于常数,导致 $\dfrac{\partial y}{\partial z}$ 趋近于 0。这意味着 $\dfrac{\partial L}{\partial w_j}$ 也将趋近于 0。由图 4.24 中不同 z 取值对应的 $\sigma(z)$ 可见,当 z 值远低于 0 时,对应的 $\sigma(z)$ 取值将非常接近 0,而不是目标值 $y = 1$。换言之,模型根据现有的权重错误地预测了目标为 0,且对这个预测结果非常自信。这个时候,一个合理的损失函数应该对应较大的 $\dfrac{\partial L}{\partial w_j}$ 值,使权重更快地接近最优值,然而,使用均方损失函数所得的 $\dfrac{\partial L}{\partial w_j} \approx 0$,这并不是我们想要的。

一个适用于罗吉斯蒂回归的损失函数名为交叉熵损失函数(cross-entropy loss),其表达式如式(4.38)所示:

$$L(g,y) = \begin{cases} -\log(g), & y=1 \\ -\log(1-g), & y=0 \end{cases} \tag{4.38}$$

其图像如图 4.27 所示。

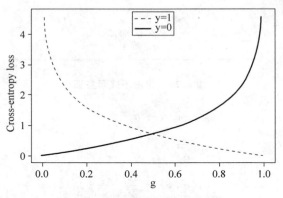

图 4.27　交叉熵损失函数图像

由图 4.27 可见,当目标值 $y=1$ 时,若预测值 g 接近 0,对应损失将接近无穷,而若预测值 g 接近 1,对应损失将接近 0;相反,当目标值 $y=0$ 时,若预测值 g 接近 0,对应损失将接近 0,而若预测值 g 接近 1,对应损失将接近无穷。这样的损失函数符合我们的需求——在预测偏离真实目标值时,损失函数值较大,引导模型修正权重;在预测接近真实目标值时,损失函数值较小,更多保留当前权重。式(4.38)中的两个等式可以被简化为一个等式,如式(4.39)所示:

$$L(g,y) = -y\log(g) - (1-y)\log(1-g) \tag{4.39}$$

使用 sklearn 中的 LogisticRegression 模型进行训练和预测。使用 LogisticRegression 模型时,不需要再设定阈值,因为使用模型. predict 预测时,输出本身将使用 0.5 作为阈值,并对应每个数据点输出 0 或 1 的预测。在下一个 cell 中执行:

```
#Chapter4/logistic_regression.ipynb

from sklearn.linear_model import LogisticRegression

#定义一个罗吉斯蒂回归模型,进行训练
reg_logistic = LogisticRegression()
reg_logistic.fit(df_binary[['x']], df_binary['y'])

x_arr = np.linspace(-3, 8, 1000)
pred = reg_logistic.predict(x_arr[:, np.newaxis])

#将数据点和模型所预测直线画在同一幅图上
plt.scatter(x_arr, pred, label = 'prediction (continuous)', s = 0.1)
plt.scatter(df_binary['x'], df_binary['y'],
            c = reg_logistic.predict(df_binary[['x']]), label = 'prediction (binary)')
plt.xlabel('x')
plt.ylabel('y')
```

```
plt.xlim( − 3, 8)
plt.ylim( − 1, 2)
plt.legend()
plt.show()
```

输出如图 4.28 所示。

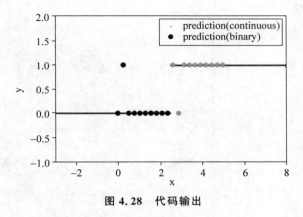

图 4.28 代码输出

图 4.28 中的两条"线",实际为模型对从 − 3 到 8 的 1000 个 x 值的预测结果的散点图,由此可见,模型预测的输出为 0 或 1。

若想要改变模型阈值,可以使用 reg_logistic. predict_proba 函数取得模型预测的每个数据点为 0 或 1 的概率。在下一个 cell 中,打印 reg_logistic. predict_proba 函数对于 df_binary 的预测结果,执行:

```
print(reg_logistic.predict_proba(df_binary[['x']]))
```

输出为一个长度为 df_binary 中数据点数量,宽度为 2 的矩阵:

```
[[0.9431084  0.0568916 ]
 [0.92501008 0.07498992]
 [0.9017541  0.0982459 ]
 [0.87228174 0.12771826]
 [0.83558016 0.16441984]
 [0.79086057 0.20913943]
 [0.73779473 0.26220527]
 [0.67676738 0.32323262]
 [0.6090624  0.3909376 ]
 [0.53688044 0.46311956]
 [0.46311901 0.53688099]
 [0.39093707 0.60906293]
 [0.32323214 0.67676786]
 [0.26220485 0.73779515]
 [0.20913906 0.79086094]
 [0.16441954 0.83558046]
 [0.12771802 0.87228198]
 [0.09824571 0.90175429]
```

```
[0.07498977 0.92501023]
[0.05689149 0.94310851]]
```

其中,矩阵的第 1 列为模型预测该数据点对应目标为 0 的概率,矩阵的第 2 列为模型预测该数据点对应目标为 1 的概率。首先,可视化预测从−3 到 8 的 1000 个数据点目标为 1 的概率,在下一个 cell 中执行:

```python
# Chapter4/logistic_regression.ipynb

pred_proba = reg_logistic.predict_proba(x_arr[:, np.newaxis])

# 将数据点和模型所预测直线画在同一幅图上
# pred_proba[:, 1]为模型预测数据为 1 的概率
plt.scatter(x_arr, pred_proba[:, 1], label = 'prediction (continuous)', s = 0.1)
plt.scatter(df_binary['x'], df_binary['y'],
            c = reg_logistic.predict(df_binary[['x']]), label = 'prediction (binary)')
# 由于 reg.predict([[2.5]])[:, 1]约等于 0.5,这条纵线位于 x = 2.5
plt.axvline(2.5, linestyle = ':', c = 'red', label = 'decision boundary')
plt.xlabel('x')
plt.ylabel('y')
plt.xlim(-3, 8)
plt.ylim(-1, 2)
plt.legend()
plt.show()
```

输出如图 4.29 所示。

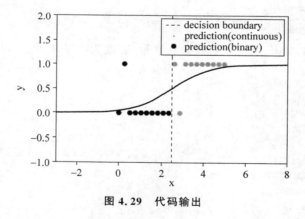

图 4.29　代码输出

从输出中可以看出,模型预测数据点为 1 的概率形似一个 Sigmoid 函数。若将阈值改为 0.9,换言之,模型在数据点为 1 的概率大于或等于 0.9 时,预测该数据点目标为 1,可以通过 .predict_proba 函数的输出手动计算预测结果,并用其替代 .predict 函数的输出。在下一个 cell 中执行:

```python
# 将数据点和模型所预测直线画在同一幅图上
# pred_proba[:, 1]为模型预测数据为 1 的概率,根据这个结果和 0.1 的阈值,计算 0 或 1 的预测结果
```

```
plt.scatter(x_arr, pred_proba[:, 1], label = 'prediction (continuous)', s = 0.1)
pred_data = (reg_logistic.predict_proba(df_binary[['x']])[:, 1] >= 0.9).astype(int)
plt.scatter(df_binary['x'], df_binary['y'],
            c = pred_data, label = 'prediction (binary)')
# 由于 reg_logistic.predict_proba([[4.46]])[:, 1]约等于0.9,这条纵线大致位于 x = 4.46
plt.axvline(4.46, linestyle = ':', c = 'red', label = 'decision boundary')
plt.xlabel('x')
plt.ylabel('y')
plt.xlim(-3, 8)
plt.ylim(-1, 2)
plt.legend()
plt.show()
```

输出如图 4.30 所示。

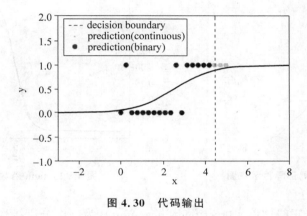

图 4.30　代码输出

我们可以将 .predict_proba 的输出看作模型对预测结果的自信程度。当模型预测数据点对应目标值为 1 的概率为 0.9 时,意味着模型有 90% 的信心预测结果为 1,同时也意味着模型只有 10% 的信心预测结果为 0。在某些商业应用中,也许一个假阳性预测会带来较大的不良后果,因而我们需要更高的真阳率(true positive rate)。换言之,当模型预测为阳性时,我们希望这个结果非常准确。这时提高阈值,往往可以提高真阳率。

4.6　深度神经网络

本节将讲解近年来面对各类数据预测问题取得优异成果的深度神经网络(deep neural network)。

4.5.1 节提到,线性回归并非只能映射直线关系。我们可以使用特征映射,将一维的特征空间扩展为多维,使用多项式映射可以让模型很好地映射特征与目标之间的关系。

实践中我们无法得知真实的数据规律,因此,如何进行特征映射也变成了一个难题。深度神经网络有效地解决了这一问题。

人脑是由许多神经元组成的一个庞大的神经元网络。神经元收到信息输入时变得兴奋,并在网络中传递电压。人工神经网络模拟这一过程。一个简单的神经网络的局部零件示意图如图4.31所示。

输入与输出之间的关系可以由式(4.40)表示:

$$g = \phi \left(\sum_{i=1}^{3} x_i w_i + b \right) \tag{4.40}$$

其中,ϕ为激活函数(activation function),为非线性函数。常见的激活函数包含Sigmoid函数、tanh函数和ReLU函数。tanh(双曲正切)函数与Sigmoid类似,可以将输出压缩至$-1 \sim 1$的数值,其数学表达式为

$$\tanh(z) = \frac{e^z - e^{-z}}{e^z + e^{-z}} \tag{4.41}$$

tanh函数图像如图4.32所示。

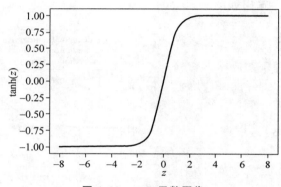

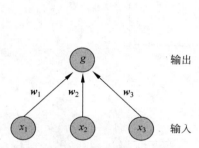

图4.31　神经网络局部零件示意图

图4.32　tanh函数图像

ReLU全称为修正线性单元(rectified linear unit),为一个分段线性函数。其数学表达式为

$$R(z) = \max(0, z) \tag{4.42}$$

当输入为正数时,输出等于原输入;当输入为非正数时,输出为0。其函数图像如图4.33所示。

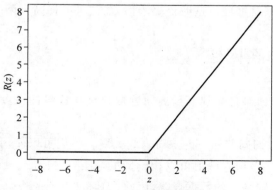

图4.33　ReLU函数图像

一个简单的局部零件的运算过程非常类似 4.5.2 节讲解的罗吉斯蒂回归算法，但将很多局部零件组合起来，就能组成功能强大的神经网络，如图 4.34 所示。

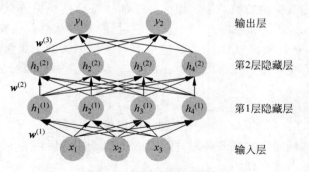

图 4.34 神经网络示意图

神经网络中，输入层与输出层之间存在许多隐藏层（hidden layer）。更多的隐藏层可以构建更为复杂的模型，模型所能映射的函数关系也更多。一个有多个隐藏层的庞大神经网络被称为深度神经网络。

神经网络使用矩阵相乘连接相邻层的节点，并使用激活函数建立层与层之间的非线性关系。例如，第 1 层隐藏层的数值取决于输入层、权重矩阵 $\boldsymbol{W}^{(1)}$ 和偏移向量 $\boldsymbol{b}^{(1)}$，其表达式为

$$\boldsymbol{h}^{(1)} = \phi(\boldsymbol{W}^{(1)} x + \boldsymbol{b}^{(1)}) \tag{4.43a}$$

第 2 层的数值取决于第 1 层隐藏层、权重矩阵 $\boldsymbol{W}^{(2)}$ 和偏移向量 $\boldsymbol{b}^{(2)}$，其表达式为

$$\boldsymbol{h}^{(1)} = \phi(\boldsymbol{W}^{(2)} \boldsymbol{h}^{(1)} + \boldsymbol{b}^{(2)}) \tag{4.43b}$$

以此类推。

使用输入层、权重矩阵和偏移向量计算输出这一过程被称为正向传播（forward propagation）。经过正向传播后所得预测值，可以结合损失函数计算模型准确率，并用于进行梯度下降，一步步算出最优权重矩阵和偏移向量。神经网络中，进行梯度下降前需要计算每层的权重矩阵与偏移向量中的每项对损失函数的偏导数。计算偏导数这一过程被称为反向传播（backward propagation）。

4.5.2 节对梯度下降进行了简单的介绍。这一过程中，我们需要计算损失函数相对权重矩阵中每项的偏导数 $\frac{\partial L}{\partial w_j}$。式（4.33）写出了这一偏导数根据链式法则的展开，式（4.44）为这一偏导数根据数据的展开式：

$$\frac{\partial L}{\partial w_j} = \frac{1}{N} \sum_{i=1}^{N} (g^{(i)} - y^{(i)}) x_j^{(i)} \tag{4.44}$$

根据数据计算出所有偏导数后，可以对原有权重进行更新，更新规则如式（4.45）所示：

$$w_j \leftarrow w_j - \alpha \frac{\partial L}{\partial w_j} \tag{4.45}$$

其中，α 为学习率（learning rate），一般为一个取值小于 1 的数。式（4.45）可以理解为每个迭代计算完 $\frac{\partial L}{\partial w_j}$ 后，将当前的权重往梯度下降最快的方向移动"一小步"，这一步的具体大小

由学习率控制。

由于神经网络的训练需要大量训练数据,而式(4.44)和式(4.45)表明,每个迭代的权重更新所需计算时间随数据量的增加而增加。为了加快每个迭代偏导数的计算,可以使用分批训练(batch training)。分批训练的每个迭代中,我们需要从总数据集中随机抽选一个数集 M,用于计算当前迭代的偏导数。M 被称为当前迭代训练的小批量(mini-batch)。每个迭代中,$|M|$ 固定,为小批量数据集的大小。每个迭代的偏导数计算公式为

$$\frac{\partial L}{\partial w_j} = \frac{1}{|M|} \sum_{i=1}^{|M|} (g^{(i)} - y^{(i)}) x_j^{(i)} \tag{4.46}$$

接下来,将使用 TensorFlow 搭建一个神经网络模型。

深度神经网络训练需要大量的数据,因此,这个例子中将使用 sklearn 自带的有关波士顿房价的数据集进行训练和预测。

首先,读取数据并对数据内容进行探索,执行:

```
# Chapter4/neural_network.ipynb

importTensorFlow as tf
import pandas as pd
from sklearn.datasets import load_boston

# 读取数据集
boston_dataset = load_boston()

# 探索每个数据集的基础信息
print('总集数据点个数: ', len(boston_dataset['data']))
print('特征数: ', boston_dataset['data'].shape[1])

# 原数据集为矩阵存储,根据电子数据库对该数据集特征名进行记录
# 填补特征名并存入 Pandas DataFrame
# 13 个特征的名称顺序如下,分别代表
# CRIM: 城镇人均犯罪率
# ZN: 超过 25000 平方英尺(注: 1 英尺 = 0.3048 米)的规划住宅用地的比例
# INDUS: 城镇非零售英亩数占比
# CHAS: 是否环绕查尔斯河
# NOX: 氮的氧化物浓度(单位: 千分之一)
# RM: 每人平均房间数
# AGE: 1940 年前所建并有业主居住单位所占的比例
# DIS: 到达波士顿 5 个就业中心的加权距离
# RAD: 可享受径向公路指数
# TAX: 每 10000 美元的地产税率
# PTRATIO: 城镇师生比例
# B: Bk 为城镇黑人比例,B = 1000(Bk - 0.63)^2
# LSTAT: 低社会地位人群占比
df = pd.DataFrame(boston_dataset['data'])
df.columns = boston_dataset['feature_names']
df['price'] = boston_dataset['target']

display(df.head())
```

输出如以下字符串及图 4.35 所示。

总集数据点个数：506
特征数：13

	CRIM	ZN	INDUS	CHAS	NOX	RM	AGE	DIS	RAD	TAX	PTRATIO	B	LSTAT	price
0	0.00632	18.0	2.31	0.0	0.538	6.575	65.2	4.0900	1.0	296.0	15.3	396.90	4.98	24.0
1	0.02731	0.0	7.07	0.0	0.469	6.421	78.9	4.9671	2.0	242.0	17.8	396.90	9.14	21.6
2	0.02729	0.0	7.07	0.0	0.469	7.185	61.1	4.9671	2.0	242.0	17.8	392.83	4.03	34.7
3	0.03237	0.0	2.18	0.0	0.458	6.998	45.8	6.0622	3.0	222.0	18.7	394.63	2.94	33.4
4	0.06905	0.0	2.18	0.0	0.458	7.147	54.2	6.0622	3.0	222.0	18.7	396.90	5.33	36.2

图 4.35 代码输出

接下来，根据 70：15：15 的比例分割训练集、验证集和测试集，在下一个 cell 中执行：

```
# Chapter4/neural_network.ipynb

from sklearn.model_selection import train_test_split

df_train, df_val_test = train_test_split(df, test_size = 0.3, random_state = 42)
df_val, df_test = train_test_split(
                df_val_test, test_size = 0.5, random_state = 42)

print('训练集数据个数：', len(df_train))
print('验证集数据个数：', len(df_val))
print('测试集数据个数：', len(df_test))
```

输出如下：

```
训练集数据个数：354
验证集数据个数：76
测试集数据个数：76
```

下一步，搭建包含一个输入层、一个隐藏层和一个输出层的神经网络。在下一个 cell 中执行：

```
# Chapter4/neural_network.ipynb

from Tensorflow.Keras import models, layers, initializers, optimizers

# 定义模型
# 使用 layers.Dense 为序列模型添加一层"全连接层"
# units 定义该层中有几个节点
# activation 参数用于设定该层使用到的激活函数
# Kernel_initializer 用于设定该层权重的初始值
# bias_initializer 用于设定该层偏移项的初始值
model = models.Sequential(name = 'sequential_model')
model.add(layers.Dense(units = 15, input_shape = (13, ),
```

```
                        activation = 'ReLu', name = 'hidden_1',
                  Kernel_initializer = initializers.RandomNormal(\
                                        stddev = 0.01, seed = 42),
                    bias_initializer = initializers.RandomNormal(\
                                        stddev = 0.01, seed = 42)))
model.add(layers.Dense(units = 15, activation = 'ReLu', name = 'hidden_2',
                  Kernel_initializer = initializers.RandomNormal(\
                                        stddev = 0.01, seed = 42),
                    bias_initializer = initializers.RandomNormal(\
                                        stddev = 0.01, seed = 42)))
model.add(layers.Dense(units = 1, activation = 'ReLu', name = 'output',
                  Kernel_initializer = initializers.RandomNormal(\
                                        stddev = 0.01, seed = 42),
                    bias_initializer = initializers.RandomNormal(\
                                        stddev = 0.01, seed = 42)))

# 在优化器(optimizer)中定义学习率,不同的优化器优化权重的方式略有不同
# 常用的一个优化器为 Adam optimizer
opt = optimizers.Adam(learning_rate = 0.005)
model.compile(loss = 'mse', optimizer = opt)

# 训练模型,设定训练时长为 1000 代(epochs)
# 设定 validation_data 用于监控每一代模型在验证集中取得的准确率
# batch_size 用于设定批量大小
history = model.fit(df_train.drop(columns = ['price']), df_train['price'],
                validation_data = (df_val.drop(columns = ['price']),
                                    df_val['price']),
                epochs = 1000, batch_size = 100, shuffle = False)
```

这里使用到的全连接层(fully connected layer),也称稠密层(dense layer),顾名思义,指的是神经网络中将上一层节点的每个输出,通过权重连接到本层每个节点的层。图 4.12 中的两个隐藏层和输出层都为全连接层的示例,该层每个节点将分别收到上一层每个节点的输出信息。全连接层属于一种类型的神经网络层,与其并列的包括卷积层、循环层等不同针对性的神经网络层。选择不同类型的层可以搭建出不同结构和功效的神经网络,但这其中可以深究的内容丰富,本书不将其作为重点讲解,只在本节以基础的全连接层为例,搭建一个简单的预测模型。

完成训练后,可视化训练时损失函数根据代数的变化,在下一个 cell 中执行:

```
# Chapter4/neural_network.ipynb

import matplotlib.pyplot as plt

plt.plot(history.history['loss'], label = 'train')
plt.plot(history.history['val_loss'],
        linestyle = '-.', label = 'validation')
plt.title('model loss')
plt.ylabel('loss')
```

```
plt.xlabel('epoch')
plt.legend(loc = 'upper right')
plt.show()
```

显示结果如图 4.36 所示。

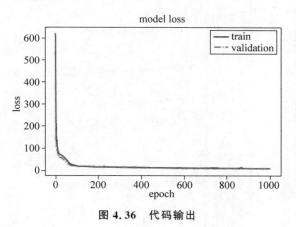

图 4.36 代码输出

由此可见,模型的误差从最初一个较大的值急剧下降,并在约 100 代训练后基本保持同一数值。为了更为清晰地可视化损失下降的过程,从第 20 代训练开始可视化,在下一个 cell 中执行:

```
plt.plot(history.history['loss'][20: ], label = 'train')
plt.plot(history.history['val_loss'][20: ],
        linestyle = '-.', label = 'validation')
plt.title('model loss')
plt.ylabel('loss')
plt.xlabel('epoch')
plt.legend(loc = 'upper right')
plt.show()
```

显示结果如图 4.37 所示。

由验证集损失函数和训练集损失函数下降趋势的对比可见,模型不存在过拟合现象。最后,使用完成训练的模型对测试集进行预测,在下一个 cell 中执行:

```
preds = model.predict(df_test.drop(columns = ['price']))
#将真实目标值和预测值绘制于同一幅图上
plt.plot(preds, label = 'predictions', linestyle = ': ')
plt.plot(list(df_test['price']), label = 'targets')
plt.xlabel('index')              #x轴无顺序关系,只是方便绘制为趋势图
plt.ylabel('price')
plt.legend()
plt.show()
```

显示结果如图 4.38 所示。

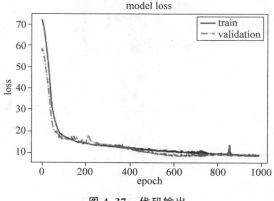

图 4.37　代码输出

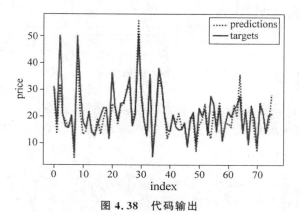

图 4.38　代码输出

图 4.38 中的虚线为预测值，实线为实际价格，预测值与实际价格相近。使用模型损失函数衡量测试集的表现，并打印目标与预测值的绝对误差，在下一个 cell 中执行：

```
import numpy as np
print(model.evaluate(df_test.drop(columns = ['price']), df_test['price']))
print('\n 预测与目标的绝对误差平均值为',
        abs(np.array(df_test['price']) - preds.flatten()).mean())
```

输出如下：

```
3/3 [==============================] - 0s 998us/step - loss: 16.6711
16.67107391357422

预测与目标的绝对误差平均值为 2.5504756889845197
```

对比本节中其他模型，神经网络需要较大的数据量才能发挥其优势。想象一个包含 10 层隐藏层的深度神经网络，若每层包含 15 个节点，那么相邻两层之间将有 225 个节点，10 个隐藏层之间将存在 2250 个权重项可供模型学习和调试。可调试参数越多，代表模型可以映射的函数越复杂，同时也意味着模型产生过拟合的概率越大——类似 4.5.1 节多项式特

征映射中 m 较大时导致的问题。这样的问题在数据量不够大时尤为明显,深度神经网络可以完全记住数据量相对不够大的训练集,从而呈现过拟合。本节的例子中,训练数据量仅为3位数,因此,模型中仅使用两层隐藏层。

同时绘制训练集和验证集的损失,可以监控模型是否过拟合。若训练集多代损失明显低于验证集,则为模型过拟合的警示。

4.7 决策树

除了需要庞大的训练数据方能发挥优势这一缺陷,深度神经网络还存在不易理解预测逻辑的问题。这个问题会导致某些不确定性,使模型无法被完全信任。举个例子,假设我们想要预测垃圾邮件:一个深度神经网络也许可以很好地完成这个任务,但我们无法完全理解它为什么做出这样的判断。另外,若其预测结果有误且被用户投诉,我们也很难从网络中找出具体的错误来源并回馈用户。

考虑模型可理解性问题,本节讲解一个容易被理解的模型——决策树(decision tree)。决策树根据数据点的特征取值将数据分类,其模型的内部结构如图 4.39 所示。

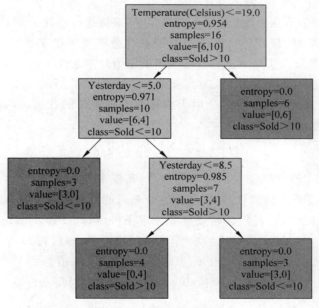

图 4.39 决策树示意图

图 4.39 中的决策树用于解决二分类问题:某日冰激凌销量是否能大于 10? 其中每个方框为树的一个节点,节点分为内节点和叶节点。叶节点无子节点,位于分支底部;内节点有两个子节点,代表两个不同的分类。

每个内节点根据一个特征分割数据。由图 4.39 所示的决策树可见,每个内节点的第 1 行为分割的条件,例如最顶端节点的第 1 行"Temperature (Celsius)<=19.0"(摄氏温度<=19.0)。满足条件的数据点被归至左枝,不满足条件的数据点被归至右枝。最顶端节点的分割条件可以解读为检查数据点特征"Temperature (Celsius)"是否小于或等于 19.0,若答案

为"是",归至左枝,反之则归至右枝。注意,某些决策树的可视化会将答案为"是"的数据点归至右枝,将答案为"否"的数据点归至左枝。本节讲解如何使用 sklearn 可视化决策树,得到图 4.39 所示的示意图。使用不同可视化工具时需留意其具体分枝标准。

数据经过内节点的一系列分类到达叶节点,并在叶节点中被最后归类。每个叶节点的最后一行为该节点所属类别,例如最底端左分枝节点中的"class = Sold > 10",到达该节点的数据将被归为"Sold > 10"(销量 > 10)一类;最底端右分枝节点中的"class = Sold<= 10",到达该节点的数据将被归为"Sold<=10"一类。

叶节点的第 2 行和内节点的第 3 行表达同一信息——训练集中到达该节点的数据量。例如第 2 层左分枝中的第 3 行"samples = 10"(样本数 = 10),表示训练集中满足"Temperature(Celsius)<=19.0"的数据个数为 10;同层右分枝中的第 2 行"samples=6",表示训练集中不满足"Temperature(Celsius)<=19.0"的数据个数为 6。两个子节点的样本数总和等于其共同父节点的样本数。

叶节点的第 3 行和内节点的第 4 行表达同一信息——训练集中到达该节点数据的类别分布。例如第 2 层左分枝中的第 4 行"value=[6,4]"(值=[6,4]),表示在训练集中满足"Temperature(Celsius)<=19.0"的数据有 6 个属于第一类别,即该日冰激凌销量小于或等于 10;4 个属于第二类别,即该日冰激凌销量大于 10。

最后,还未讲解的节点属性"entropy"(熵)与决策树选择特征分割的算法有关。选择某节点用于分割的特征时,模型将计算每个特征最优分割所能带来的信息增益(information gain),并选择能带来最大信息增益的特征和阈值作为分割条件。

信息增益的计算与熵息息相关,接下来将讲解熵的计算过程。

一个离散随机变量的熵值是一个用于衡量其不确定性的数值。假设 Y 为一个离散随机变量,Y 的熵值的计算公式为

$$H(Y) = -\sum_{y \in Y} p(y) \log_2 p(y) \tag{4.47}$$

一个较高的熵值意味着随机变量的随机性较高,其概率分布可能类似均匀分布;一个较低的熵值意味着随机变量的随机性较低,其概率分布可能集中在某个或某几个数值。

除了单个变量的熵值,我们还需要计算特定条件熵(specific conditional entropy)和条件熵(conditional entropy)。假设 X 为一个离散随机变量,也许得知 X 变量的取值对 Y 变量的取值会更加确定。条件熵 $H(Y|X)$ 表达了得知变量 X 信息后 Y 的熵值;特定条件熵 $H(Y|X=x)$ 表达了得知变量 X 取值为 x 后 Y 的熵值。特定条件熵的计算公式为

$$H(Y \mid X = x) = -\sum_{y \in Y} p(y \mid x) \log_2 p(y \mid x) \tag{4.48}$$

条件熵的计算公式为

$$H(Y \mid X) = -\sum_{x \in X} p(x) H(Y \mid X = x)$$

$$= -\sum_{x \in X} \sum_{y \in Y} p(x, y) \log_2 p(y \mid x) \tag{4.49}$$

将变量 X 看作某特征,变量 Y 看作预测目标,若该特征的取值能使我们更加确定 Y 的取值,那么该特征的信息增益将较大。从一个熵值的角度讲,若 $H(Y|X) \ll H(Y)$,说明 X 能使模型更加准确地预测 Y,因此,信息增益的数学表达式为

$$IG(Y \mid X) = H(Y) - H(Y \mid X) \tag{4.50}$$

如果 X 的信息完全无法使模型确定 Y 的取值，那么 $IG(Y \mid X) = 0$；如果 X 的信息可以使模型完全确定 Y 的取值，那么 $IG(Y \mid X) = H(Y)$。

叶节点的第 1 行和内节点的第 2 行中 entropy 这一属性，正是记录了该节点目标变量的熵值，例如第 2 行左分枝的熵值：

$$H(Y) = -\frac{6}{10}\log_2\left(\frac{6}{10}\right) - \frac{4}{10}\log_2\left(\frac{4}{10}\right) = 0.971$$

本节的后半段将讲解如何使用 sklearn 中的 DecisionTreeClassifier 预测"某日冰激凌销量是否能大于 10?"首先，定义一个简单的数据表格，执行：

```python
# Chapter4/decision_tree.ipynb

import pandas as pd

# Season(季节)：该数据点日期所处季节
# Yesterday(昨日)：相对于该数据点日期昨日的冰激凌的销量
# Temperature (Celsius)(摄氏温度)：该数据点日期的摄氏温度
# Sold > 10(销量 > 10)：预测目标，该数据点日期冰激凌的销量是否超过 10 个
df = pd.DataFrame({'Season': ['Spring', 'Spring', 'Spring', 'Spring',
                              'Summer', 'Summer', 'Summer', 'Summer',
                              'Fall', 'Fall', 'Fall', 'Fall',
                              'Winter', 'Winter', 'Winter', 'Winter'],
                  'Yesterday': [15, 12, 9, 7,
                                23, 43, 29, 35,
                                9, 7, 8, 12,
                                1, 8, 3, 2],
                  'Temperature (Celsius)': [22, 20, 18, 18,
                                            25, 33, 29, 32,
                                            15, 14, 15, 17,
                                            -5, 7, 2, 2],
                  'Sold > 10': [True, True, False, True,
                                True, True, True, True,
                                False, True, True, False,
                                False, True, False, False]})

# 将文字类特征转换为数值类
df = pd.get_dummies(df)
display(df)
```

显示结果如图 4.40 所示。

一个 DecisionTreeClassifier 中，参数 max_depth(最大深度)决定了决策树分割所允许的最大深度，大于该深度的分割都将被放弃；参数 min_samples_split(最低分割样本数)决定了内节点分割所需的最低样本数，低于该样本数的节点将无法继续分割；参数 max_leaf_nodes(最大叶节点数)决定了决策树内最高可含叶节点个数；min_impurity_descrease(最低混杂降低值)决定了最低可接受的加权熵值降低，若分割后的熵值较本节点降低小于 min_impurity_descrease，则模型将放弃根据该特征的分割。以上的参数结合起来，控制着一个

	Yesterday	Temperature (Celsius)	Sold > 10	Season_Fall	Season_Spring	Season_Summer	Season_Winter
0	15	22	True	0	1	0	0
1	12	20	True	0	1	0	0
2	9	18	False	0	1	0	0
3	7	18	True	0	1	0	0
4	23	25	True	0	0	1	0
5	43	33	True	0	0	1	0
6	29	29	True	0	0	1	0
7	35	32	True	0	0	1	0
8	9	15	False	1	0	0	0
9	7	14	True	1	0	0	0
10	8	15	True	1	0	0	0
11	12	17	False	1	0	0	0
12	1	-5	False	0	0	0	1
13	8	7	True	0	0	0	1
14	3	2	False	0	0	0	1
15	2	2	False	0	0	0	1

图 4.40 代码输出

决策树的大小及复杂程度——重点用于防止决策树过大而导致的过拟合。由于例子中数据点较少,将不使用上述参数限制决策树的大小。唯一需要设定的参数为 criterion(标准),该参数可取值为 'entropy' 或 'gini',其中,entropy 即为上文中讲解的熵值;设定为 gini 则将计算基尼不纯度(gini impurity),模型将根据纯度的提升选择特征分割,两者的效果多数情况下相仿。

初始化一个 DecisionTreeClassifier,在下一个 cell 中执行:

```
from sklearn.tree import DecisionTreeClassifier

clf = DecisionTreeClassifier(criterion = 'entropy',
                            random_state = 42)
clf.fit(df.drop(columns = ['Sold > 10']), df['Sold > 10'])
```

最后,可视化训练出来的决策树,在下一个 cell 中执行:

```
# Chapter4/decision_tree.ipynb

from sklearn import tree
import matplotlib.pyplot as plt

fig = plt.figure(figsize = (25,20))
_ = tree.plot_tree(clf,
               feature_names = df.drop(columns = ['Sold > 10']).columns,
               class_names = ['Sold <= 10', 'Sold > 10'],
               filled = True)
```

显示结果如图 4.39 所示。

假设用于预测的特征仅有温度和昨日销量,可以在二维图像上绘制决策树的决策边界。

首先,训练一个仅使用这两个特征的决策树,在下一个 cell 中执行:

```
clf2 = DecisionTreeClassifier(criterion = 'entropy',
                              random_state = 42)
clf2.fit(df[['Temperature (Celsius)', 'Yesterday']], df['Sold > 10'])
pred2 = clf2.predict(df[['Temperature (Celsius)', 'Yesterday']])
```

使用 meshgrid 绘制模型 clf2 的决策边界,在下一个 cell 中执行:

```
# Chapter4/decision_tree.ipynb

import numpy as np

plot_step = 0.01

temp_min, temp_max = df['Temperature (Celsius)'].min() - 1,\
                df['Temperature (Celsius)'].max() + 1
y_min, y_max = df['Yesterday'].min() - 1,\
          df['Yesterday'].max() + 1
tt, yy = np.meshgrid(np.arange(temp_min, temp_max, plot_step),
                np.arange(y_min, y_max, plot_step))

Z = clf2.predict(np.c_[tt.ravel(), yy.ravel()])
Z = Z.reshape(tt.shape)
plt.contourf(tt, yy, Z, cmap = plt.cm.RdYlBu)

# 将预测为"销量> 10"的数据画为白色圆点,反之则为黑色圆点
color = pred2.copy()
color[color == True] = 'white'
color[color == False] = 'black'
plt.scatter(df['Temperature (Celsius)'], df['Yesterday'],
          c = pred2, cmap = 'gray', s = 30)
plt.xlabel('Temperature (Celsius)')
plt.ylabel('Yesterday')
plt.show()
```

显示结果如图 4.41 所示。

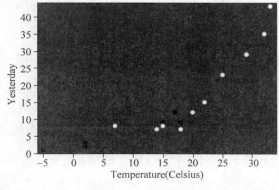

图 4.41 代码输出

不同颜色的方形模块表示决策树对特征取值位于该区域的数据预测结果。由此可见，决策树在特征空间中，使用多条直线分割不同类的数据。

相比深度神经网络，决策树的预测结果更容易理解。我们可以可视化树的内部结构，从而轻易了解某预测结果的根据。相较深度神经网络或 K 近邻算法，决策树的另一大优势在于其面对特征间单位向差较大数据时体现。决策树选择特征分割时，并不像 K 近邻或深度神经网络那般侧重特征数值的绝对大小，因此，训练决策树时并不需要将精力花费在规范特征比例上。

相比深度神经网络，决策树的劣势在于其无法有效提取特征之间的关系。当特征之间存在较强结构关系时，例如每个特征代表同一图片的不同像素时，应使用深度神经网络学习其中关系。

使用决策树模型时需注意，一个不受限制的决策树可以完全记住训练集数据，从而达到高达 100% 的训练集准确率。换言之，过大的决策树容易造成模型的过拟合。训练决策树时，需使用上文中提到的 max_depth、min_samples_split、max_leaf_nodes 和 min_impurity_descrease 参数控制决策树的大小，防止模型过拟合。

4.8   森林算法

3.4 节讲解了偏差与方差，一个模型的期待误差可以用偏差、方差和贝叶斯误差表示，其数学表达式为

$$E\left[(g-y)^2\right]=\left(E[g]-f^*\right)^2+\mathrm{Var}(g)+e \tag{4.51}$$

其中，g 为模型所学习的函数，f^* 为一个准确反映 Y 与 X 之间关系的函数，e 为贝叶斯误差。

假设收集到 m 个相互独立的训练集，并使用不同训练集训练出模型的预测平均值作为最终预测结果，如式（4.52）所示：

$$g=\frac{1}{m}\sum_{i=1}^{m}g_i \tag{4.52}$$

其中，g_i 表示第 i 个训练集所对应模型的预测结果。使用预测平均值，对偏差、方差和贝叶斯误差的影响如下：

（1）贝叶斯误差不变，因为贝叶斯误差仅取决于数据本身的不确定性。

（2）偏差不变，偏差项中的 $E[g]$ 可展开为

$$E[g]=E\left[\frac{1}{m}\sum_{i=1}^{m}g_i\right]=E[g_i] \tag{4.53}$$

由式（4.53）可见，使用多个训练集对应模型的预测结果平均值和使用单个训练集对应模型的预测结果所得期待值相等，因此模型期待误差中的偏差项不变。

（3）方差降低，方差项可展开为

$$\mathrm{Var}[g]=\mathrm{Var}\left[\frac{1}{m}\sum_{i=1}^{m}g_i\right]=\frac{1}{m^2}\sum_{i=1}^{m}\mathrm{Var}[g_i]=\frac{1}{m}\mathrm{Var}[g_i] \tag{4.54}$$

随着方差的降低，模型的期待误差也将降低。例如在知识抢答赛中，如果在毫无头绪时得到一个向大量观众求助的机会，那么采用大多数观众的答案可以提高答对的概率。

但在实践中,在有限的数据内取得 m 个相互独立的训练集往往是一个艰难的目标。一种解决这个问题的办法名为装袋(bagging)或引导聚集(bootstrap aggregating)。装袋算法使用有限的训练集 D,采用有放回抽样法在 D 中抽取 m 个训练集 $D_1,D_2,\cdots,D_m$。举个例子,假如原训练集 D 中有 10 个数据点,从中抽取 3 个各包含 6 个数据点的训练集过程如下:

$$D=\{x_1,x_2,x_3,x_4,x_5,x_6,x_7,x_8,x_9,x_{10}\}$$

随机抽取 6 个数据点,得到:

$$D_1=\{x_{10},x_3,x_2,x_6,x_9,x_7\}$$

放回 D_1 中的抽样,并重新随机抽取 6 个数据,得到:

$$D_2=\{x_1,x_9,x_7,x_6,x_8,x_3\}$$

放回 D_2 中的抽样,并重新随机抽取 6 个数据,得到:

$$D_2=\{x_5,x_1,x_{10},x_2,x_3,x_6\}$$

所得 D_1、D_2 和 D_3 即为 3 个拥有一定独立性的数据集。

本节所讲解的森林算法运用多个决策树的预测平均值,并使用不同的方法提高每个决策树之间的独立性,以此降低预期误差中的方差项。

4.8.1 随机森林

近年来,随机森林(random forest)在许多 Kaggle 比赛中取得优异的成绩。针对特征之间没有太多结构关系的表格信息,随机森林是一个调用简单且效果较优的模型。

随机森林的本质为多个决策树的集合,即使用多个决策树预测结果的平均值作为森林最终的预测输出。正如本节开头所述,利用多个模型的预测平均值作为预测输出可以有效降低偏差,从而降低预测误差。尽管每个决策树的预测结果可能都不能满足准确率的要求,多个决策树的集成(ensemble)却可能达到目标准确率。我们称集合中的每个决策树为一个基分类器(base classifier),假设每个基分类器所能达到的准确率高于 50%,那么集成便可能取得高于所有基础分类器的准确率。

这其中的必要条件在于所采不同模型的相互独立性。假设每个模型的预测结果之间方差为 σ^2,相关性为 r,式(4.54)将变为

$$\mathrm{Var}[g]=\mathrm{Var}\left[\frac{1}{m}\sum_{i=1}^{m}g_i\right]=\frac{1}{m}(1-r)\sigma^2+r\sigma^2 \tag{4.55}$$

当 $r=0$ 时模型之间完全独立,式(4.55)将与式(4.44)得出同样的结论——偏差降低至最初的 $\frac{1}{m}$;当 $r=1$ 时模型之间完全相关,取平均值后所得预测结果的偏差将等于原偏差,并无降低。从式(4.55)中可以看出,当模型之间不完全独立也不完全相关时,取多个模型预测结果的平均值仍可以降低方差——虽然不及 $\frac{1}{m}$ 多。

因此,一个成功的随机森林应该尽量增加森林中每个决策树之间的独立性。本节开头所介绍的装袋算法从某种程度上起到这一作用,即使用不同的训练集加大模型之间的差异。除了装袋算法,随机森林还通过限制每个节点分割数据时可供选择的特征,为每个决策树注入随机性,以此提高每个决策树之间的独立性。换言之,在随机森林中,每个节点挑选最优

特征进行分割时，只能在一个随机的特征子集中挑选。

4.8.1 节中展示了决策树面临分类问题做出预测的方式，选择叶节点中占比较大的类别作为预测输出，而一个面对分类问题的随机森林输出，为森林中多数决策树的加权类别预测，每个决策树的权重为其对目标为该分类的概率预测。面对预测目标为连续变量的问题时，单个决策树的预测将为数据点所处叶节点的目标平均值，而随机森林的输出为森林中所有决策树所预测的平均值。

以波士顿房价预测问题为例，使用 sklearn 中的 RandomForestRegressor 为模型进行预测。RandomForestRegressor 中包含和决策树一样的几个参数 max_depth、min_samples_split、max_leaf_nodes 和 min_impurity_descrease，用于控制森林中每个决策树的复杂程度。另外，参数 n_estimators（估算器个数）设定森林中决策树的个数，控制森林的大小；参数 max_features（最大可见特征数）设定供每个节点挑选的特征数。导入数据并使用随机森林进行预测，执行：

```
# Chapter4/random_forest.ipynb

import pandas as pd
from sklearn.datasets import load_boston
from sklearn.ensemble import RandomForestRegressor
from sklearn.model_selection import train_test_split

# 读取数据集，数据特征详情可参考 4.6 节
boston_dataset = load_boston()
df = pd.DataFrame(boston_dataset['data'])
df.columns = boston_dataset['feature_names']
df['price'] = boston_dataset['target']

# 初始化一个随机森林模型
# 参数设置为 n_estimators = 10：森林中使用 10 个决策树
# max_depth = 5：每个决策树最深允许延伸 5 层
# max_features = 'sqrt'：每个节点将从大小为总特征数平方根的特征子集选择分割特征
reg = RandomForestRegressor(n_estimators = 10,
                            max_depth = 5,
                            max_features = 'sqrt',
                            random_state = 42)

# 分割训练集、验证集和测试集
df_train, df_val_test = train_test_split(df, test_size = 0.3, random_state = 42)
df_val, df_test = train_test_split(
            df_val_test, test_size = 0.5, random_state = 42)

# 训练随机森林
reg.fit(df_train.drop(columns = ['price']), df_train['price'])
```

使用模型对训练集、验证集和测试集分别进行预测并评估预测结果的均方误差，在下一个 cell 中执行：

```
# Chapter4/random_forest.ipynb

from sklearn.metrics import mean_squared_error
import numpy as np

pred_train = reg.predict(df_train.drop(columns = ['price']))
pred_val = reg.predict(df_val.drop(columns = ['price']))
pred_test = reg.predict(df_test.drop(columns = ['price']))
mse_train = mean_squared_error(list(df_train['price']), pred_train)
mse_val = mean_squared_error(list(df_val['price']), pred_val)
mse_test = mean_squared_error(list(df_test['price']), pred_test)

print('训练集 MSE: ', mse_train)
print('验证集 MSE: ', mse_val)
print('测试集 MSE: ', mse_test)
print('测试集预测与目标的绝对误差平均值为',
      abs(np.array(df_test['price']) - pred_test.flatten()).mean())
```

输出如下：

```
训练集 MSE: 8.262145505468627
验证集 MSE: 10.079003086534906
测试集 MSE: 21.377303939606175
测试集预测与目标的绝对误差平均值为 3.0262870078296453
```

未经参数调试的情况下,随机森林的预测所得误差稍高于 4.6 节中神经网络所得结果,但其搭建过程较为简易,仅需调用 sklearn 中现有的模型并调试参数。最初的参数调试可以根据数据集的大小尝试几个不同的参数组合,并大致了解每个参数的合理范围。第 5 章讲解模型优化时,会讲解如何更有效地找到较优参数组合。

随机森林中的每一棵决策树都可以通过 4.7 节中的方式进行可视化,在下一个 cell 中执行：

```
# Chapter4/random_forest.ipynb

from sklearn import tree
import matplotlib.pyplot as plt

fig = plt.figure(figsize = (25,20))
# reg[0]可以索引随机森林中的第一棵决策树
# reg[i]可以索引随机森林中的第 i + 1 课决策树
_ = tree.plot_tree(reg[0],
                feature_names = df_train.drop(columns = ['price']).columns,
                filled = True)
```

输出如图 4.42 所示。

图 4.42 所示为森林中第一棵决策树的内部结构。由于数据量和特征数相对 4.7 节较多,森林中的决策树也相对较为复杂,但树的层数被 max_depth 限制为 5 层。

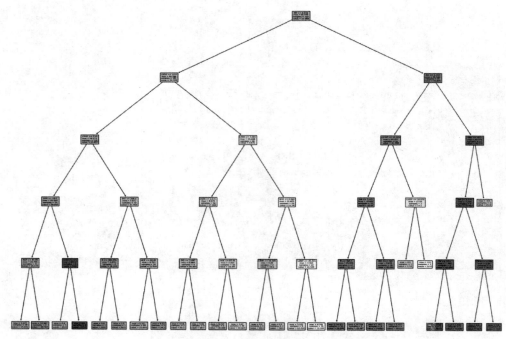

图 4.42　代码输出

　　相较单棵决策树,随机森林的准确率较高,且较不容易呈现过拟合。其劣势在于可理解度较低,尤其当森林里存在较多决策树时,每棵决策树的预测原理可以通过可视化其内部结构分析,但多个决策树的相互关系难以通过观察理解。

4.8.2　极端随机树

　　极端随机树(extra trees)与随机森林类似,为多个决策树的集成森林。二者的根本不同在于向森林中每棵决策树注入随机性的方式。4.8.1节中讲解了随机森林中随机性的源头,装袋算法和随机挑选每个节点所能选择分割的特征集。极端随机树仍然随机挑选每个节点所能选择分割的特征集,但放弃了对训练集数据进行装袋。这意味着,极端随机树中的每个决策树将使用到训练集中的全部数据。为了注入随机性,极端随机树中每个节点分割特征时,所取分割阈值并不是根据信息增益所得最佳阈值,而是一个特征范围内的随机数。注意,极端随机树并非完全随机地选择分割特征及其阈值。在为每个可选择特征随机设定阈值后,节点仍会计算每个特征及其阈值所对应的信息增益,并使用增益最高的特征进行分割。

　　相比随机森林,极端随机树中每个决策树的随机性更高,这也意味着决策树之间独立性更高。另外,由于极端随机树不需要计算特征的最优分割阈值,其运算时间相较随机森林更快。

　　使用 sklearn 中的 ExtraTreesRegressor 模型初始化极端随机树。使用与随机森林一样的参数,执行:

```
# Chapter4/extra_trees.ipynb

import pandas as pd
from sklearn.datasets import load_boston
from sklearn.ensemble import ExtraTreesRegressor
from sklearn.model_selection import train_test_split
from sklearn.metrics import mean_squared_error
import numpy as np
from sklearn import tree
import matplotlib.pyplot as plt

# 读取数据集,数据特征详情可参考 4.6 节
boston_dataset = load_boston()
df = pd.DataFrame(boston_dataset['data'])
df.columns = boston_dataset['feature_names']
df['price'] = boston_dataset['target']

# 初始化一个极端随机树模型
# 参数设置为 n_estimators = 10: 森林中使用 10 棵决策树
# max_depth = 5: 每棵决策树最深允许延伸 5 层
# max_features = 'sqrt': 每个节点将从大小为总特征数平方根的特征子集选择分割特征
reg = ExtraTreesRegressor(n_estimators = 10,
                          max_depth = 5,
                          max_features = 'sqrt',
                          random_state = 42)

# 分割训练集、验证集和测试集
df_train, df_val_test = train_test_split(df, test_size = 0.3, random_state = 42)
df_val, df_test = train_test_split(
              df_val_test, test_size = 0.5, random_state = 42)

# 训练极端随机树
reg.fit(df_train.drop(columns = ['price']), df_train['price'])

# 进行预测
pred_train = reg.predict(df_train.drop(columns = ['price']))
pred_val = reg.predict(df_val.drop(columns = ['price']))
pred_test = reg.predict(df_test.drop(columns = ['price']))
mse_train = mean_squared_error(list(df_train['price']), pred_train)
mse_val = mean_squared_error(list(df_val['price']), pred_val)
mse_test = mean_squared_error(list(df_test['price']), pred_test)

# 打印预测结果
print('训练集 MSE: ', mse_train)
print('验证集 MSE: ', mse_val)
print('测试集 MSE: ', mse_test)
print('测试集预测与目标的绝对误差平均值为',
    abs(np.array(df_test['price']) - pred_test.flatten()).mean())

# 可视化森林中第一棵树的内部结构
```

```
fig = plt.figure(figsize = (25,20))
_ = tree.plot_tree(reg[0],
                   feature_names = df_train.drop(columns = ['price']).columns,
                   filled = True)
```

输出如以下字符串及图 4.43 所示。

```
训练集 MSE: 17.888268304118554
验证集 MSE: 18.831155202958172
测试集 MSE: 27.568727270314717
测试集预测与目标的绝对误差平均值为 3.4285719147955773
```

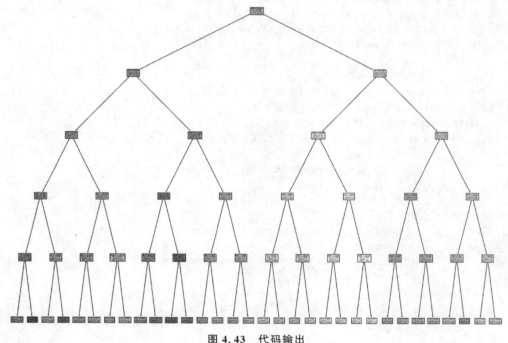

图 4.43　代码输出

　　由输出的可视化图可见,在使用同样的训练集和模型参数设定下,极端随机树的内部结构与随机森林并不相同。由三集所得 MSE 可见,该参数设定下,极端随机树的表现略差于随机森林,但这并不足以说明随机森林在预测波士顿房价这一问题上优于极端随机树。也许经过参数调试后,分别使用最优参数的极端随机树表现将优于随机森林。5.1 节将讲解参数调试,并分别对随机森林和极端随机树进行参数优化,最后对比两者在波士顿房价预测这一问题上的表现。

4.8.3　孤立森林

　　除了解决分类和回归问题,利用森林的结构也可以进行异常检测(anomaly detection)。孤立森林(isolation forest)便是一个使用森林结构,针对异常检测问题的模型。该模型属于非监督学习,仅根据数据本身的分布预测其是否为异常数据,并不需要训练集中对异常数据进行标识。

与随机森林和极端随意树一样,孤立森林也是多个决策树的集成。每棵决策树中的节点将随机选择特征和阈值对数据进行分割。理论上,多个特征取值都处于边缘的数据点大概率为异常数据。假设森林中叶节点的定义为"位于最深层数限制的节点,节点内样本取值完全相等,或样本数仅为1的节点",那么相比正常数据,异常数据点更容易在较浅的层数被分割至叶节点,这也是孤立森林用于判断数据点是否异常的关键。

孤立森林可以计算每个待预测数据点的"异常分数",用 s 表示。以一个任意数据点 x 为例,x 的异常分数取决于两点:第一,其所处叶节点的层数,这同时也是决策树 x 所处叶节点距离根节点的路径长度,使用 $h(x)$ 表示;第二,数据集中所有数据点分别所处叶节点距离根节点的平均路径长度,使用 $c(N)$ 表示,N 为数据点个数。

由于平均路径 $c(N)$ 的计算与二分查找中查找失败的情况,借用二分查找的分析计算平均路径:

$$c(N) = 2H(N-1) - \frac{2(N-1)}{N} \qquad (4.56)$$

其中,H 为调和数,满足公式:

$$H(i) \approx \ln(i) + 0.5772156649 \qquad (4.57)$$

数据点 x 的异常分数的数学表达式为

$$s(x, N) = 2^{-\frac{E(h(x))}{c(N)}} \qquad (4.58)$$

其中,$E(h(x))$ 为森林中所有决策树分别计算的 $h(x)$ 的平均数。获得不同数据点的异常分数后,模型就可以开始有效预测某数据点是否异常。

根据式(4.58)的异常分数计算方法可见,当 $E(h(x))$ 趋近于 $c(N)$ 时,s 趋近于 0.5;当 $E(h(x))$ 趋近于 0 时,s 趋近于 1;当 $E(h(x))$ 趋近于 $N-1$ 时,s 趋近于 0。这 3 个关系分别意味着:如果所有数据点的异常分数都接近 0.5,那么代表所有数据所处叶节点与根节点的路径长度都接近平均值,那么数据中不存在明显异常;如果一个数据点的异常分数 s 趋近于 1,那么代表它所处叶节点十分接近根节点,几乎是异常数据;如果一个数据点的异常分数 s 远小于 0.5,那么代表它所处叶节点离根节点较远,大概率不属于异常数据。

从 sklearn 中可以直接调用孤立森林 IsolationForest。使用 make_blobs 函数生成两个呈高斯分布的数据团,并加入 3 个不属于任意一个数据团的异常数据,执行:

```
# Chapter4/isolation_forest.ipynb

import matplotlib.pyplot as plt
import numpy as np
from sklearn.datasets import make_blobs

# make_blobs 的各项参数参考 4.4 节
X, _ = make_blobs(n_samples = 100, n_features = 2,
                  centers = 2, cluster_std = 1, random_state = 42)

# 绘制正常数据
plt.scatter(X[:, 0], X[:, 1], s = 10)
```

```
plt.xlabel('x0')
plt.ylabel('x1')
plt.show()

# 加入异常数据,并与正常数据绘制于同一图内
anomalies = np.array([[10, 15],
                      [20, 30],
                      [50, 100]])
plt.scatter(X[:, 0], X[:, 1], s = 10, label = 'normal')
plt.xlabel('x0')
plt.ylabel('x1')
plt.scatter(anomalies[:, 0], anomalies[:, 1], marker = 'v', label = 'anomaly')
plt.legend()
plt.show()
```

输出如图 4.44 所示。

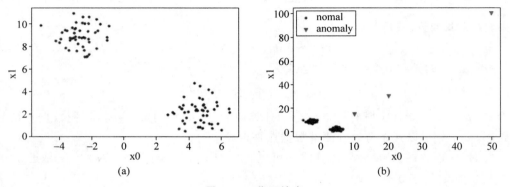

(a)   (b)

图 4.44   代码输出

图 4.44(a)展示了正常数据的分布,图 4.44(b)将正常数据和 3 个异常数据点绘制于同一张图上,正常数据(normal)使用圆点绘制,异常数据(anomaly)使用倒三角形绘制。

不同于其他森林模型,孤立森林在数据点较少时能取得更好的表现。参数 max_samples(最大样本数)可以用来限定森林中每棵决策树训练时所用的样本数,默认值为总样本数和 256 之间的更小值。当我们对异常数据的占比有一定预期时,可以通过参数 contamination(污染)将这一信息输入模型。模型将根据这一占比,制定归类为异常数据的异常分数阈值。若不设定这一占比,则模型将会假设 12.5% 的数据为异常值。

使用 IsolationForest 进行预测,在下一个 cell 中执行:

```
# Chapter4/isolation_forest.ipynb

from sklearn.ensemble import IsolationForest

# 设定异常数据占比约为 5%,其余使用默认参数进行训练
merged_data = np.concatenate([X, anomalies], axis = 0)
iso_forest = IsolationForest(contamination = 0.05)
iso_forest.fit(merged_data)
```

```
# 打印预测结果,注意,sklearn 计算的异常分数与式(4.58)的结果相反
# 换言之,sklearn 计算结果为式(4.58)结果的负数
# 使用 .predict 函数,输出为 -1 表示该数据点为异常数据
# 输出为 1 表示该数据点为正常数据
pred_merged = iso_forest.predict(merged_data)
print('异常数据个数: ', len(pred_merged[pred_merged == -1]))
print('手动加入的异常数据分别对应的异常分数: \n',
    iso_forest.score_samples(anomalies))
print('手动加入的异常数据分别对应的预测结果: ',
    iso_forest.predict(anomalies))
print('使用 make_blobs 生成数据中最低异常分数: ',
    iso_forest.score_samples(X).min())
```

输出如下:

```
异常数据个数: 6
手动加入的异常数据分别对应的异常分数:
[-0.71262471 -0.79160892 -0.88680046]
手动加入的异常数据分别对应的预测结果: [-1 -1 -1]
使用 make_blobs 生成数据中最低异常分数: -0.5735621979410732
```

解读异常分数时需要注意的是,sklearn 计算的异常分数与式(4.58)的结果相反。更确切地说,在 sklearn 中使用 .score_samples 函数计算的异常分数结果为式(4.58)结果的负数。这意味着,如果所有数据点的异常分数都接近 -0.5,那么代表所有数据所处叶节点与根节点的路径长度都接近平均值,数据中不存在明显异常;如果一个数据点的异常分数 s 趋近于 -1,那么代表它所处叶节点十分接近根节点,几乎是异常数据;如果一个数据点的异常分数 s 远大于 -0.5,那么代表它所处叶节点离根节点较远,大概率不属于异常数据。从上段代码的输出中可以看出,由于设定异常数据占比约为 5%,模型判断 103 个数据点中异常数据总数为 6 个。其中,手动加入的 3 个数据点不属于 make_blobs 生成的两个高斯分布的数据点,均被模型预测为 -1,即异常数据;make_blobs 生成的两团高斯分布的数据中,有 3 个也被判断为异常数据。这并不出乎意料,因为 make_blobs 生成的数据中也存在边缘数据,且从上段代码的输出可见,其中数据对应的异常分数最低约为 -0.57,明显高于 3 个手动加入的异常数据所得异常分数。

可视化模型的预测结果,在下一个 cell 中执行:

```
# Chapter4/isolation_forest.ipynb

pred_blobs = iso_forest.predict(X)
# 使用圆点绘制预测结果为正常数据的点,颜色较浅,并设定大小为 5
# 使用 x 绘制预测结果为异常数据的点,颜色较深,并设定大小为 15
marker_color = pred_blobs.copy().astype('object')
marker_color[marker_color == 1] = 'red'
marker_color[marker_color == -1] = 'black'
marker_size = pred_blobs.copy()
marker_size[marker_size == 1] = 5
```

```
marker_size[marker_size == -1] = 50
marker_style = pred_blobs.copy().astype('object')
marker_style[marker_style == 1] = 'o'
marker_style[marker_style == -1] = 'x'

# 仅绘制 make_blobs 所生成数据的预测结果
for m, size, color, x0, x1 in zip(marker_style, marker_size,
                                  marker_color, X[:, 0], X[:, 1]):
    plt.scatter(x0, x1, s = size, c = color, marker = m)

plt.xlabel('x0')
plt.ylabel('x1')
plt.show()

# 加入 3 个不属于 make_blobs 生成数据点
# 与 make_blobs 数据绘制于同一张图上
for m, size, color, x0, x1 in zip(marker_style, marker_size,
                                  marker_color, X[:, 0], X[:, 1]):
    plt.scatter(x0, x1, s = size, c = color, marker = m)

pred_anomalies = iso_forest.predict(anomalies)
marker_color = pred_anomalies.copy().astype('object')
marker_color[marker_color == 1] = 'red'
marker_color[marker_color == -1] = 'black'
marker_size = pred_anomalies.copy()
marker_size[marker_size == 1] = 5
marker_size[marker_size == -1] = 50
marker_style = pred_anomalies.copy().astype('object')
marker_style[marker_style == 1] = 'o'
marker_style[marker_style == -1] = 'x'

for m, size, color, x0, x1 in zip(marker_style, marker_size,
                                  marker_color, anomalies[:, 0],
                                  anomalies[:, 1]):
    plt.scatter(x0, x1, s = size, c = color, marker = m)

plt.xlabel('x0')
plt.ylabel('x1')
plt.show()
```

输出如图 4.45 所示。

预测为正常数据的点使用浅色小圆点绘制,异常数据使用深色较大 X 形绘制。第一幅图展示了模型对 make_blobs 生成数据的预测结果。其中,3 个被预测为异常数据的点都位于高斯分布的边缘。第二幅图将模型对 make_blobs 生成数据和 3 个非 make_blobs 生成数据的预测结果绘制于同一幅图上,3 个非 make_blobs 生成数据均被预测为异常数据。

本节所讲解的 3 个森林算法都属于一个更大的类别——集成方法(ensemble method)。森林算法中参考多棵决策树,从而做出最后的预测;集成方法同样参考多个基分类器做出最后预测,却不仅限于选择决策树作为基分类器。实践中,可以尝试使用多种相互之间独立性较高的模型组成集成。

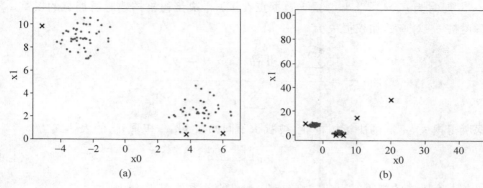

图 4.45 代码输出

4.9 提升方法

　　4.8 节所讲解的不同森林算法中,每棵决策树都独立于其他决策树而平行建立。本节将要讲解的提升算法(boosting algorithm)同样为一个集成算法,其不同于森林算法之处在于,集成算法中的每个基分类器将以序列顺序建立,每个基分类器会在得知上一迭代基分类器的预测结果后,根据这一结果建立当前迭代的基分类器。由于每个基分类器的建立基于上一个基分类器,不同集成中基分类器之间的依赖性较高,因此,提升算法并不能如随机森林般降低预测方差,而是以方差为代价降低预测偏差。

　　由于基分类器以序列顺序建立,若集成较大,训练集成将花费大量时间。想象用深度神经网络作为基分类器,即使每个基分类器仅需 1min 建成,一个包含 100 个基分类器的集成需要 100min 训练,但幸运的是,提升算法中即便基分类器的能力较低,集成本身也能取得不错的预测力。本节所讲解的提升算法中,基分类器为决策树或更为简单的模型。这些简单的基分类器也被称为弱分类器(weak classifier)。

4.9.1 Adaboost

　　自适应增强(adaptive boosting),或 Adaboost,是一种为更有效地二分类预测发明的提升算法。本节将假设二分类中的两个类别分别用 $y=1$ 和 $y=-1$ 表示。Adaboost 中,每个弱分类器为一个决策树桩(decision stump),是深度仅有一层的简化版决策树。换言之,每个弱分类器仅对一个特征进行一次分割。

　　Adaboost 的训练中,每个数据点被赋予不同的权重。最初,所有数据点的权重相等,且其和为 1。假设训练集共含 N 个数据,那么每个数据点的初始权重为 $\dfrac{1}{N}$。每个基分类器的任务在于将加权后训练集的误差最低化。用符号 h_t 表示第 t 个决策树桩所学函数,h_t 可以表达为

$$h_t = \underset{h}{\arg\min} \sum_{n=1}^{N} w_t^{(n)} \amalg \{h(x^{(n)}) \neq y^{(n)}\} \tag{4.59}$$

式(4.59)中使用 0-1 损失函数:$\amalg \{h(x^{(n)}) \neq y^{(n)}\}$ 在预测值 $h(x^{(n)}) \neq y^{(n)}$ 时为 1,

$h(x^{(n)}) = y^{(n)}$ 时为 0。$w_t^{(n)}$ 为第 n 个数据点在第 t 个决策树桩搭建时所拥有的权重。

决策树桩 h_t 对应的加权损失为

$$\mathrm{err}_t = \frac{\sum_{n=1}^{N} w_t^{(n)} \amalg \{h_t(x^{(n)}) \neq y^{(n)}\}}{\sum_{n=1}^{N} w_t^{(n)}} \tag{4.60}$$

根据所得损失,不同的决策树桩 h_t 被赋予不同的权重 a_t,权重 a_t 的表达式为

$$a_t = \frac{1}{2} \log\left(\frac{1 - \mathrm{err}_t}{\mathrm{err}_t}\right) \tag{4.61}$$

第 t 个决策树桩的权重 a_t 与其对应损失 err_t 的关系如图 4.46 所示。

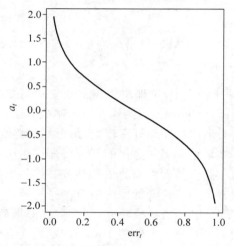

图 4.46　决策树桩对应损失与权重关系函数图

损失为 0.5 时,模型近乎随机预测,因此,权重为 0;损失接近 0 时,模型的预测结果近乎完美,因此,所获权重指数上涨;损失接近 1 时,模型的预测结果几乎完全与真实结果相反,这意味着若将模型预测结果颠倒,则预测将近乎完美,因此,赋予模型绝对值较高的负权重。

下一步,根据决策树桩 h_t 的预测结果和权重调整数据权重 $w_t^{(n)}$,称新权重为 $w_{t+1}^{(n)}$,其表达式为

$$w_{t+1}^{(n)} = w_t^{(n)} \exp(-a_t y^{(n)} h_t(x^{(n)})) \tag{4.62}$$

当预测结果 $h_t(x^{(n)}) = y^{(n)}$ 时,$y^{(n)} h_t(x^{(n)})$ 为正数(注意本节开头对类别取值的假设),$\exp(-a_t y^{(n)} h_t(x^{(n)})) < 1$,$w_{t+1}^{(n)} < w_t^{(n)}$;当预测结果 $h_t(x^{(n)}) \neq y^{(n)}$ 时,$y^{(n)} h_t(x^{(n)})$ 为负数,$\exp(-a_t y^{(n)} h_t(x^{(n)})) > 1$,$w_{t+1}^{(n)} > w_t^{(n)}$。换言之,若第 n 个数据点被第 t 个决策树桩正确预测,其权重将在建立第 $t+1$ 个决策树桩时降低;若第 n 个数据点被第 t 个决策树桩错误预测,其权重将在建立第 $t+1$ 个决策树桩时提高。集成中决策树桩侧重于训练集中不同数据,可以使基分类器之间的独立性增强,从而降低预测误差。

为了降低过拟合的风险,权重 a_t 中可以与一个小于 1 的学习率(Learning rate)l 相乘,得到:

$$a'_t = l \cdot a_t \tag{4.63}$$

使用权重 a'_t 代替 a_t，可以缩小 $\exp(-a_t y^{(n)} h_t(x^{(n)}))$，从而减小 $w_{t+1}^{(n)}$ 和 $w_t^{(n)}$ 之间的差异，即降低数据权重更新的速率。

预测数据点 x 时，假设森林中共有 T 个决策树桩，那么集成对 x 的预测结果为

$$H(x) = \sum_{t=1}^{T} a'_t h_t(x) \tag{4.64}$$

本节将使用 sklearn 中的 AdaboostClassifier，对 4.7 节中的冰激凌销量二分类问题进行预测。重新定义数据集，执行：

```
# Chapter4/Adaboost.ipynb

import pandas as pd

# df 的详细注释参考 4.7 节
df = pd.DataFrame({'Season': ['Spring', 'Spring', 'Spring', 'Spring',
                              'Summer', 'Summer', 'Summer', 'Summer',
                              'Fall', 'Fall', 'Fall', 'Fall',
                              'Winter', 'Winter', 'Winter', 'Winter'],
                   'Yesterday': [15, 12, 9, 7,
                                 23, 43, 29, 35,
                                 9, 7, 8, 12,
                                 1, 8, 3, 2],
                   'Temperature (Celsius)': [22, 20, 18, 18,
                                             25, 33, 29, 32,
                                             15, 14, 15, 17,
                                             -5, 7, 2, 2],
                   'Sold > 10': [True, True, False, True,
                                 True, True, True, True,
                                 False, True, True, False,
                                 False, True, False, False]})

# 将文字类特征转换为数值类
df = pd.get_dummies(df)
```

AdaboostClassifier 中，学习率 l 可以通过参数 learning_rate 设定。一般来讲，较低的学习率会导致迭代间模型的差异较低，需要在集成中使用更多的基分类器以弥补。基分类器的个数由参数 n_estimators 设定，默认数值为 50。参数 base_estimator 可以用来自定义基分类器，默认为决策树桩。在下一个 cell 中，训练一个 AdaboostClassifier，执行：

```
# Chapter4/Adaboost.ipynb

from sklearn.ensemble import AdaboostClassifier

# 由于数据集较小，仅使用 3 个决策树桩
clf = AdaboostClassifier(n_estimators = 3,
                         learning_rate = 0.5,
```

```
                  random_state = 42)
clf.fit(df.drop(columns = ['Sold > 10']), df['Sold > 10'])
```

对训练集进行预测和评估，在下一个 cell 中执行：

```
# Chapter4/Adaboost.ipynb

from sklearn.metrics import accuracy_score

print('Adaboost 训练集预测准确率: ',
      round(accuracy_score(df['Sold > 10'],
      clf.predict(df.drop(columns = ['Sold > 10'])))), 3)  *  100,
      '%')
print('Adaboost 中第 1 个决策树桩的预测准确率: ',
      round(accuracy_score(df['Sold > 10'],
      clf[0].predict(df.drop(columns = ['Sold > 10'])))), 3)  *  100,
      '%')
print('Adaboost 中第 2 个决策树桩的预测准确率: ',
      round(accuracy_score(df['Sold > 10'],
      clf[1].predict(df.drop(columns = ['Sold > 10'])))), 3)  *  100,
      '%')
print('Adaboost 中第 3 个决策树桩的预测准确率: ',
      round(accuracy_score(df['Sold > 10'],
      clf[2].predict(df.drop(columns = ['Sold > 10'])))), 3)  *  100,
      '%')
```

输出如下：

```
Adaboost 训练集预测准确率: 100.0 %
Adaboost 中第 1 个决策树桩的预测准确率: 81.2 %
Adaboost 中第 2 个决策树桩的预测准确率: 75.0 %
Adaboost 中第 3 个决策树桩的预测准确率: 43.8 %
```

由准确率输出可见，集成中任一棵决策树桩的准确率都不高于 82%，甚至 3 个决策树桩中的其中一个准确率低至 43.8%，而集成的准确率却能达到 100%。可视化每个决策树桩，执行：

```
# Chapter4/Adaboost.ipynb

from sklearn import tree
import matplotlib.pyplot as plt

for i in range(3):
    fig = plt.figure(figsize = (25,20))
    plt.subplot(3, 3, i + 1)
    _ = tree.plot_tree(clf[i],
                  feature_names = df.drop(columns = ['Sold > 10']).columns,
                  class_names = ['Sold <= 10', 'Sold > 10'],
                  filled = True)
```

显示结果如图 4.47 所示。

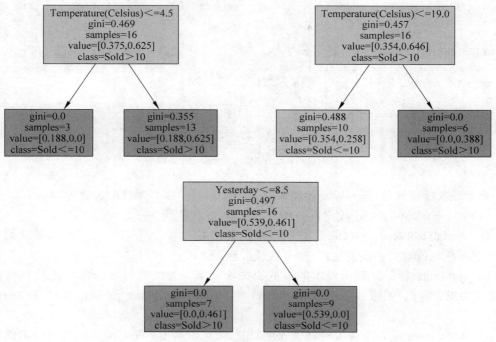

图 4.47 代码输出

从图 4.47 可见,集成内的 3 个决策树桩均对一个特征进行了阈值选择和分割。需要注意的是,本节中的例子仅为示范 Adaboost 模型的调用和可视化分析。由于使用的训练集较小且较为简单,模型所取得的准确率并不说明 Adaboost 在各项二分类预测问题中均能取得如此高的准确率。

4.9.2 XGBoost 和 LightGBM

XGBoost 和 LightGBM 在许多近年来的 Kaggle 竞赛中取得优异的成绩,多次出现在竞赛获第一名的模型中。XGBoost 的全称为 eXtreme Gradient Boosting,LightGBM 的全称为 Light Gradient Boosting Machine。这两个包都建立于梯度推进(gradient boosting)算法上,优化了梯度推进所需的计算力,适用于解决大规模数据分类或回归问题的模型。

梯度推进与 Adaboost 类似,参考前一迭代的弱分类器以搭建当前迭代的弱分类器。不同的是,梯度推进中的弱分类器为较小的决策树,而非决策树桩。二者在不同迭代间对权重的更新算法不同,建立新迭代的弱分类器方法也不同。本节不对梯度推进的理论知识进一步展开,而是着重于讲解如何调用 XGBoost 和 LightBGM 预测波士顿房价。

使用 XGBoost 中的 XGBRegressor 对回归问题进行预测。导入波士顿房价数据集,执行:

```
♯Chapter4/xgboost_lightgbm.ipynb

import xgboost as xgb
```

```
from sklearn.datasets import load_boston
from sklearn.model_selection import train_test_split
import pandas as pd

#读取数据集
boston_dataset = load_boston()
df = pd.DataFrame(boston_dataset['data'])
df.columns = boston_dataset['feature_names']
df['price'] = boston_dataset['target']
df_train, df_val_test = train_test_split(df, test_size = 0.3, random_state = 42)
df_val, df_test = train_test_split(
                df_val_test, test_size = 0.5, random_state = 42)
```

处理好数据格式后,需要设定模型参数。XGBoost中需要调试的参数包含如下。

(1) n_estimators:用于设定基分类器的个数,默认值为 10。

(2) eta(也称 learning_rate):用于设定学习率,接收[0,1]范围内的输入,默认取值为 0.3。学习率越低对应的模型越保守,不易过拟合。

(3) gamma:特征分割所要求的最低损失降低值。若所有特征分割后无法取得高于 gamma 的损失降低,则该节点将不再分割,最终作为叶节点保留。gamma 越高对应的模型越保守。

(4) max_depth:每个决策树最大深度限制,默认值为 6。深度限制越高对应的模型越复杂,更容易呈现过拟合。

(5) scale_pos_weight:某些二分类问题中,正类别与负类别数据点的数量差距较大。例如预测某银行卡转账请求是否存在诈骗风险,训练集中正类别(存在诈骗风险)的比例会比负类别(不存在诈骗风险)大很多。将参数 scale_pos_weight 设定为 $\dfrac{负类别个数}{正类别个数}$ 可以帮助模型处理类不平衡(Class imbalance)的问题。若 scale_pos_weight>1,则模型将在评估损失时赋予正类别更大的权重;若 scale_pos_weight<1,则模型将在评估损失时降低正类别的权重;若 scale_pos_weight=1,则模型将不做权重的调整,默认值为 1。

(6) min_child_weight:子节点最低权重限制。若分割后子节点的数据点权重之和小于 min_child_weight,则模型将放弃该分割。min_child_weight 越大对应的模型越保守。

(7) subsample:每个基分类器所用训练集数据点的样本比例,默认值为 1,即每个基分类器将使用全部训练集数据。略低于 1 的样本比例可以加强基分类器之间的独立性,也可以降低过拟合的风险,但过低的样本比例容易造成欠拟合。

(8) alpha:L1 规范化指数。梯度提升中,同一棵决策树的不同叶节点被赋予不同权重,L1 规范化一定程度上控制了权重的大小。5.5 节将详细讲解 L1 规范化。

(9) lambda:L2 规范化指数。5.5 节将详细讲解 L2 规范化。

(10) objective:设定损失函数,默认值为'reg:squarederror',为回归问题中使用的均方误差。

(11) colsample_bytree:每个决策树所使用特征占比,默认值为 1,即所有决策树使用全部特征训练。不同于随机森林里的 max_features,colsample_bytree 以决策树为单位对特征进行随机抽选,而非以节点为单位。集成中的每棵决策树仅在建立时根据 colsample_

bytree 对特征进行一次随机抽选,未被选中的特征不被该决策树考虑。

根据以上对参数的了解,在模型中输入合理的参数,训练模型并评估预测结果。在下一个 cell 中执行:

```
# Chapter4/xgboost_lightgbm.ipynb

# 训练模型
model = xgb.XGBRegressor(n_estimators = 10,
                         eta = 0.3,
                         gamma = 0.01,
                         max_depth = 6,
                         min_child_weight = 1,
                         subsample = 0.95,
                         colsample_bytree = 0.9,
                         objective = 'reg: squarederror')

model.fit(df_train.drop(columns = ['price']), df_train['price'])

# 对训练集、验证集和测试集进行预测和评估
from sklearn.metrics import mean_squared_error

pred_train = model.predict(df_train.drop(columns = ['price']))
pred_val = model.predict(df_val.drop(columns = ['price']))
pred_test = model.predict(df_test.drop(columns = ['price']))
print('训练集预测所得均方误差: ',
      mean_squared_error(list(df_train['price']), pred_train))
print('验证集预测所得均方误差: ',
      mean_squared_error(list(df_val['price']), pred_val))
print('测试集预测所得均方误差: ',
      mean_squared_error(list(df_test['price']), pred_test))
```

输出如下:

```
训练集预测所得均方误差: 3.5282271629871333
验证集预测所得均方误差: 7.6716301208938615
测试集预测所得均方误差: 13.824106295587079
```

对比简单的神经网络、随机森林和极端随机树,使用 XGBRegressor 所得的三集预测结果均方误差最低,但如 4.8.2 节所述,这并不能说明 XGBRegressor 在这一问题上的预测力高于其他的模型——这一结论需要在一定的参数调试后进行评估。

接下来,使用 LightGBM 进行相似的预测。相比 XGBoost,LightGBM 运算速度更快,所需计算力更小。LightBGM 中许多参数与 XGBoost 起到类似作用,但名字和默认值设定不同。常用需调试的参数如下。

(1) n_estimators:用于设定基分类器的个数,默认值为 100。

(2) learning_rate:用于设定学习率,接收[0,1]范围内的输入,默认值为 0.1。学习率越低对应的模型越保守,不易过拟合。

(3) min_split_gain:特征分割所要求的最低损失降低值。若所有特征分割后无法取得

高于 min_split_gain 的损失降低,则该节点将不再分割,最终作为节点保留。min_split_gain 越高对应的模型越保守。

(4) max_depth:每个决策树最大深度限制,若 max_depth≤0,则决策树无深度限制,默认值为−1。深度限制越高(或无深度限制)对应的模型越复杂,更容易呈现过拟合。

(5) scale_pos_weight:某些二分类问题中,正类别与负类别数据点的数量差距较大。将参数 scale_pos_weight 设定为$\dfrac{负类别个数}{正类别个数}$可以帮助模型处理类不平衡(Class imbalance)的问题。若 scale_pos_weight>1,则模型将在评估损失时赋予正类别更大的权重;若 scale_pos_weight<1,则模型将在评估损失时降低正类别的权重;若 scale_pos_weight=1,则模型将不做权重的调整。

(6) class_weight:在多分类问题中,许多时候不同类别的数据比例不同。将参数 class_weight 设定成一个格式为{类别名称:权重}的 Python 字典,可以为不同类别的数据点设定不同权重。默认值为 None,即所有类别数据点使用相同权重。

(7) min_child_weight:子节点最低权重限制,默认值为 0.001。若分割后子节点的数据点权重之和小于 min_child_weight,则模型将放弃该分割。min_child_weight 越大对应的模型越保守。

(8) min_child_samples:子节点最低数据点限制,默认值为 20。若分割后子节点的数据点个数小于 min_child_samples,则模型将放弃该分割。min_child_weight 越大对应的模型越保守。

(9) subsample(又名 bagging_fraction):装袋比例,即每个基分类器所用训练集数据点的样本比例。默认值为 1,即每个基分类器将使用全部训练集数据。略低于 1 的样本比例可以加强基分类器之间的独立性,也可以降低过拟合的风险,但过低的样本比例容易造成欠拟合。

(10) subsample_freq(又名 bagging_freq):不同于 subsample,subsample_freq 取值范围为不小于 0 的整数,用于设定装袋频率。假设 subsample_freq 为 k,那么模型将每隔 k 棵决策树重新对数据进行装袋。重新装袋前的 k 棵决策树将使用同样的训练集样本子集进行训练。当 subsample_freq 为 0 时,模型不使用装袋算法,默认值为 0。

(11) reg_alpha:L1 规范化指数,默认值为 0。梯度提升中,同一棵决策树的不同叶节点被赋予不同权重,L1 规范化一定程度上控制了权重的大小。5.5 节将详细讲解 L1 规范化。

(12) reg_lambda:L2 规范化指数,默认值为 0。5.5 节将详细讲解 L2 规范化。

(13) objective:设定损失函数。对于一个预测回归问题的模型,默认值为'regression',为回归问题中使用的均方误差。

(14) colsample_bytree:每棵决策树所使用特征占比,默认值为 1,即所有决策树使用全部特征训练。不同于随机森林里的 max_features,colsample_bytree 以决策树为单位对特征进行随机抽选,而非以节点为单位。集成中的每棵决策树仅在建立时根据 colsample_bytree 对特征进行一次随机抽选,未被选中的特征不被该决策树考虑。

根据以上对参数的了解,在模型中输入合理的参数,训练模型并评估预测结果。同时,为了方便对比与 XGBRegressor 训练结果上的差异,类似的参数中使用相同取值。在下一个 cell 中执行：

```
# Chapter4/xgboost_lightgbm.ipynb

from lightgbm import LGBMRegressor

# 与 XGBRegressor 使用相同的参数
# 由于 XGBRegressor 中每棵决策树的建立都会重新采样
# 因此设定 subsample_freq = 1 对应 XGBRegressor 的设定
lgb_model = LGBMRegressor(n_estimators = 10,
                learning_rate = 0.3,
                min_split_gain = 0.01,
                max_depth = 6,
                min_child_weight = 1,
                subsample = 0.95,
                subsample_freq = 1,
                colsample_bytree = 0.9,
                objective = 'regression')

lgb_model.fit(df_train.drop(columns = ['price']), df_train['price'])

pred_train = lgb_model.predict(df_train.drop(columns = ['price']))
pred_val  = lgb_model.predict(df_val.drop(columns = ['price']))
pred_test = lgb_model.predict(df_test.drop(columns = ['price']))
print('训练集预测所得均方误差: ',
    mean_squared_error(list(df_train['price']), pred_train))
print('验证集预测所得均方误差: ',
    mean_squared_error(list(df_val['price']), pred_val))
print('测试集预测所得均方误差: ',
    mean_squared_error(list(df_test['price']), pred_test))
```

输出如下：

```
训练集预测所得均方误差: 7.294673008763861
验证集预测所得均方误差: 8.804365400329715
测试集预测所得均方误差: 19.233321849602913
```

单从这一超参数设定下的模型预测结果来看，XGBRegressor 的效果优于 LGBMRegressor，但由于 XGBoost 和 LightGBM 搭建梯度提升器的方法不同，二者的最优参数也将不同，因此，预测结果上的对比需要在优化超参数后评估。

4.9.3 CatBoost

在商业应用中，许多收集到的特征为离散变量。例如在预测食品销量时，一个可选特征为该视频分类——烘焙食品、饮料类、乳制品等。假设训练集中包含所有食品类别的数据，那么我们需要将类别信息转化为数值特征输入模型。该销售日所处的月份和星期也可能对销量产生影响，这些特征也可以作为类别特征加入训练集。

XGBoost 和 LightGBM 没有对类别信息设定特殊的处理方式,而 CatBoost 正是填补了这一需求。CatBoost 中的 Cat 为 categorical(分类)的简称,boost 为 gradient boosting(梯度提升)的简称。顾名思义,CatBoost 是建立在梯度提升算法上,针对预测分类特征较多数据集的模型。

CatBoost 中两个针对有效运用分类特征的方法如下:

(1)使用特征组合。不同特征之间的组合特征有时可以为模型预测提供有效信息。例如本节开头提到的月份和星期。试想两个数据点,一个处于 12 月、星期日;另一个处于 7 月、星期三。如果不使用特征组合,模型所能从两个数据点的两个特征中理解的信息分别为"月份为 12,在星期的第 7 天"和"月份为 7,在星期的第 3 天",并不能很有效地将两个特征之间的关系联系起来。而使用两个特征组合可以让模型获得"日期为 12 月的一个星期日"和"日期为 7 月的一个星期三"这样的信息,但手动对多个特征组合处理是一项庞大的工程,也会让数据集大小线性上升,加大对计算力的需求。而 CatBoost 可以有效率地自动对特征进行组合,并使用组合特征进行预测。

(2)将分类特征转化为数值时,CatBoost 会对每个数据点设定一个时间值,并根据时间顺序计算类别特征对应的数值。假设数据集中的第 k 个特征为分类特征,数据点 $x^{(p)}$ 对应的真实目标值为 $y^{(p)}$,时间为 p。为使用 $x_k^{(p)}$ 表示 $x^{(p)}$ 点中特征 k 的取值。赋值时使用的公式如式(4.65)所示:

$$赋值 = \frac{\sum_{j=1}^{p-1} \mathrm{II}\left[x_k^{(j)} = x_k^{(p)}\right] y^{(j)} + \mathrm{prior}}{\sum_{j=1}^{p-1} \mathrm{II}\left[x_k^{(j)} = x_k^{(p)}\right] + 1} \tag{4.65}$$

其中,prior(预先)为一个事先设定的常数,用于降低占比较小类别所带来的噪声。当第 j 个数据点的 k 特征分类与 $x_k^{(p)}$ 相等时,$\mathrm{II}\left[x_k^{(j)} = x_k^{(p)}\right] = 1$,反之,$\mathrm{II}\left[x_k^{(j)} = x_k^{(p)}\right] = 0$。分母中的 $\sum_{j=1}^{p-1} \mathrm{II}\left[x_k^{(j)} = x_k^{(p)}\right]$ 用于计算在 $x^{(p)}$ 之前(时间值前于在 $x^{(p)}$),特征 k 分类与 $x^{(p)}$ 相同的数据点个数总和。若预测问题为二分类问题,则分子中的 $\sum_{j=1}^{p-1} \mathrm{II}\left[x_k^{(j)} = x_k^{(p)}\right] y^{(j)}$ 会计算在 $x^{(p)}$ 之前,特征 k 分类与 $x^{(p)}$ 相同且目标取值为 1 的数据点个数总和。这里需要注意的是,计算某数据点所属分类的数据总和并不是新奇做法。传统的分类特征处理方式中,也常常使用类别频率,但其计算频率时常常用到全部的训练数据点,这也就意味着计算时使用到当前数据点的目标取值,这在一定程度上属于目标泄露。由式(4.65)可见,CatBoost 计算类别频率时仅使用"时间"前于当前数据点的数据集进行计算,可以避免目标泄露,从而更好地拉近训练集于测试集的相似度。

除了这两点之外,CatBoost 在执行梯度提升时,还有许多细节选择不同于 XGBoost 和 LightGBM,但从一个实际应用效果的角度来讲,CatBoost 与 XGBoost 和 LightGBM 的不同之处在于其预测分类特征较多的数据集时取得的优异成果。

为了更好地演示 CatBoost 模型的调用,我们选择一个分类特征较多的数据集进行预测。CatBoost 中自带的亚马逊员工访问数据集符合这一要求。2010 年至 2011 年间,亚马逊员工访问公司资料的请求经过人工审核被通过或拒绝。此数据集中包含 2010 年至 2011

年的访问记录和人工审核结果,我们的目的是根据这些历史数据,建立一个自动审核员工访问请求的模型。读取亚马逊客户评价数据集,执行:

```
#Chapter4/CatBoost.ipynb

from catboost import datasets

#数据仅包含分类特征,每个特征都以编码形式记录,特征描述如下:
#ACTION(行动):目标值.取值为1代表该访问请求被通过,0代表该请求被拒绝
#RESROUCE(资源):员工申请访问资源的编码
#MGR_ID:该员工当前经理的编码
#ROLE_ROLLUP_1:员工职位编码,分类1
#ROLE_ROLLUP_2:员工职位编码,分类2
#ROLE_DEPTNAME:员工所处部门编码
#ROLE_TITLE:员工职位名称
#ROLE_FAMILY_DESC:员工职位分类(不同于分类1和分类2)简介
#ROLE_FAMILY:员工职位分类(不同于分类1和分类2)编码
#ROLE_CODE:员工职位编码
historical_df, _ = datasets.amazon()
print('历史数据集大小: ',historical_df.shape)
display(historical_df.head())
```

输出如以下字符串及图4.48所示。

历史数据集大小: (32769, 10)

	ACTION	RESOURCE	MGR_ID	ROLE_ROLLUP_1	ROLE_ROLLUP_2	ROLE_DEPTNAME	ROLE_TITLE	ROLE_FAMILY_DESC	ROLE_FAMILY	ROLE_CODE
0	1	39353	85475	117961	118300	123472	117905	117906	290919	117908
1	1	17183	1540	117961	118343	123125	118536	118536	308574	118539
2	1	36724	14457	118219	118220	117884	117879	267952	19721	117880
3	1	36135	5396	117961	118343	119993	118321	240983	290919	118322
4	1	42680	5905	117929	117930	119569	119323	123932	19793	119325

图4.48 代码输出

数据集中的每个特征都以编码形式储存,这也意味着,特征中的数字并没有明确的意义,只是起到分类的效果,是适合使用 CatBoost 模型的数据。CatBoost 中常需调试的参数及其默认值如下。

(1) iterations(迭代数,又名 n_estimators/num_boost_round/num_trees):用于设定基分类器的个数,默认值为 1000。

(2) use_best_model:是否使用最优模型,若模型训练时输入验证集,默认值为 True(是)。提升算法使用序列的方式建立组成集成的基分类器,基分类器过多,模型容易过拟合;基分类器过少,模型容易欠拟合。若 use_best_model 为 True,模型将使用前 k 个基分类器组成最终用于预测的集成。模型将使用不同的 k 对验证集进行预测和评估,并选择对应最优验证集预测结果的 k 值。这也是 iterations 默认值较高的原因——CatBoost 先训练多个迭代的基分类器,而后选择前 k 个作为最终模型。

(3) loss_function(损失函数,又名 objective):设定损失函数。若模型为

CatBoostClassifier,且问题为二分类问题,则 loss_function 默认设定为 Logloss;若模型为 CatBoostClassifier,且问题为多分类问题,则 loss_function 默认设定为 MultiClass。Logloss 和 MultiClass 本质皆为交叉熵损失函数。若模型为 CatboostRegressor,则默认值为 RMSE,为均方根误差,也就是均方误差的二次根。

（4）learning_rate(学习率,又名 eta):用于设定学习率,接收[0, 1]范围内的输入。当 loss_function 为 Logloss、MultiClass 或 RMSE 时,learning_rate 默认取值根据 iterations 自动设定。其他情况下,learning_rate 的默认值为 0.03。学习率越低对应的模型越保守,不易过拟合。

（5）depth(深度,又名 max_depth):每棵决策树最大深度限制,默认值为 6。深度限制越高对应的模型越复杂,更容易呈现过拟合。

（6）scale_pos_weight:在某些二分类问题中,正类别与负类别数据点的数量差距较大。将参数 scale_pos_weight 设定为 $\frac{负类别个数}{正类别个数}$ 可以帮助模型处理类不平衡(Class imbalance)的问题。若 scale_pos_weight>1,则模型将在评估损失时赋予正类别更大的权重;若 scale_pos_weight<1,则模型将在评估损失时降低正类别的权重;若 scale_pos_weight=1,则模型将不做权重的调整,默认值为 1。

（7）class_weight(类别权重):在多分类问题中,许多时候不同类别的数据比例不同。将参数 class_weight 设定成一个格式为{类别名称:权重}的 Python 字典,可以为不同类别的数据点设定不同权重。默认值为 None,即所有类别数据点使用相同权重。

（8）feature_weights(特征权重):设定不同特征的权重,默认所有特征权重皆为 1。4.7 节讲解决策树时提到,决策树在节点分割时,可以根据不同的指标判定何为最优分割。4.7 节中提到的指标包括信息增益和基尼不纯度。CatBoost 中使用到不同的指标,这里统称为分割分数。特征分割时,每个候选特征所对应的分割分数将与其权重相乘。

（9）min_data_in_leaf(又名 min_child_samples):子节点最低数据点限制,默认值为 1。若分割后子节点的数据点个数小于 min_data_in_leaf,模型将放弃该分割。min_data_in_leaf 越大对应的模型越保守。

（10）bootstrap_type:采样方法,决定了模型提取样本时采用的随机变量分布。默认值根据模型其他设定决定。

（11）subsample:装袋比例,即每个基分类器所用训练集数据点的样本比例。默认值取决于训练集数据点个数和 bootstrap_type。略低于 1 的样本比例可以加强基分类器之间的独立性,也可以降低过拟合的风险,但过低的样本比例容易造成欠拟合。

（12）sampling_frequency:用于设定装袋频率,取值可以为 PerTree 或 PerTreeLevel,默认值为 PerTreeLevel。当 sampling_frequency 取值为 PerTree 时,每次建立新的决策树时会进行重新采样;当 sampling_frequency 取值为 PerTreeLevel 时,每棵决策树中的每次特征分割都会进行重新采样。

（13）l2_leaf_ref(又名 reg_lambda):L2 规范化指数,默认值为 3.0。5.5 节将详细讲解 L2 规范化。

（14）rsm(又名 colsample_bylevel):每次特征分割所使用的特征占比,默认值为 None,即所有节点的特征分割使用全部特征训练。每次特征分割将根据 rsm 对特征进行一次随机抽选,未被选中的特征不被该次分割考虑。

(15) has_time:数据集内是否包含时间值,默认值为 False。本节开头提到,"CatBoost 会对每个数据点设定一个时间值"。若数据集内本身包含时间值,则 CatBoost 将直接使用该时间值。

根据以上对参数的了解,在模型中输入合理的参数,使用亚马逊员工访问数据集训练模型。在下一个 cell 中执行:

```
# Chapter4/CatBoost.ipynb

from sklearn.model_selection import train_test_split
from catboost import CatBoostClassifier

# historical_df 为所有历史数据集
# 将历史数据分割为训练集、验证集和测试集
df_train, df_val_test = train_test_split(historical_df, test_size = 0.3,
                                          random_state = 42)
df_val, df_test = train_test_split(
              df_val_test, test_size = 0.5, random_state = 42)

clf = CatBoostClassifier(iterations = 1000,
                         learning_rate = 0.03,
                         max_depth = 6,
                         min_data_in_leaf = 1,
                         subsample = 0.95,
                         sampling_frequency = 'PerTree',
                         colsample_bylevel = 0.9,
                         objective = 'Logloss',
                         verbose = 200, # 每 200 迭代输出一次预测结果
                         random_seed = 42)
```

使用最基础的训练、预测和评估,不使用验证集或验证集对应的最优前 k 基分类器,模型将完整地使用 1000 个基分类器。在下一个 cell 中执行:

```
# Chapter4/CatBoost.ipynb

from sklearn.metrics import log_loss

# 在 cat_feature 参数中输入属于分类数据的特征,CatBoost 将会对其进行分类特征处理
clf.fit(df_train.drop(columns = ['ACTION']),
        df_train['ACTION'],
        cat_features = df_train.drop(columns = ['ACTION']).columns)

# 分别对三集进行预测
# 计算 log loss 需要使用模型预测目标为 1 的概率,因此执行 predict_proba
pred_train = clf.predict_proba(df_train.drop(columns = ['ACTION']))[:, 1]
pred_val = clf.predict_proba(df_val.drop(columns = ['ACTION']))[:, 1]
pred_test = clf.predict_proba(df_test.drop(columns = ['ACTION']))[:, 1]
```

```
print('训练集预测所得 Logloss: ',
    log_loss(list(df_train['ACTION']), pred_train))
print('验证集预测所得 Logloss: ',
    log_loss(list(df_val['ACTION']), pred_val))
print('测试集预测所得 Logloss: ',
    log_loss(list(df_test['ACTION']), pred_test))
```

输出如下：

```
0: learn: 0.6576893total: 28.7ms.remaining: 28.6s
200: learn: 0.1586668total: 11.9s.remaining: 47.4s
400: learn: 0.1499375total: 25.6s.remaining: 38.2s
600: learn: 0.1427537total: 39.5s.remaining: 26.2s
800: learn: 0.1370891total: 52.1s.remaining: 12.9s
999: learn: 0.1321346total: 1m 5s.remaining: 0us
训练集预测所得 Logloss: 0.04786144494757361
验证集预测所得 Logloss: 0.13404229409489454
测试集预测所得 Logloss: 0.13609969251817194
```

模型训练时会每隔 n 个迭代打印一次当前集成预测表现，n 的值由参数 verbose 决定，这个例子中设定为 200，意味着模型每建立 200 个基分类器后打印一次当前预测结果，并在所有迭代完成后打印一次预测结果。输出的第 1 列为迭代数，第 2 列 learn 为该迭代训练集的 Logloss，第 3 列 total 为已经花费的运算时间，第 4 列 remaining 为预计剩余运算时间。这里解释一个细节，第 999 迭代时，learn 对应数值为 0.1321346，但最终对 df_train 进行预测评估所得的 Logloss 为 0.04786144494757361，明显低于 0.1321346。这与本节开头提到的"CatBoost 会对每个数据点设定一个时间值，并根据时间顺序计算类别特征对应的数值"有关。训练时，每个数据点仅能获得时间前于它的数据信息。而训练结束后，每个数据点可以根据完整的训练集数据进行特征映射，因此，一个优于训练时的 Logloss 是合理的。

接下来，尝试使用验证集和前 k 个最优基分类器，在下一个 cell 中执行：

```
# Chapter4/CatBoost.ipynb

# 在 eval_set 中输入验证集的特征和真实目标值，并设定 use_best_model 为 True
clf.fit(df_train.drop(columns = ['ACTION']),
    df_train['ACTION'],
    eval_set = (df_val.drop(columns = ['ACTION']),
            df_val['ACTION']),
    cat_features = df_train.drop(columns = ['ACTION']).columns,
    use_best_model = True)

# 分别对三集进行预测
# 计算 log loss 需要使用模型预测目标为 1 的概率,因此执行 predict_proba
pred_train = clf.predict_proba(df_train.drop(columns = ['ACTION']))[:, 1]
pred_val = clf.predict_proba(df_val.drop(columns = ['ACTION']))[:, 1]
pred_test = clf.predict_proba(df_test.drop(columns = ['ACTION']))[:, 1]
```

```
print('训练集预测所得 Logloss: ',
    log_loss(list(df_train['ACTION']), pred_train))
print('验证集预测所得 Logloss: ',
    log_loss(list(df_val['ACTION']), pred_val))
print('测试集预测所得 Logloss: ',
    log_loss(list(df_test['ACTION']), pred_test))
```

输出如下:

```
0:   learn: 0.6576893   test: 0.6574552   best: 0.6574552 (0)    total: 21.7   msremaining: 21.7s
200: learn: 0.1586668   test: 0.1395967   best: 0.1395967 (200)  total: 5.37   sremaining: 21.3s
400: learn: 0.1499375   test: 0.1363250   best: 0.1363230 (399)  total: 11.5   sremaining: 17.1s
600: learn: 0.1427537   test: 0.1348683   best: 0.1348662 (599)  total: 17.3   sremaining: 11.5s
800: learn: 0.1370891   test: 0.1342587   best: 0.1341966 (791)  total: 24.3   sremaining: 6.04s
999: learn: 0.1321346   test: 0.1340423   best: 0.1339812 (980)  total: 31.6   sremaining: 0us

bestTest = 0.1339811573
bestIteration = 980

Shrink model to first 981 iterations.
训练集预测所得 Logloss: 0.047765402451157624
验证集预测所得 Logloss: 0.13398115734668126
测试集预测所得 Logloss: 0.13600326151269534
```

输出的第 1 列为迭代数,第 2 列 learn 为该迭代训练集的 Logloss,第 3 列 test 为该迭代验证集的 Logloss,第 4 列 best 为最优前 k 迭代所对应的验证集 Logloss,括号内为 $k-1$ 数值,第 5 列 total 为已经花费的运算时间,第 6 列 remaining 为预计剩余运算时间。训练完成后,模型将输出验证集取得过的最优 Logloss(bestTest)和最优 Logloss 所对应的迭代数(bestIteration)。Shrink model to first 981 iterations 表示模型最终采取前 980 迭代,也就是前 981 个基分类器,组成最终集成。

CatBoost 支持实时可视化训练结果,但使用这一功能前需要安装 ipywidgets。进入 test 环境,在命令行执行:

```
conda activate test
```

进入 Anaconda 官网中的 ipywidgets 下载子域 https://anaconda.org/anaconda/ipywidgets,根据指示在命令行执行:

```
conda install -c anaconda ipywidgets
```

在提示:

```
Proceed?([y]/n)?
```

时输入 y 即可安装。在下一个 cell 中执行:

```
#设定plot为True
clf.fit(df_train.drop(columns = ['ACTION']),
        df_train['ACTION'],
        eval_set = (df_val.drop(columns = ['ACTION']),
                    df_val['ACTION']),
        cat_features = df_train.drop(columns = ['ACTION']).columns,
        use_best_model = True,
        plot = True)
```

输出中将出现一个根据训练迭代实时更新的动画。多数情况下,第一次安装ipywidgets后需要刷新Notebook界面,方能使动画正常显示。动画中实线表示训练集Logloss根据迭代数增加的变化,虚线表示验证集Logloss根据迭代数增加的变化。将鼠标滑至对应迭代所在位置,可以显示出该迭代对应的训练集和验证集Logloss,如图4.49所示。

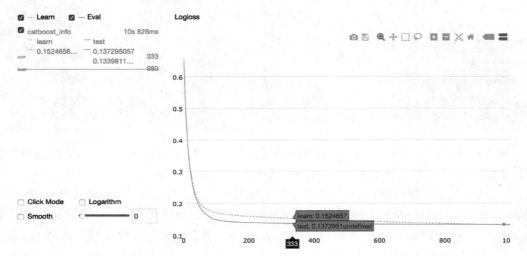

图4.49 CatBoost设定plot＝True显示的实时动画截图

动画左侧的复选框可以用于调试显示内容或格式。Learn和Eval分别控制图表中是否显示训练集和验证集Logloss趋势。选中Logarithm(对数)框,图表将计算并显示Logloss的对数。使用鼠标拖动选择框,可以放大某一区域。这里选择放大接近最优迭代的区域,如图4.50所示。

单击右上角工具栏中的autoscale(自动规模),可以回到默认设定的图像规模,如图4.51所示。

结合图4.49和4.51可以发现,验证集的Logloss在最初迭代中低于训练集的Logloss,这可能出自不同数据点中本身存在的差异,而模型恰好能更好地预测验证集,但随着迭代数的增加,过拟合的风险增加,验证集的Logloss逐渐与训练集的Logloss交汇,而后高于训练集的Logloss。图4.51显示的最后几十迭代中,验证集Logloss的趋势线完全位于训练集Logloss的趋势线之上。另外,由图4.51可见,虽然验证集最优Logloss对应第980迭代,980迭代后的Logloss并没有大幅提升,这也意味着1000迭代前的过拟合并不严重。

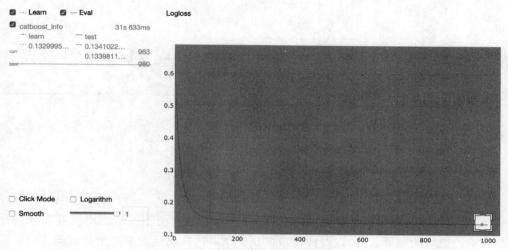

图 4.50 选中并放大接近最优迭代的区域

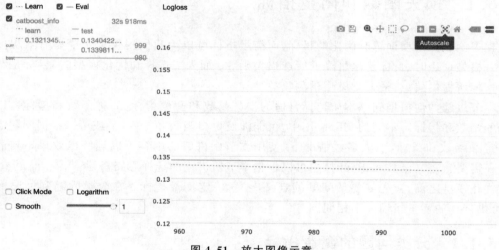

图 4.51 放大图像示意

## 第 5 章

模 型 优 化

第 4 章讲解了不同结构的模型,并概述了其适用的问题类型。本章将讲解如何优化模型,使其接近最优的预测效果,以及如何根据预测结果选择更适用于某个特定问题的模型。

5.1 损失函数和衡量指标

损失函数是模型训练时优化的目标,而衡量指标可以为我们提供关于模型有效程度的信息。模型训练时,目标是尽量降低所选损失函数;而人工选择和优化模型时,目标是结合衡量指标所提供信息,最大化模型预测收益。

本节讲解如何根据问题本质选择合适的损失函数和衡量指标(简称函数和指标),以及常用的函数和指标。不同的实际应用中,可能涉及更多函数和指标,又或可以根据问题需求自己定义函数和指标,但大多数情况下,使用本节中讲解的内容可以训练出效果不错的模型。在需要自定义函数和指标时,也可以根据本节所讲述的选择思路搭建。

优化模型之前,首先需要从问题的定义出发,确定衡量指标。在分类问题和回归问题中,可供选择的衡量指标亦不相同。

5.1.1 分类问题的衡量指标

第 4 章使用"准确率"一词泛指衡量指标。分类问题中,准确率(accuracy)的定义为

$$准确率 = \frac{预测值等于真实取值的数据个数}{所有预测数据个数} \tag{5.1}$$

这一衡量指标适用于许多分类问题,直观地展示模型预测正确的概率,但准确率这一指标并不适用于所有分类问题。

从简单的二分类问题出发,举一个直观的例子——类别不平衡问题。若问题中负类别占总样本数的 95%,正类别仅占 5%,一个朴素的、将所有输入皆预测为 0 的模型就可以取得高达 95% 的准确率,而这样的模型显然不能满足我们的分类需求。这时,想象一个训练有效的模型,当输入真实目标取值为正类别数据时,其预测准确率达到 90%;当输入真实目标取值为负类别数据时,其预测准确率同样达到 90%。这个模型整体的准确率将为 90%,低于朴素模型 95% 的准确率。在这种情况下,对比准确率的高低无法直接衡量模型的好坏。

若类别相对平衡,准确率是否能成为万能的衡量指标呢?答案是否定的。假设数据集中包含某疾病患者初次就诊时的身体状况,以及其是否在3年内再次因该疾病就诊,且3年内复发的占比为50%。我们想要根据该历史数据预测未来初次就诊的患者的病症是否会在3年内复发,并增加对可能复发疾病患者的身体情况跟进。假设两个预测模型的整体准确率皆达到85%,分别称二者为模型A和模型B。当输入真实目标取值为正类别(患者疾病会复发)数据时,模型A的预测准确率为95%,模型B的预测准确率为75%;当输入真实目标取值为负类别数据时,模型A的预测准确率为75%,模型B的预测准确率为95%。那么当模型A预测错误时,多数情况是将病情不会复发的患者预测为病情会复发,增加了健康跟进;当模型B预测错误时,多数情况是将病情会复发的患者预测为病情不会复发,省略了必要的健康跟进。然而,我们无法从准确率的高低中获取这一重要差异。

从模型A和模型B的对比中可以看出,设定衡量指标时,应该从预测后果的角度出发,例如“预测正确所能带来的收益”和“预测错误将承担的风险”,寻找可以为该后果提供有效度量的指标。这并不说明准确率这一指标完全无用,准确率在一定程度上还是可以说明模型整体的有效程度,但在更多衡量指标的结合评估下,我们可以更全面地了解模型的预测能力。

首先介绍4个二分类问题中常用于辅助准确率的衡量指标:精度(precision)、召回率(recall)、F1值和特效率(specificity)。回顾2.1.3节中介绍的混合矩阵,其各数值含义如表5.1所示。

表 5.1　混合矩阵中各数值含义

真实数值	预测数值为0	预测数值为1
0	真阴性数量	假阳性数量
1	假阴性数量	真阳性数量

精度的公式定义为

$$精度 = \frac{真阳性数量}{真阳性数量 + 假阳性数量} = \frac{真阳性数量}{预测数值为1的总个数} \tag{5.2}$$

在混合矩阵中,精度为右下角数值于右列数值之和的占比。当预测问题中真阳性所带收益较大,而假阳性所带损失也较严重时,可以参考精度,衡量利弊。例如在一个视频推荐算法中,预测用户是否喜欢某个视频。真阳性的收益在于吸引该用户继续使用平台,而过多的假阳性可能会导致用户放弃使用该平台,因此,预测这一问题的模型应该达到较高的精度。

召回率也称敏感度(sensitivity),其公式定义为

$$召回率 = \frac{真阳性数量}{真阳性数量 + 假阴性数量} = \frac{真阳性数量}{真实数值为1的总个数} \tag{5.3}$$

在混合矩阵中,召回率为右下角数值于下行数值之和的占比。当预测问题中假阴性的损失较严重时,可以参考召回,判断该损失是否在可接受范围内,以此判断模型能否被实际应用。例如在预测病人是否会疾病复发的例子中,将一个真阳性患者错误预测成阴性可能会省略必要的健康跟进,而将一个真阴性患者错误预测成阳性会增加不必要的健康跟进。相比两种类别预测错误的后果,也许我们希望尽可能提高召回率。

有些情况下,单纯使用精度或召回率还不足以说明模型的效益。在介绍精度时举的例

子中,也许视频数据库中存储了上万个视频,因此我们并不在意模型拥有较低的召回率,但同时我们也不希望召回率过低,导致模型仅能为用户推荐寥寥无几的视频。在介绍召回率时举的例子中,也许我们并不在意稍微花费人力,去跟进一部分病情不会复发的患者的健康情况,但我们也不需要一个永远将预测为 1 的模型,尽管其召回率将达到 100%。F1 衡量指标结合了对高精度和高召回率的需求,其公式定义为

$$F1 = \frac{2 \times 精度 \times 召回率}{精度 + 召回率} \tag{5.4}$$

当精度和召回率皆为最高值 1.0 时,F1 亦为最高值,$F1 = \frac{2.0}{2.0} = 1.0$;当精度或召回率中的一者为 0 时,不论另一者为何取值,式(5.4)的分子皆为 0,F1 皆为最低值 0。F1 仅在精度和召回率皆偏高时达到较高值,若其中一者偏低,对应的 F1 取值也将较低,因此,使用 F1 衡量指标可以有效结合对高精度和高召回率的需求。

特效率的公式定义为

$$特效率 = \frac{真阴性数量}{真阴性数量 + 假阳性数量} = \frac{真阴性数量}{真实数值为 0 的总个数} \tag{5.5}$$

在混合矩阵中,特效率为左上角数值于上行数值之和的占比。类似于召回率,当预测问题中假阳性的损失较严重时,可以参考特效率,判断该损失是否在可接受范围内,以此判断模型能否被实际应用。

模型的有效性也可以根据绘图的方式分析。常用的接受者操作特征曲线(receiver operating characteristic curve),也称 ROC 曲线,其横坐标为假阳率(false positive rate,FPR),表达式为

$$假阳率 = \frac{假阳性数量}{真阴性数量 + 假阳性数量} = \frac{假阳性数量}{真实数值为 0 的总个数} \tag{5.6}$$

纵坐标为真阳率(True Positive Rate,TPR),表达式为

$$真阳率 = \frac{真阳性数量}{假阴性数量 + 真阳性数量} = \frac{真阳性数量}{真实数值为 1 的总个数} \tag{5.7}$$

曲线图如图 5.1 所示。

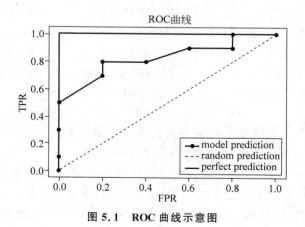

图 5.1　ROC 曲线示意图

图 5.1 中包含 3 种模型的 ROC 曲线。其中,虚线为一个预测完全随机的模型,对应一

条穿过原点的直线；不带任何圆形节点的实线为一个预测完全准确的模型，对应一个从原点竖直上升，而后平行于横轴向右的曲线；带有圆形节点的实线为大多数现实中可能遇到的模型，位于前两种线条之间。

预测二分类问题的模型输出为该数据点为 0 或 1 的概率，而后使用一个阈值，将概率转换为一个或 0 或 1 的预测值。多数情况下，默认的阈值为 0 和 1 的平均值 0.5，但这一阈值可以根据问题的需要调整。ROC 曲线中每个点对应的是使用不同阈值所取得的假阳率和真阳率。由图 5.1 中的 3 个模型曲线对比可以看出，预测能力更强的模型对应的曲线下面积越大，而 ROC 曲线下方面积的大小也确实是一种衡量模型预测能力的指标，简称 AUC（area under curve）。不同模型对应的 ROC 无法使用计算机直接对比，需要人为观察，但 AUC 作为一个标量数值，有直观的高低之分。从某种角度看，AUC 是一个概述 ROC 曲线的数值。由于 ROC 曲线使用不同阈值绘制，AUC 这一衡量指标将不受阈值的影响。

使用 sklearn 的 metrics.roc_curve 函数绘制 ROC 曲线时，需输入目标真实取值和模型所预测的数据点为正类别的概率。执行：

```
#Chapter5/classification_metrics.ipynb

import numpy as np
import matplotlib.pyplot as plt
from sklearn import metrics

#目标值
y = np.array([0, 0, 0, 0, 0, 0, 0, 0, 0, 0,
              1, 1, 1, 1, 1, 1, 1, 1, 1, 1])
#模型预测每个点为阳性的概率
model_pred_probabilities = np.array([0.01, 0.3, 0.6, 0.4, 0.45,
                                     0.03, 0.2, 0.55, 0.3, 0.24,
                                     0.9, 0.75, 0.3, 0.51, 0.6,
                                     0.7, 0.55, 0.1, 0.9, 1.0])
#一个毫无预测能力的模型预测的概率——全部为 50%
random_pred = np.array([0.5] * 20)
#一个完全预测正确的模型
perfect_pred = np.array([0.0] * 10 + [1.0] * 10)

fpr_model, tpr_model, thresholds_model = \
        metrics.roc_curve(y, model_pred_probabilities, pos_label = 1)
fpr_rand, tpr_rand, thresholds_rand = \
        metrics.roc_curve(y, random_pred, pos_label = 1)
fpr_perfect, tpr_perfect, thresholds_perfect = \
        metrics.roc_curve(y, perfect_pred, pos_label = 1)

#绘制 ROC 曲线
plt.plot(fpr_model, tpr_model, marker = 'o', label = 'model prediction')
plt.plot(fpr_rand, tpr_rand, linestyle = ': ', label = 'random prediction')
plt.plot(fpr_perfect, tpr_perfect, label = 'perfect prediction')
plt.xlabel('FPR')
plt.ylabel('TPR')
```

```
plt.title('ROC curve')
plt.legend()
plt.show()
```

输出为图 5.1 所示的 3 条 ROC 曲线。metrics.roc_curve 函数包含 3 项输出，其中第 3 项为 ROC 曲线中使用的所有阈值，第 1 项为该模型使用不同阈值所对应的 FPR，第 2 项为该模型使用不同阈值所对应的 TPR。使用 FPR 和 TPR，我们可以进一步使用 sklearn 中的 metrics.auc 函数计算 AUC，在下一个 cell 中执行：

```
# 在 metrics.auc 函数中的第 1 项输入不同阈值对应的 FPR
# 第 2 项输入不同阈值对应的 TPR
print('完全随机模型的 AUC: ', metrics.auc(fpr_rand, tpr_rand))
print('贴近现实模型的 AUC: ', metrics.auc(fpr_model, tpr_model))
print('完美模型的 AUC: ', metrics.auc(fpr_perfect, tpr_perfect))
```

输出结果如下：

```
完全随机模型的 AUC: 0.5
贴近现实模型的 AUC: 0.8300000000000001
完美模型的 AUC: 1.0
```

由此可见，AUC 取值范围为 $[0.5, 1]$，整体预测能力越强的模型对应越高的 AUC。这里提一个技术细节：由于数据点数量有限，使用的阈值数也有限，最终的 ROC 曲线其实是由几个确定的点和连接点的直线构成的。曲线中真正确定的点数量有限，而算法假设确定点之间的 ROC 曲线可以由直线估算。AUC 的计算也基于这一估算之上。

与 ROC 类似的曲线还有精度召回率曲线（precision recall curve），又称 PR 曲线。PR 曲线同样使用不同的阈值，计算模型在该阈值下的精度和召回率，并以召回率作为横轴，精度作为纵轴进行绘制。使用 sklearn 中的 metrics.precision_recall_curve 函数可以进行绘制，其使用方法与 metrics.roc_curve 函数类似，在下一个 cell 中执行：

```
# Chapter5/ classification_metrics.ipynb

from sklearn.metrics import precision_recall_curve
precision_model, recall_model, thresholds_model = \
        metrics.precision_recall_curve(y, model_pred_probabilities, pos_label = 1)
precision_rand, recall_rand, thresholds_rand = \
        metrics.precision_recall_curve(y, random_pred, pos_label = 1)
precision_perfect, recall_perfect, thresholds_perfect = \
        metrics.precision_recall_curve(y, perfect_pred, pos_label = 1)

# 绘制 PR 曲线
plt.plot(recall_model, precision_model, marker = 'o', label = 'model prediction')
plt.plot(recall_rand, precision_rand, linestyle = ': ', label = 'random prediction')
plt.plot(recall_perfect, precision_perfect, label = 'perfect prediction')
plt.xlabel('Recall')
```

```
plt.ylabel('precision')
plt.title('precision recall curve')
plt.legend()
plt.show()
```

显示结果如图 5.2 所示。

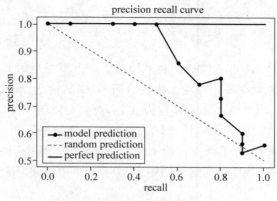

图 5.2 代码输出

其中,虚线为一个预测完全随机的模型,对应一条穿过点$(0,1)$的直线;不带任何圆形节点的实线为一个预测完全准确的模型,对应一个平行于横轴向右,纵轴值为 1 的直线;带有圆形节点的实线为大多数现实中可能遇到的模型,多数情况下位于前两种线条之间,但也有可能偶尔低于随机模型所对应的直线。同样,预测能力更强的模型对应的曲线下面积越大。PR 曲线下的面积名为 AUPRC(area under precision recall curve)。正如 AUC 概述了ROC 曲线,可以将 AUPRC 看作一个概述 PR 曲线的标量数值。在 AUC 的计算中,sklearn做出了点与点之间为直线连接的估算,而 sklearn 的文档中表明,直线连接这一估算放在AUPRC 的计算中会导致过于乐观的数值结果,因此,sklearn 不对 AUPRC 进行直接计算,而是使用平均精度(average precision)这一标量数值概述 PR 曲线。平均精度的计算公式为

$$平均精度 = \sum_n (R_n - R_{n-1}) P_n \tag{5.8}$$

其中,R_n 为第 n 个阈值所对应的召回率,P_n 为第 n 个阈值所对应的精度。本质上,平均精度是一个以召回率作为权重值的精度加权和。

使用 sklearn 中的 metrics.average_precision_score 可以计算平均精度,在下一个 cell中执行:

```
# Chapter5/m classification_etrics.ipynb

# 在 metrics.average_precision_score 函数中的第 1 项输入目标真实取值
# 第 2 项输入模型预测该数据点为正类的概率
print('完全随机模型的平均精度: ',
        metrics.average_precision_score(y, random_pred))
print('贴近现实模型的平均精度: ',
```

```
        metrics.average_precision_score(y, model_pred_probabilities))
print('完美模型的平均精度: ',
        metrics.average_precision_score(y, perfect_pred))
```

输出如下：

```
完全随机模型的平均精度: 0.5
贴近现实模型的平均精度: 0.859047619047619
完美模型的平均精度: 1.0
```

需要提醒的是，尽管 AUC、AUPRC 和平均精度皆为不根据阈值变化的衡量指标，但在某些应用中，也许我们愿意在一定程度上牺牲召回率，提高精度，或反之。举个例子，某重于精度提高的二分类中，模型 A 的平均精度为 0.75，而同一问题中模型 B 的平均精度为 0.7。也许我们愿意在保证精度高于 0.9 时，允许召回率降至任何不低于 0.5 的数值。单纯从模型 A 和 B 的平均精度来看，并不能直接说明是否存在能使该模型同时满足精度高于 0.9 且召回率不低于 0.5 这两个条件。在这种问题中，分别分析精度和召回率比分析平均精度更为合适。

5.1.2　回归问题的衡量指标

回归问题中的目标为连续变量，因此，一个常用的衡量指标是预测值与目标值之间的均方差，也是第 4 章所用过的 MSE，其计算公式为

$$\text{MSE} = \frac{1}{N} \sum_{i=1}^{N} (y_i - f(x_i))^2 \tag{5.9}$$

其中，y_i 为第 i 个数据点的真实目标取值，$f(x_i)$ 为模型针对第 i 个数据点的预测值，N 为预测数据点总数。

另一个计算预测值与目标值之间距离的衡量指标是绝对平均误差（mean absolute error，MAE），其计算公式为

$$\text{MAE} = \frac{1}{N} \sum_{i=1}^{N} | y_i - f(x_i) | \tag{5.10}$$

相比 MAE，使用 MSE 会更大程度地惩罚较大的误差，较大的误差进行平方处理后会更为显著。举个例子，假设 $N=2$，考虑两种模型预测结果：若使用模型 A，$y_1 - f_A(x_1) = 0.5$，$y_2 - f_A(x_2) = -8.5$；若使用模型 B，$y_1 - f_B(x_1) = 4.5$，$y_2 - f_B(x_2) = -5.5$，那么

$$\text{MSE}_A = \frac{1}{2}(0.5^2 + (-8.5)^2) = 36.25 \tag{5.11}$$

$$\text{MAE}_A = \frac{1}{2}(|0.5| + |-8.5|) = 4.5 \tag{5.12}$$

$$\text{MSE}_B = \frac{1}{2}(4.5^2 + (-5.5)^2) = 25.25 \tag{5.13}$$

$$\text{MAE}_B = \frac{1}{2}(|4.5| + |-5.5|) = 5 \tag{5.14}$$

如果使用 MAE 作为衡量指标，那么模型 A 是相比 MAE 更小的模型，为更优选择；如果使

用 MSE 作为衡量指标,那么模型 B 是相比 MAE 更小的模型,为更优选择。MSE 和 MAE 之间的选择取决于我们是否愿意接受某些数据点误差较大,从而相应地在某些数据点的预测上取得非常小的误差。如果答案是肯定的,那么应选择 MAE 作为衡量指标,反之则选择 MSE 作为衡量指标。另外,当数据中存在明显的离群值(outlier)时,MAE 相较 MSE 更加稳健,不易因离群值的存在而飞速上升。

实践中常使用 MSE 的一种变形式——均方根误差(root mean squared error,RMSE)。其表达式为

$$RMSE = \sqrt{\frac{1}{N}\sum_{i=1}^{N}(y_i - f(x_i))^2} \tag{5.15}$$

式(5.15)在 MSE 的基础上简单地开了一个二次根号,这样可以保证误差和预测目标的单位相同,即与 MSE 本质效果相同。

MSE、MAE 和 RMSE 中存在一个共同点,3 个指标均不在乎预测值与目标之间的大小关系。不论 $y_i - f(x_i)$ 是正数或负数并不影响以上 3 种指标的数值,但在某些应用中,也许欠预测($y_i > f(x_i)$)所带来的实际损失大于过预测($y_i < f(x_i)$)。这类情况可以使用均方根对数误差(Root Mean Squared Log Error,RMSLE),其表达式为

$$RMSLE = \sqrt{\frac{1}{N}\sum_{i=1}^{N}(\log(y_i + 1) - \log(f(x_i) + 1))^2} \tag{5.16}$$

举个例子展示 RMSLE 和 RMSE 在面对欠预测和过预测时的差异:假设 $N = 1$,$y_1 = 100$,使用模型 C 的预测结果为 $f_C(x_1) = 75$,使用模型 D 的预测结果为 $f_D(x_1) = 125$,那么

$$RMSE_C = \sqrt{25^2} = 25 \tag{5.17}$$

$$RMSLE_C = \sqrt{(\log(100 + 1) - \log(75 + 1))^2} = 0.284 \tag{5.18}$$

$$RMSE_D = \sqrt{25^2} = 25 \tag{5.19}$$

$$RMSLE_D = \sqrt{(\log(100 + 1) - \log(125 + 1))^2} = 0.221 \tag{5.20}$$

两个模型所得 RMSE 完全相等,但由于模型 C 对 x_1 的预测为欠预测,而模型 D 为过预测,因此模型 D 所得 RMSLE 较低。

MSE、MAE、RMSE 和 RMSLE 可以用来对比不同模型之间的优劣关系,但四者皆无法直接说明单个模型的优劣。接下来介绍的 R 方(R-squared)和调整 R 方(adjusted R-squared)指标,可以提供一个关于单个模型优劣的数值衡量。

R 方的数学表达式为

$$R^2 = 1 - \frac{\frac{1}{N}\sum_{i=1}^{N}(y_i - f(x_i))^2}{\frac{1}{N}\sum_{i=1}^{N}(y_i - \bar{y})^2} \tag{5.21}$$

其中,$\bar{y} = \frac{1}{N}\sum_{i=1}^{N}y_i$。不难看出,$R$ 方表达式第 2 项的分子为 MSE,分母为真实目标值的方差。R 方的取值范围为 $[0, 1]$,MSE 越大意味着 R^2 越小,同时也意味着模型的预测力越差。在 R 方的基础上,调整 R 方的计算公式中考虑到模型特征的数量,其表达式为

$$R_{adj}^2 = 1 - (1 - R^2) \frac{N-1}{N-D-1} \tag{5.22}$$

其中，D 为总特征数。R_{adj}^2 一定小于或等于 R^2。使用 R 方的问题在于，每个新增的特征都将会提升 R 方，尽管新增的特征并不在已有的特征基础上帮助模型预测目标。使用 Python 举一个例子，首先创建一个简单的回归问题数据集，执行：

```
# Chapter5/regression_metrics.ipynb

import pandas as pd
import numpy as np

np.random.seed(42)
# 目标值 y 与 x1 的关系为 y = 2 * x1, 存在少量噪声
df = pd.DataFrame({'x1': [1, 3, 2, 5, 9],
                   'y': [2, 6, 4.1, 10, 18.1]})

# 特征 x2 不包含更多信息，为随机数值
df['x2'] = np.random.rand(5)
df = df[['x1', 'x2', 'y']] # 为列重新排序，特征于目标左侧

display(df)
```

	x1	x2	y
0	1	0.374540	2.0
1	3	0.950714	6.0
2	2	0.731994	4.1
3	5	0.598658	10.0
4	9	0.156019	18.1

图 5.3　代码输出

显示结果如图 5.3 所示。

使用 sklearn 中的直线回归模型 LinearRegression 进行训练和预测，使用 metrics.r2_score 函数进行 R 方的计算，并使用自定义的函数进行调整 R 方的计算，在下一个 cell 中执行：

```
# Chapter5/regression_metrics.ipynb

from sklearn.linear_model import LinearRegression
from sklearn.metrics import r2_score

def adjusted_R2(R2, N, D):
    '''返回调整 R 方数值
输入:
        R2: R 方数值
        N: 预测点总数
        D: 特征数
    输出:
        调整 R 方
    '''
    return 1 - (1 - R2) * (N-1)/(N-D-1)

lr_1 = LinearRegression()     # 不使用特征 x2 训练
lr_2 = LinearRegression()     # 使用特征 x2 训练
```

```
lr_1.fit(df[['x1']], df['y'])
lr_2.fit(df[['x1', 'x2']], df['y'])
y_pred_1 = lr_1.predict(df[['x1']])
y_pred_2 = lr_2.predict(df[['x1', 'x2']])
y_true = list(df['y'])
R2_1 = r2_score(y_true, y_pred_1)
R2_2 = r2_score(y_true, y_pred_2)
print('不使用特征 x2 所得 R 方: ', R2_1)
print('使用特征 x2 所得 R 方: ', R2_2)
print('不使用特征 x2 所得调整 R 方: ', adjusted_R2(R2_1, len(y_true), 1))
print('使用特征 x2 所得调整 R 方: ', adjusted_R2(R2_2, len(y_true), 2))
```

输出如下：

```
不使用特征 x2 所得 R 方: 0.9999395206312185
使用特征 x2 所得 R 方: 0.9999408313812255
不使用特征 x2 所得调整 R 方: 0.9999193608416247
使用特征 x2 所得调整 R 方: 0.9998816627624509
```

由此输出可见，加入 $x2$ 后，R 方从 0.9999395206312185 上升至 0.9999408313812255，而调整 R 方从 0.9999193608416247 降至 0.9998816627624509。加入随机特征 $x2$ 后，调整 R 方的改变方向相较 R 方更加合理。

MSE、MAE、RMSE 和 RMSLE 皆可以使用 sklearn 自带函数计算，使用上段代码中的模型输出和真实目标值，在下一个 cell 中执行：

```
# Chapter5/regression_metrics.ipynb

from sklearn.metrics import mean_squared_error,\
                            mean_absolute_error,\
                            mean_squared_log_error

# 计算 lr_1 模型输出各个衡量指标下的数值
# 当函数 mean_squared_error 中的参数 squared = True 时计算 MSE
# 当 squared = False 时计算 RMSE，默认值为 squared = True
print('MSE: ', mean_squared_error(y_true, y_pred_1, squared = True))
print('MAE: ', mean_absolute_error(y_true, y_pred_1))
print('RMSE: ', mean_squared_error(y_true, y_pred_1, squared = False))
print('RMSLE: ', mean_squared_log_error(y_true, y_pred_1))
```

输出如下：

```
MSE: 0.0019500000000000181
MAE: 0.03900000000000041
RMSE: 0.04415880433163944
RMSLE: 5.894588133682514e - 05
```

5.1.3 损失函数

5.1.1 节和 5.1.2 节讲解了如何提供方便人工解读模型效益的数值,本节讲解如何为模型设定合适的优化目标。

回归问题中,5.1.2 节中讲解的衡量指标也可以用作损失函数。最常用的损失函数包含 MSE、MAE、RMSE 和 RMSLE,四者之间的选择与 5.1.2 节中四者作为衡量指标的选择方法相同。

分类问题中,最常用的损失函数是 4.5.2 节介绍的交叉熵损失函数。回顾 4.5.2 节中交叉熵损失函数的公式:

$$L(g,y)=\begin{cases} -\log(g), & y=1 \\ -\log(1-g), & y=0 \end{cases} \tag{5.23}$$

$$g=\sigma(z)=\frac{1}{1+\mathrm{e}^{-z}} \tag{5.24}$$

$$z=\boldsymbol{w}^{\mathrm{T}}\boldsymbol{x}+b \tag{5.25}$$

其中,$\boldsymbol{w}$ 为权重,b 为偏移项。使用交叉熵损失函数,解决了 Sigmoid 函数中偏导数易消失这一问题。式(5.23)~式(5.25)仅适用于二分类问题,面对多分类问题时,式(5.24)中的 Sigmoid 函数将被 Softmax 函数替代,回归算法与逻辑斯蒂回归类似,被称为 Softmax 回归。假设某多分类问题中类别总数为 K,且模型输出为一个长度为 K 的向量,向量中的每项代表模型预测数据点属于该类的概率。Softmax 回归中输入与输出之间的关系如式(5.26)~式(5.28)所示:

$$\boldsymbol{z}=\boldsymbol{w}\boldsymbol{x}+\boldsymbol{b} \tag{5.26}$$

$$g_k=\mathrm{Softmax}(z_1,z_2,\cdots,z_K)_k=\frac{\mathrm{e}^{z_k}}{\sum\limits_{k'}\mathrm{e}^{z_{k'}}} \tag{5.27}$$

$$L(\boldsymbol{g},\boldsymbol{y})=-\sum_{k=1}^{K}y_k\log(g_k)=-\boldsymbol{y}^{\mathrm{T}}\log(\boldsymbol{g}) \tag{5.28}$$

式(5.26)为 Softmax 函数的表达式,式(5.27)为多分类问题中交叉熵损失函数的表达式。

合页损失(hinge loss)是分类问题中另一个常见的损失函数,假设正类别用数值+1 表示,负类别用数值−1 表示,合页损失数学表达式为

$$L(g,y)=\max(0,1-g\cdot y) \tag{5.29}$$

其图像如图 5.4 所示,就像正在翻合的书页。

图 5.4 以 $g\cdot y$ 作为横轴,绘制了不同 y 和 g 之间距离所对应的合页损失。$g\cdot y$ 可以看作真实目标值 y 和模型预测值 g 之间的距离。由于正类别使用数值+1 表示,负类别使用数值−1 表示,而模型输出范围为实数,一个合理的阈值为 0。若 $y\geqslant0$,预测结果设定为+1;若 $y<0$,预测结果设定为−1。直觉上看,当预测值 g 与 y 的符号相同时,使用 0 这一阈值可以得到正确的类别预测。换言之,当 $g\cdot y>0$ 时,模型将预测正确类别,但合页损失在 $g\cdot y$ 略大于 0 时仍贡献少量损失数值,并随着 $g\cdot y$ 的降低呈直线上升,只有在 $g\cdot y\geqslant1$ 时,合页损失值降至 0。

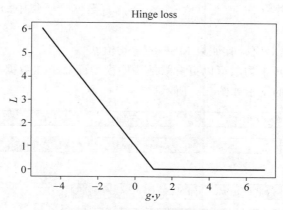

图 5.4 合页损失函数示意图

由这一特点可以看出,合页损失鼓励模型对应的决策边界尽可能远离数据点。我们可以在 $g \geqslant 0$ 时将 g 看作模型预测数据点类别为正类的确信程度,在 $g < 0$ 时将 g 看作模型预测数据点类别为负类的确信程度,那么合页损失在惩罚预测错误类别的同时,同样惩罚了预测正确但对于预测结果不确信的模型。

5.2 K 折交叉验证

3.2 节讲解了训练集、验证集和测试集在模型预测中的分工。其中,验证集起到模拟测试集的作用,在隐藏测试集真实目标值的前提下,模型在验证集上的表现可以用来预估其在测试集上的表现。

回顾 4.8.1 节使用随机森林预测波士顿房价的例子。这个例子中使用 MSE 作为损失函数和衡量指标,最终模型在 3 个集上取得的 MSE 分别为

```
训练集 MSE: 8.262145505468627
验证集 MSE: 10.079003086534906
测试集 MSE: 21.377303939606175
```

例子中,虽然验证集和测试集都是从历史数据集中随机分割出来的 15% 数据点,但 MSE 有较为明显的差异。这是因为,随机分割的验证集可能恰好比测试集的分布更加接近训练集,而由于模型根据训练集建立,其在验证集上的表现自然优于测试集,但 MSE 在验证集和测试集上的差异会导致我们无法准确预估模型对未来数据的预测能力。

使用 K 折交叉验证(K-fold cross-validation)可以有效缓解这一问题。K 折交叉验证使用 k 个不同的训练集和验证集,获得 k 个不同的训练集下模型所得验证集的 MSE,或其他衡量指标数值。K 折交叉验证的过程如下。

(1) 从总历史数据集中分割出测试集,称测试集以外的数据点集合为交叉验证集 S。

(2) 将交叉验证集分为 k 个子集,称为 $S_1, S_2, \cdots, S_k$。

(3) 使用 S_1 作为验证集,S/S_1 作为训练集,训练模型并记录模型在验证集的 MSE,或其他衡量指标数值。

（4）重复第 3 步，并将 S_1 改为 S_2，S_3，…，S_k，直至 k 个子集中的每个子集都被选作过验证集。

（5）计算 k 个子集对应的验证集 MSE 的平均值。

k 个验证集的 MSE 平均数可以更有效地说明模型面对未知数据的预测力。sklearn 官网对于 K 折交叉验证的图示如图 5.5 所示。

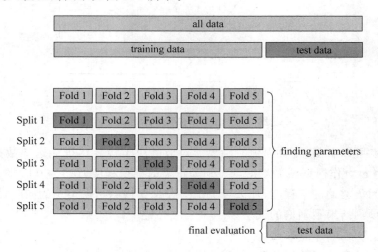

图 5.5 交叉验证图示（图片来源于 sklearn 官网）

图 5.5 中，all data（全部数据）为完整历史数据集。根据 K 折交叉验证过程中的第 1 步，完整历史数据集被分为 test data（测试数据）和 training data（训练数据）。图 5.5 中划为训练集的部分与前文中提到的交叉验证集 S 对应。虽然测试集以外的数据点集合称为 training data，但为了避免和"用于模型训练的数据集"这一定义冲突，下文将继续称这一部分数据为交叉验证集。图 5.5 中使用的折（Fold）为 5。根据 K 折交叉验证过程中的第 2 步，交叉验证集被分为 $k = 5$ 个子集，Fold 1（第 1 折）到 Fold 5（第 5 折）分别对应 S_1，S_2，…，S_5。Split 1（分割 1）至 Split 5（分割 5）为 5 次不同验证集的选择，每次选择中，Fold 1（第 1 折）到 Fold 5（第 5 折）被分别选作验证集，其余折作为该次分割的训练集，进行模型训练和评估。Split 1 至 Split 5 这一流程对应 K 折交叉验证过程中的第 3 和 4 步。图 5.5 在 5 次分割旁边注释到，这个步骤可以用于 finding parameters，也就是调参，5.3 节将详细讲解如何调参。

回到 4.8.1 节随机森林预测的波士顿房价问题，并使用 sklearn 中基础的 model_selection.KFold 函数进行分割及交叉验证，执行：

```
# Chapter5/cross - validation.ipynb

import pandas as pd
from sklearn.datasets import load_boston
from sklearn.ensemble import RandomForestRegressor
from sklearn.model_selection import KFold
from sklearn.model_selection import train_test_split
from sklearn.metrics import mean_squared_error
```

```
#读取数据集,数据特征详情可参考 4.6 节
boston_dataset = load_boston()
df = pd.DataFrame(boston_dataset['data'])
df.columns = boston_dataset['feature_names']
df['price'] = boston_dataset['target']

#分割交叉验证集(占 85%)和测试集(占 15%)
df_train_val, df_test = train_test_split(df, test_size = 0.15, random_state = 42)
df_train_val.reset_index(drop = True, inplace = True) #方便索引

#n_splits 用于控制 k 值
kf = KFold(n_splits = 5)
#初始化一个空的 Python 列表,存储每次交叉验证分割后所得验证集 MSE
mse_lst = []
#循环每个训练集和验证集的组合
#kf.split 函数输出为数据点指数,而非数据点本身,因此需要根据指数索引取得数据点
for train_index, val_index in kf.split(df_train_val):
    #使用 iloc 进行指数索引
    df_train, df_val = df_train_val.iloc[train_index],\
                    df_train_val.iloc[val_index]
    #初始化一个随机森林模型
    #参数设置为 n_estimators = 10:森林中使用 10 棵决策树
    #max_depth = 5:每棵决策树最深允许延伸 5 层
    #max_features = 'sqrt':每个节点将从大小为总特征数平方根的特征子集选择分割特征
    reg = RandomForestRegressor(n_estimators = 10,
                    max_depth = 5,
                    max_features = 'sqrt',
                    random_state = 42)
    #训练随机森林
    reg.fit(df_train.drop(columns = ['price']), df_train['price'])

    #预测评估
    pred_val = reg.predict(df_val.drop(columns = ['price']))
    mse_val = mean_squared_error(list(df_val['price']), pred_val)
    mse_lst.append(mse_val)
```

上段代码的执行将完成 K 折交叉验证过程中的第 1~4 步,得到一个包含 5 次分割分别对应的验证集 MSE 的 Python 列表。分析此列表,在下一个 cell 中执行:

```
# Chapter5/cross - validation.ipynb

import numpy as np

mse_lst = np.array(mse_lst)
#分析 mse_lst
print('5 次分割分别对应的验证集 MSE: ', mse_lst)
print('5 次分割的验证集 MSE 的最小值: ', mse_lst.min())
print('5 次分割的验证集 MSE 的最大值: ', mse_lst.max())
print('5 次分割的验证集 MSE 的平均值: ', mse_lst.mean())
print('5 次分割的验证集 MSE 的标准差: ', mse_lst.std())
```

输出如下:

```
5 次分割分别对应的验证集 MSE: [25.33013227 22.2121525    14.36727223 16.55122968 18.60053958]
5 次分割的验证集 MSE 的最小值: 14.367272229658111
5 次分割的验证集 MSE 的最大值: 25.33013227255939
5 次分割的验证集 MSE 的平均值: 19.41226525299553
5 次分割的验证集 MSE 的标准差: 3.9282794287521425
```

从输出中,我们不仅能得出平均 MSE 约为 19.41 这一信息,同时认识到该数据集的不同分割之间 MSE 大致的差异,得出模型预测未来数据时所得 MSE 的大致范围。最后,使用完整的交叉验证集训练模型并对测试集进行预测评估,在下一个 cell 中执行:

```python
reg.fit(df_train_val.drop(columns = ['price']), df_train_val['price'])

pred_test = reg.predict(df_test.drop(columns = ['price']))
mse_test = mean_squared_error(list(df_test['price']), pred_test)
print('测试集所得 MSE 为 ', mse_test)
```

输出如下:

```
测试集所得 MSE 为 7.458895070212933
```

由于执行过 K 折交叉验证,我们可以合理解释测试集 MSE 与 5 个验证集 MSE 平均数之间的差异。不同分割所得 MSE 存在明显差异,因此,模型在验证集上取得的平均 MSE 只能说明,在预测大量未知数据时,可以期待一个均值约为 19.41 的 MSE,但每个数据点预测所得 MSE 可能与均值相差较大。

基础的 KFold 分割将根据数据点的指数顺序将其分割为 k 个折。而面对某些类不平衡的分类问题时,例如负类别占比 80%,正类别占比 20% 的二分类问题,也许我们希望分割后的每个训练集和验证集也保持这样的类别占比,以此让每次分割都最大程度地模拟未知数据的期待分布。这种情况下可以使用 sklearn 中的 model_selection.StratifiedKFold 函数,代替基础的 model_selection.KFold 函数。为演示这一函数,首先创建一个负类别占比 80%,正类别占比 20% 的二分类 DataFrame,执行:

```python
# Chapter5/stratified_split.ipynb

import pandas as pd
import numpy as np

# 为对比 KFold 和 StratifiedKFold,直接创建交叉验证集,省略分割测试集的步骤
df_train_val = pd.DataFrame({'x1': np.arange(1, 101),
                             'y': [0] * 80 + [1] * 20})
# 打乱顺序
df_train_val = df_train_val.sample(frac = 1).reset_index(drop = True)

print('负类别占比: ', 1 - df_train_val['y'].mean())
print('正类别占比: ', df_train_val['y'].mean())
```

使用 StratifiedKFold 进行分割,并与 KFold 进行对比,在下一个 cell 中执行:

```
# Chapter5/stratified_split.ipynb

from sklearn.model_selection import StratifiedKFold, KFold

# 初始化 StratifiedKFold 和 KFold 分割器
skf = StratifiedKFold(n_splits = 5)
kf = KFold(n_splits = 5)

# 使用 StratifiedKFold 进行分割,并打印每次分割的类别比例
# StratifiedKFold.split 需依次输入 X 和 y
X, y = df_train_val[['x1']], df_train_val['y']
count = 1 # 记录迭代数
for train_index, val_index in skf.split(X, y):
    # 使用 iloc 进行指数索引
    train_y, val_y = y.iloc[train_index], y.iloc[val_index]
    print('使用 StratifiedKFold 的第{}次分割'.format(count))
    print('当前分割的训练集中负类别占比: ', 1 - train_y.mean())
    print('当前分割的训练集中正类别占比: ', train_y.mean())
    print('当前分割的验证集中负类别占比: ', 1 - val_y.mean())
    print('当前分割的验证集中正类别占比: ', val_y.mean())
    print()
    count += 1

# 使用 KFold 进行分割,并打印每次分割后训练集和验证集的类别比例
count = 1 # 记录迭代数
for train_index, val_index in kf.split(df_train_val):
    # 使用 iloc 进行指数索引
    df_train, df_val = df_train_val.iloc[train_index],\
                       df_train_val.iloc[val_index]
    print('使用 KFold 的第{}次分割'.format(count))
    print('当前分割的训练集中负类别占比: ', 1 - df_train['y'].mean())
    print('当前分割的训练集中正类别占比: ', df_train['y'].mean())
    print('当前分割的验证集中负类别占比: ', 1 - df_val['y'].mean())
    print('当前分割的验证集中正类别占比: ', df_val['y'].mean())
    print()
    count += 1
```

输出如下:

```
使用 StratifiedKFold 的第 1 次分割
当前分割的训练集中负类别占比: 0.8
当前分割的训练集中正类别占比: 0.2
当前分割的验证集中负类别占比: 0.8
当前分割的验证集中正类别占比: 0.2

使用 StratifiedKFold 的第 2 次分割
当前分割的训练集中负类别占比: 0.8
当前分割的训练集中正类别占比: 0.2
```

当前分割的验证集中负类别占比：0.8
当前分割的验证集中正类别占比：0.2

使用 StratifiedKFold 的第 3 次分割
当前分割的训练集中负类别占比：0.8
当前分割的训练集中正类别占比：0.2
当前分割的验证集中负类别占比：0.8
当前分割的验证集中正类别占比：0.2

使用 StratifiedKFold 的第 4 次分割
当前分割的训练集中负类别占比：0.8
当前分割的训练集中正类别占比：0.2
当前分割的验证集中负类别占比：0.8
当前分割的验证集中正类别占比：0.2

使用 StratifiedKFold 的第 5 次分割
当前分割的训练集中负类别占比：0.8
当前分割的训练集中正类别占比：0.2
当前分割的验证集中负类别占比：0.8
当前分割的验证集中正类别占比：0.2

使用 KFold 的第 1 次分割
当前分割的训练集中负类别占比：0.7875
当前分割的训练集中正类别占比：0.2125
当前分割的验证集中负类别占比：0.85
当前分割的验证集中正类别占比：0.15

使用 KFold 的第 2 次分割
当前分割的训练集中负类别占比：0.8
当前分割的训练集中正类别占比：0.2
当前分割的验证集中负类别占比：0.8
当前分割的验证集中正类别占比：0.2

使用 KFold 的第 3 次分割
当前分割的训练集中负类别占比：0.8375
当前分割的训练集中正类别占比：0.1625
当前分割的验证集中负类别占比：0.65
当前分割的验证集中正类别占比：0.35

使用 KFold 的第 4 次分割
当前分割的训练集中负类别占比：0.7875
当前分割的训练集中正类别占比：0.2125
当前分割的验证集中负类别占比：0.85
当前分割的验证集中正类别占比：0.15

使用 KFold 的第 5 次分割
当前分割的训练集中负类别占比：0.7875
当前分割的训练集中正类别占比：0.2125
当前分割的验证集中负类别占比：0.85
当前分割的验证集中正类别占比：0.15

由输出可见,使用 StratifiedKFold 分割的每个训练集和验证集的类别比例皆保留了原数据集中的比例,而使用 KFold 分割则无法保证这一比例。

5.3 超参数调试

使用多数机器学习模型时需要根据问题类型和数据特点设定超参数(hyperparameter),调试超参数这一过程也被简称为调参。不同于权重这类模型训练时学习到的参数,超参数需要在模型开始训练之前设定,某种程度上更加详细地设定了模型结构。

某些模型可调试超参数繁多,调试范围也较广,例如决策树和森林集成类模型。4.6 节深度神经网络、4.8.1 节随机森林、4.8.2 节极端随机树及 4.9.2 节 XGBoost 和 LightGBM 中均使用波士顿房价预测这一回归问题作为示例,进行模型训练、预测和评估。然而,尽管预测的问题和评估指标皆相同,在获得每次模型的评估结果后,我们并没有直接与其他模型的结果进行对比。这是因为第 4 章中每次模型初始化时,超参数的定义仅根据我们对超参数范围的理解和实践经验,并没有经过任何优化。尽管我们尽量赋予不同集成模型中起相似(甚至相同)作用的超参数相同值,但由于模型之间运行原理的差异,这样的设定仍无法公平地选择解决此问题的最优模型。

这就像要求计算机课程班上的 5 位同学在一周内解答一道难题,并根据解题结果选择代表学校参加市级计算机比赛的同学。5 位同学在自己状态最佳的条件下会给出不同的解答。这 5 份不同的解答在课程所制定的衡量标准下有高有低,却分别对应 5 位同学本人根据衡量标准有能力给出的最优解。然而每个同学达到最佳状态的条件不同,有些同学可能需要睡够 8h、早睡早起,有些同学可能需要喝几杯咖啡、熬夜找灵感,有些同学可能需要解题时听钢琴曲。如果强行让每个同学都执行同一种作息,例如规定同学们每天喝一杯咖啡,那么一部分同学的状态将优于其他同学,且更接近自己的最佳状态。这种设定下,无法公平判断每个同学给出的解答是否接近其最佳潜能,也无法评估哪个同学最适合代表学校参加市级计算机比赛。

解决这一问题的方法是让每个同学达到自己的最佳解题状态,并在该状态下做出解答。然而,学生达到最优状态的条件可能不为人知,学生本人和身边的人可能都不完全了解如何发挥该学生最大的潜能,因此,找寻进入最佳解题状态可能需要多次尝试,在合理的起居习惯范围内尝试不同的组合,并评估该组合相伴的状态所对应的解题效果。这里的合理指的是根据对人类起居习惯的理解进行预估。例如睡眠时间的选择中,一个合理的范围可能是 6~9h,而不去考虑或尝试更高或更低的设定,避免在尝试中浪费时间。

同理,判断最优模型之前,需保证该模型达到最适合解决该问题的状态。在模型训练中,这一状态可以使用不同的超参数调试。首先需要在可以调整的超参数中选择合理的调试范围,并组合使用不同超参数范围内的值,训练模型并评估该组合对应的预测效果。多次组合尝试后,便可以大致得到模型预测该问题的最优结果。

本节将使用随机森林、极端随机树和 XGBoost 作为示例进行超参数调试。由于可调试超参数较多、范围较广,基本可以排除人工搜寻组合这一尝试。本节讲解 3 种不同的自动最优超参数搜寻算法。

5.3.1 网格搜索法

网格搜索法(grid search)是一种穷举搜索的方法。在不同超参数的设定范围内,算法将使用所有不同组合,训练对应模型并在验证集上进行评估。算法输出为评估结果最优的模型或前 n 个最优模型所对应的超参数。

网格搜索法中的网格来源于其对超参数组合的搜索方式。以随机森林为例,假设我们想找到最优的 n_estimators、max_depth 和 max_features 的组合,并事先设定每个超参数的范围,那么搜索空间的三维可视化图如图 5.6 所示。

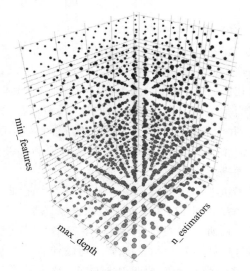

图 5.6　网格搜索空间三维可视化图

空间中的每个点代表一个可能的组合,不同的组合在空间中的位置仿若网格中的格点。

使用网格搜索法前不仅需要设定网格范围,也需设定每个超参数在相应范围内所有值得尝试的取值。当超参数为连续变量时,可以尝试取值范围内间隔相同的 k 个数值;当超参数为离散变量时,可以尝试取值范围内全部数值,或每间隔 k 个数值加入一个数值。

sklearn 中的 model_selection.GridSearchCV 使用 5.2 节中介绍的 K 折交叉验证,在输入的网格中寻找最优超参数组合。K 折交叉验证和网格搜索组合的搜寻过程如下:

(1)循环每种超参数组合:进行 K 折交叉验证,并存储该超参数组合下的衡量指标信息,如 5.2 节中的平均 MSE 或折之间 MSE 的标准差。

(2)分析每种组合所对应的衡量指标信息,选择最优组合。

GridSearchCV 函数中需要输入:

(1)estimator:待进行超参数调试的模型。

(2)param_grid:包含所有模型中需调试的超参数,以及序列候选尝试值,用于定义网格中格点位置的 Python 字典。

(3)scoring:指定衡量指标,可为衡量指标对应的特定字符串或一个列表的字符串,默认使用模型自带的衡量指标。

(4)cv:用于设定 K 折交叉验证中的 k 值。

(5) refit：设定是否结束交叉验证时，使用全部的交叉验证集和搜寻到的最优超参数重新训练模型，默认值为 True。当 scoring 为一个字符串列表时，需要在 refit 中输入用于为超参数组合优劣排序的衡量指标。

回顾 4.8.1 节和 4.8.2 节中森林模型的参数：n_estimators＝10、max_depth＝5 及 max_features＝'sqrt'。

在 4.8.2 节的结尾提到，该参数设定下，极端随机树的表现略差于随机森林，但这并不足以说明随机森林在预测波士顿房价问题上优于极端随机树。我们需要分别调试两个模型的参数，并对比其最优表现。根据以上对网格搜索的基本了解，首先对随机森林模型中的 n_estimators、max_depth 和 max_features 进行调试，执行：

```
#Chapter5/grid_search.ipynb

import pandas as pd
from sklearn.datasets import load_boston
from sklearn.ensemble import RandomForestRegressor
from sklearn.model_selection import GridSearchCV, train_test_split
import time

#读取数据集,数据特征详情可参考 4.6 节
boston_dataset = load_boston()
df = pd.DataFrame(boston_dataset['data'])
df.columns = boston_dataset['feature_names']
df['price'] = boston_dataset['target']

#初始化一个随机森林模型,暂时不设定特定的超参数,完全使用默认值
reg = RandomForestRegressor(random_state = 42)
#设定每个待调试超参数的候选取值,放入一个 Python 字典,为方便讲解,此处仅使用少量格点
parameters = {'n_estimators': [5, 10, 15],
              'max_depth': [5, 10, 15],
              'max_features': [3, 6, 9]}

#分割交叉验证集(占 85%)和测试集(占 15%)
df_train_val, df_test = train_test_split(df, test_size = 0.15, random_state = 42)
df_train_val.reset_index(drop = True, inplace = True) #方便索引

#记录网格搜索总共花费时间
start = time.time()
#初始化一个网格搜索器,使用 -1 * MSE 作为 scoring
grid_search_cv = GridSearchCV(reg, parameters,
                              scoring = 'neg_mean_squared_error')
grid_search_cv.fit(df_train_val.drop(columns = ['price']),
                   df_train_val['price'])
end = time.time()
print('本次网格搜索耗时: ', round(end - start, 2), 's')
print(grid_search_cv.cv_results_.keys()) #打印 GridSearchCV 存储的信息名称
```

输出如下：

```
本次网格搜索耗时: 2.6 s
dict_keys(['mean_fit_time', 'std_fit_time', 'mean_score_time', 'std_score_time', 'param_max_
depth', 'param_max_features', 'param_n_estimators', 'params', 'split0_test_score', 'split1_test
_score', 'split2_test_score', 'split3_test_score', 'split4_test_score', 'mean_test_score', 'std
_test_score', 'rank_test_score'])
```

这个例子中,在网格搜索和 K 折交叉验证的过程中,GridSearchCV 陆续记录了 16 条信息,并保存在 grid_search_cv. cv_results_字典中。根据 k 值和调试超参数数量的不同,字典中可能记录更多或更少的信息。针对这个例子,这 16 条信息记录的内容如下。

（1）params：超参数组合测试顺序,其他信息皆对应这一顺序排列。

（2）mean_fit_time：每个超参数组合在 K 折交叉验证中的平均训练时间。

（3）std_fit_time：每个超参数组合在 K 折交叉验证中训练时间之间的标准差。

（4）mean_score_time：每个超参数组合在 K 折交叉验证中评估所使用的平均时间。

（5）std_score_time：每个超参数组合在 K 折交叉验证中评估所使用的时间之间的标准差。

（6）param_max_depth：每个组合分别对应的 max_depth 数值。

（7）param_max_features：每个组合分别对应的 max_features 数值。

（8）param_n_estimators：每个组合分别对应的 n_estimators 数值。

（9）split0_test_score,…,split4_test_score：第 1~5 次分割分别对应的验证集负 MSE。sklearn 提供负 MSE 作为衡量指标是为了方便为 mean_test_score 排序。rank_test_score 中,第 1 名的 mean_test_s 核数值最大,而负 MSE 最大的超参数组合也是 MSE 最小的组合,为最优组合。

（10）mean_test_score：5 次分割的验证集平均负 MSE。

（11）std_test_score：5 次分割的验证集负 MSE 标准差。

（12）rank_test_score：超参数根据验证集负 MSE 大小优劣排序。

其中,较为重要的几个信息包括 mean_test_score、std_test_score 和 rank_test_score。打印字典中的这 3 条信息,以及其对应的超参数组合,在下一个 cell 中执行:

```
# Chapter5/grid_search.ipynb

print('\n超参数组合测试顺序: \n',
      grid_search_cv.cv_results_['params'])
print('\n超参数组合优劣排序: \n',
      grid_search_cv.cv_results_['rank_test_score'])
print('\n超参数组合验证集平均 MSE: \n',
      - grid_search_cv.cv_results_['mean_test_score'].round(3))
print('\n超参数组合验证集 MSE 标准差: \n',
      grid_search_cv.cv_results_['std_test_score'].round(3))

# 找到排名第一的组合及其 MSE
# 由于使用负 MSE 作为衡量指标,因此打印 - 1 * mean_test_score
# 排名第一的组合为 rank_test_score 最高的组合,也就是负 MSE 最高(MSE 最低)的最优组合
rank_1_index = grid_search_cv.cv_results_['rank_test_score'].argmin()
```

```
print('\n 排名第一的超参数组合为\n',
      grid_search_cv.cv_results_['params'][rank_1_index])
print('\n 排名第一的超参数组合对应的平均验证集 MSE: \n',
      - grid_search_cv.cv_results_['mean_test_score'][rank_1_index])
print('\n 排名第一的超参数组合对应的验证集 MSE 之间的标准差: \n',
      grid_search_cv.cv_results_['std_test_score'][rank_1_index])
```

输出如下：

超参数组合测试顺序：
[{'max_depth': 5, 'max_features': 3, 'n_estimators': 5}, {'max_depth': 5, 'max_features': 3, 'n_estimators': 10}, {'max_depth': 5, 'max_features': 3, 'n_estimators': 15}, {'max_depth': 5, 'max_features': 6, 'n_estimators': 5}, {'max_depth': 5, 'max_features': 6, 'n_estimators': 10}, {'max_depth': 5, 'max_features': 6, 'n_estimators': 15}, {'max_depth': 5, 'max_features': 9, 'n_estimators': 5}, {'max_depth': 5, 'max_features': 9, 'n_estimators': 10}, {'max_depth': 5, 'max_features': 9, 'n_estimators': 15}, {'max_depth': 10, 'max_features': 3, 'n_estimators': 5}, {'max_depth': 10, 'max_features': 3, 'n_estimators': 10}, {'max_depth': 10, 'max_features': 3, 'n_estimators': 15}, {'max_depth': 10, 'max_features': 6, 'n_estimators': 5}, {'max_depth': 10, 'max_features': 6, 'n_estimators': 10}, {'max_depth': 10, 'max_features': 6, 'n_estimators': 15}, {'max_depth': 10, 'max_features': 9, 'n_estimators': 5}, {'max_depth': 10, 'max_features': 9, 'n_estimators': 10}, {'max_depth': 10, 'max_features': 9, 'n_estimators': 15}, {'max_depth': 15, 'max_features': 3, 'n_estimators': 5}, {'max_depth': 15, 'max_features': 3, 'n_estimators': 10}, {'max_depth': 15, 'max_features': 3, 'n_estimators': 15}, {'max_depth': 15, 'max_features': 6, 'n_estimators': 5}, {'max_depth': 15, 'max_features': 6, 'n_estimators': 10}, {'max_depth': 15, 'max_features': 6, 'n_estimators': 15}, {'max_depth': 15, 'max_features': 9, 'n_estimators': 5}, {'max_depth': 15, 'max_features': 9, 'n_estimators': 10}, {'max_depth': 15, 'max_features': 9, 'n_estimators': 15}]

超参数组合优劣排序：
[27 26 25 22 15 13 19 10 7 23 18 16 17 9 2 24 11 4 21 14 8 12 6 3
 20 5 1]

超参数组合验证集平均 MSE：
[23.489 19.412 19.232 16.834 15.189 14.629 15.762 14.349 13.94 16.965
 15.592 15.266 15.41 14.297 13.323 17.27 14.419 13.757 16.383 14.949
 14.028 14.617 13.897 13.612 16.249 13.789 13.267]

超参数组合验证集 MSE 标准差：
[3.051 3.928 4.646 2.422 3.017 2.892 3.239 1.684 2.189 5.171 3.781 2.971
 3.363 2.746 2.69 3.417 2.494 3.076 3.66 2.448 2.55 2.415 3.567 3.738
 3.605 2.75 3.169]

排名第一的超参数组合为
{'max_depth': 15, 'max_features': 9, 'n_estimators': 15}

排名第一的超参数组合对应的平均验证集 MSE：
13.2671422721554

排名第一的超参数组合对应的验证集 MSE 之间的标准差：
3.169208929623358

rank_test_score 可以较为直观地提供最优超参数组合，在这个例子中，排名第一的超参数组合是 max_depth＝15、max_features＝9 和 n_estimators＝15。结合 mean_test_score 列表可以看出这 3 个参数的调试对 MSE 的影响。从 std_test_score 中可以看出该组合下的模型面对不同验证集的 MSE 波动大小。多数情况下,我们希望模型预测不同验证集时表现略同,因此,在平均 MSE 相差较小的选择中,可以考虑加入 std_test_score,选择何为最优组合。其他信息也可以作为参考,例如在超参数范围较大且对模型训练速度产生较大影响时,mean_fit_time 也可能会是选择最优超参数组合时需要考虑的因素之一。

接下来,使用同样的网格搜索极端随机树的最优参数,在下一个 cell 中执行:

```
# Chapter5/grid_search. ipynb

from sklearn. ensemble import ExtraTreesRegressor

# 初始化一个极端随机树模型,暂时不设定特定的超参数,完全使用默认值
reg = ExtraTreesRegressor(random_state = 42)
# 设定每个待调试超参数的候选值,放入一个 Python 字典,为方便讲解,此处仅使用少量格点
parameters = {'n_estimators': [5, 10, 15],
              'max_depth': [5, 10, 15],
              'max_features': [3, 6, 9]}


# 记录网格搜索总共花费的时间
start = time.time()
# 初始化一个网格搜索器,使用 ExtraTreesRegressor 自带的衡量指标(MSE)作为 scoring
grid_search_cv2 = GridSearchCV(reg, parameters,
                              scoring = 'neg_mean_squared_error')
grid_search_cv2.fit(df_train_val.drop(columns = ['price']),
                    df_train_val['price'])
end = time.time()
print('本次网格搜索耗时: ', round(end - start, 2), 's')
```

输出如下:

```
本次网格搜索耗时: 1.77 s
```

正如 4.8.2 节所述,极端随机树的训练速度相较随机森林更快,这一优势在使用更多格点进行网格搜索时会更加显著。打印 grid_search_cv2.cv_results_ 中存储的有效信息,在下一个 cell 中执行:

```
# Chapter5/grid_search. ipynb

# 超参数组合顺序与上文中随机森林相同,这里省略对其打印
print('\n 超参数组合优劣排序: \n',
      grid_search_cv2.cv_results_['rank_test_score'])
print('\n 超参数组合验证集平均 MSE: \n',
      - grid_search_cv2.cv_results_['mean_test_score'].round(3))
print('\n 超参数组合验证集 MSE 标准差: \n',
      grid_search_cv2.cv_results_['std_test_score'].round(3))
```

```
# 找到排名第一的组合及其 MSE
# 由于使用负 MSE 作为衡量指标,打印 -1 * mean_test_score
# 排名第一的组合为 rank_test_score 最高的组合,也就是负 MSE 最高(MSE 最低)的最优组合
rank_1_index = grid_search_cv2.cv_results_['rank_test_score'].argmin()
print('\n 排名第一的超参数组合为\n',
      grid_search_cv2.cv_results_['params'][rank_1_index])
print('\n 排名第一的超参数组合对应的平均验证集 MSE: \n',
      - grid_search_cv2.cv_results_['mean_test_score'][rank_1_index])
print('\n 排名第一的超参数组合对应的验证集 MSE 之间的标准差: \n',
      grid_search_cv2.cv_results_['std_test_score'][rank_1_index])
```

输出如下:

```
超参数组合优劣排序:
[25 27 26 24 23 21 22 20 18 16 11 12  7  3  5 13  9  6 19 14 10 17  8  2
 15  4  1]

超参数组合验证集平均 MSE:
[22.314 25.1   24.332 20.431 19.563 18.075 19.043 15.861 15.374 14.335
 12.759 12.865 11.533 10.622 10.959 13.641 11.823 11.162 15.716 14.163
 12.55  14.975 11.601 10.452 14.171 10.647 10.264]

超参数组合验证集 MSE 标准差:
[4.858 4.872 5.003 4.062 3.735 3.394 3.466 3.503 3.967 4.096 3.413 3.252
 1.86  1.814 2.182 4.738 2.795 3.309 2.29  2.769 2.753 2.746 2.068 2.142
 3.935 3.263 3.312]

排名第一的超参数组合为
{'max_depth': 15, 'max_features': 9, 'n_estimators': 15}

排名第一的超参数组合对应的平均验证集 MSE:
10.264269102677938

排名第一的超参数组合对应的验证集 MSE 之间的标准差:
3.3122587085283897
```

使用极端随机树,排名第一的超参数组合同样是 max_depth=15、max_features=9 和 n_estimators=15,但在该组合下,平均的验证集 MSE 约为 10.264,低于随机森林中约为 13.27 的平均验证集 MSE。

最后,使用最优超参数组合和完整的交叉验证集训练的模型,对测试集进行预测和评估。直接使用 GridSearchCV 中的 .score 函数,依次输入测试集的特征和目标值,在下一个 cell 中执行:

```
# 使用最优超参数组合,对测试集进行预测
print('随机森林使用最优组合后,预测测试集所得负 MSE: ',
      grid_search_cv.score(df_test.drop(columns=['price']),
                           df_test['price']))
print('极端随机树使用最优组合后,预测测试集所得负 MSE: ',
```

```
grid_search_cv2.score(df_test.drop(columns = ['price']),
                      df_test['price']))
```

输出如下:

随机森林使用最优组合后,预测测试集所得负 MSE:−7.6210021055723
极端随机树使用最优组合后,预测测试集所得负 MSE:−5.154347667839

由此可见,在随机森林和极端随机树各自最优的超参数组合下,极端随机树在测试集取得约为 5.15 的 MSE,低于随机森林取得的约为 7.62 的测试集 MSE。

实际的调参和模型对比中,需要在计算力允许的范围内使用更多的格点,或调试更多的参数,而后对比不同模型最优参数下的表现。

5.3.2　随机搜索法

5.3.1 节中介绍的网格搜索法可以完整地搜索指定格点内的所有组合,但这一做法的缺陷将在每个超参数的候选值增加时,或需调试的超参数数量增加时显现。

5.3.1 节中的两个模型皆调试了 3 个参数,每个参数的候选值为 3 个。这意味着,每个模型尝试了 27 种不同的超参数组合。在这样的组合量级下,网格搜索法在随机森林的参数寻找上花费 2.6s,在极端随机树的参数寻找上花费 1.77s。实践中,假设每个参数的候选值增加为 20 个,每个模型将尝试 8000 种不同的超参数组合,网格搜索法将在随机森林的参数寻找上花费 $\frac{8000}{27} \times 2.6\text{s} \approx 770.37\text{s}$,大约 12.8min;在极端随机树的参数寻找上花费 $\frac{8000}{27} \times 1.77\text{s} \approx 524.4\text{s}$,也就是 8.74min。假设再加入待调试参数,例如 min_samples_split、max_leaf_nodes 和 min_impurity_descrease,每个新增的参数各有 10 个候选值,组合数将会从 8000 增加至 8000000,搜索所需时间也会增至原来的 1000 倍,随机森林的超参数搜索将花费约 213h,极端随机树的超参数搜索将花费约 146h。这惊人的时长还是建立在模型较为简单且数据集较小的基础上,实践中遇到的许多数据集比仅含 506 个数据点的波士顿数据集大。

考虑到网格搜索法的这一缺陷,遇到组合量级较大的问题时,可以采用随机搜索法(random search)。使用随机搜索法需要输入每个待调试参数的候选值范围。算法会在每个待调试参数的候选值范围内随机选取一个值加入组合,而我们可以根据搜索空间的大小设定搜索的总组合数。5.3.1 节中提到,当超参数为连续变量时,网格搜索法将尝试取值范围内间隔相同的 k 个数值。这是因为连续变量在某个范围内会存在无穷大的可选数值。而使用随机搜索,在面对取值为连续变量的超参数时,可以尝试到搜索空间内许多网格搜索无法触及的组合。

举一个二维的例子,假设共有两个待调试的超参数,其取值范围皆为连续变量。网格搜索的组合分布与随机搜索的组合分布如图 5.7 所示,二者皆尝试 25 个超参数组合。

sklearn 中的 model_selection.RandomizedSearchCV 使用 5.2 节中介绍的 K 折交叉验证,在输入的超参数范围中使用特定分布采样,寻找最优超参数组合。K 折交叉验证和随机搜索组合的搜寻过程如下。

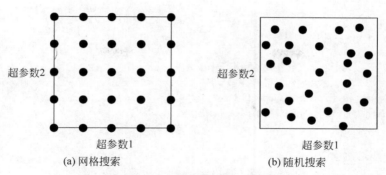

图 5.7 网格搜索和随机搜索尝试组合分布示意图

（1）设定愿意尝试的总组合数 N。

（2）循环 N 次：

（a）在每个输入的超参数范围内采样，得到一组随机抽取的组合。

（b）进行 K 折交叉验证，并存储该超参数组合下的衡量指标信息，如 5.2 节中的平均 MSE 或折之间 MSE 的标准差。

（3）分析每种组合所对应的衡量指标信息，选择最优组合。

RandomizedSearchCV 函数中需要输入：

（1）estimator：待进行超参数调试的模型。

（2）param_distributions：包含所有模型中需调试的超参数，以及每个超参数的取值范围或分布的 Python 字典。若取值范围输入为列表，则使用均匀分布在列表中采样；若使用特定分布采样，则需要在字典中对应的值内输入分布函数。

（3）n_iter：用于设定愿意尝试的总组合数 N，默认值为 10。

（4）scoring：指定衡量指标，可为衡量指标对应的特定字符串或一个列表的字符串，默认使用模型自带的衡量指标。

（5）cv：用于设定 K 折交叉验证中的 k 值。

（6）refit：设定是否结束交叉验证时，使用全部的交叉验证集和搜寻到的最优超参数重新训练模型，默认值为 True。当 scoring 为一个字符串列表时，需要在 refit 中输入用于为超参数组合优劣排序的衡量指标。

（7）return_train_score：是否存储训练集表现，默认值为 False。若设定为 True，则 cv_results 将包含模型在交叉验证时训练集上的表现。

使用随机搜索，对随机森林模型中的 n_estimators、max_depth、max_features 和 min_impurity_decrease 进行调试，并对波士顿数据集进行预测，执行：

```
# Chapter5/random_search.ipynb

import pandas as pd
from sklearn.datasets import load_boston
from sklearn.ensemble import RandomForestRegressor
from sklearn.model_selection import RandomizedSearchCV, train_test_split
```

```
import numpy as np
from scipy.stats import uniform

# 读取数据集,数据特征详情可参考 4.6 节
boston_dataset = load_boston()
df = pd.DataFrame(boston_dataset['data'])
df.columns = boston_dataset['feature_names']
df['price'] = boston_dataset['target']

# 初始化一个随机森林模型,暂时不设定特定的超参数,完全使用默认值
reg = RandomForestRegressor(random_state = 42)
# 设定每个待调试超参数的候选取值范围或采样分布,放入一个 Python 字典
# 由于使用的是随机搜索(而非网格搜索),可以扩大采样取值范围
# n_estimators、max_depth 和 max_features 皆适用 Numpy array 定义采样范围
# min_impurity_decrease 使用 scipy.stats.uniform 设定均匀分布采样
parameters = {'n_estimators': np.arange(3, 20),        # [3, 19]中每个整数
              'max_depth': np.arange(3, 20),           # [3, 19]中每个整数
              'max_features': np.arange(3, 14),        # [3, 13]中每个整数
              # 均匀分布采样,范围为[0, 0.1]
              'min_impurity_decrease': uniform(loc = 0, scale = 0.1)}

# 分割交叉验证集(占 85%)和测试集(占 15%)
df_train_val, df_test = train_test_split(df, test_size = 0.15, random_state = 42)
df_train_val.reset_index(drop = True, inplace = True) # 方便索引

# 初始化一个网格随机搜索器,使用 -1 * MSE 作为 scoring
random_search_cv = RandomizedSearchCV(reg, parameters,
                             n_iter = 27, # 测试 27 组范围内的超参数随机组合
                             scoring = 'neg_mean_squared_error',
                             random_state = 42)
random_search_cv.fit(df_train_val.drop(columns = ['price']),
            df_train_val['price'])
```

random_search_cv 中的 cv_results_ 存储的信息类型和格式与 5.3.1 节 grid_search_cv 中的 cv_results_ 基本相同,打印 random_search_cv.cv_results_ 中存储的有效信息,在下一个 cell 中执行:

```
# Chapter5/random_search.ipynb

# 超参数组合顺序与 5.3.1 节例子中打印的格式相同,这里省略打印
print('\n 超参数组合优劣排序: \n',
      random_search_cv.cv_results_['rank_test_score'])
print('\n 超参数组合验证集平均 MSE: \n',
      - random_search_cv.cv_results_['mean_test_score'].round(3))
print('\n 超参数组合验证集 MSE 标准差: \n',
      random_search_cv.cv_results_['std_test_score'].round(3))

# 找到排名第一的组合及其 MSE
# 由于使用负 MSE 作为衡量指标,打印 -1 * mean_test_score
```

```
# 排名第一的组合为 rank_test_score 最高的组合,也就是负 MSE 最高(MSE 最低)的最优组合
rank_1_index = random_search_cv.cv_results_['rank_test_score'].argmin()
print('\n 排名第一的超参数组合为\n',
      random_search_cv.cv_results_['params'][rank_1_index])
print('\n 排名第一的超参数组合对应的平均验证集 MSE: \n',
      - random_search_cv.cv_results_['mean_test_score'][rank_1_index])
print('\n 排名第一的超参数组合对应的验证集 MSE 之间的标准差: \n',
      random_search_cv.cv_results_['std_test_score'][rank_1_index])
```

输出如下:

```
超参数组合优劣排序:
[12  8 10 16 27  2  5 18 13 17  3  6 14 19 11  1 15  9 23 21  7 20 24 22
 26 25  4]

超参数组合验证集平均 MSE:
[14.247 13.481 14.217 15.214 21.728 12.825 13.139 15.589 14.454 15.401
 12.887 13.173 15.072 16.031 14.247 12.725 15.12  13.486 18.004 17.403
 13.445 16.94  19.549 17.909 20.552 19.623 13.003]

超参数组合验证集 MSE 标准差:
[2.723 1.937 1.989 3.334 2.683 2.216 3.027 4.524 3.465 3.437 2.847 2.711
 4.052 2.554 2.982 2.424 3.555 3.203 3.898 5.515 2.771 7.324 3.006 5.513
 3.788 5.527 3.336]

排名第一的超参数组合为
{'max_depth': 16, 'max_features': 10, 'min_impurity_decrease': 0.05704439744053994,
'n_estimators': 10}

排名第一的超参数组合对应的平均验证集 MSE:
12.725258999905279

排名第一的超参数组合对应的验证集 MSE 之间的标准差:
2.4243041417429576
```

对比 5.3.1 节网格搜索法中的最优超参数组合所得约为 13.27 的 MSE,同样在 27 组超参数的尝试中,随机搜索法找到了取得约为 12.72 更优 MSE 的超参数组合:

- n_estimators=13
- max_depth=9
- max_features=5
- min_impurity_decrease=0.03572802662812243

这一优化并不是必然的,这样微小的提升也并不一定能在测试集或未来数据预测中体现。并且这样对比两种搜索方法的最优 MSE 也不公平,在随机搜索中,我们加大了 n_estimator、max_depth 和 max_features 的取值范围,并增加了 min_impurity_decrease 这一超参数进行调试。这个对比只是为了说明,随机搜索可以在有限的迭代中,在一个较大的超参数取值空间内搜索到较为不错的组合,而网格搜索法中的迭代数将随着超参数取值空间的扩大而

飞速上升,不像随机搜索法一般受我们的控制。

最后,使用最优超参数组合和完整的交叉验证集训练的模型,对测试集进行预测和评估。在下一个 cell 中执行:

```
♯使用最优超参数组合,对测试集进行预测
print('随机森林使用最优组合后,预测测试集所得负 MSE: ',
      random_search_cv.score(df_test.drop(columns = ['price']),
                             df_test['price']))
```

输出如下:

```
随机森林使用最优组合后,预测测试集所得负 MSE: -8.659385764532018
```

随机搜索法在调试 4 个随机森林参数后,取得最优超参数组合约为 8.66 的 MSE,略高于网格搜索法在调试 3 个随机森林参数后取得的约为 7.62 的测试集 MSE。正如上文所述,验证集平均 MSE 的降低并不一定能在测试集 MSE 的对比上体现。从交叉验证 MSE 的标准差中也分析过,数据集本身的分布存在子集与子集之间的差异,这种情况下,验证集平均 MSE 的参考价值可能高于参考一个较小的测试集上的 MSE。

5.3.3　遗传算法

网格搜索法和随机搜索法存在一个共性,每组超参数组合的优劣这一信息并不被加以利用。

举个例子,在调试随机森林模型的超参数时,假设待调试参数 n_estimators 的候选值为 [2, 7, 12],max_depth 的候选值为 [2, 5, 8, 11, 14, 17, 20],并且在这个例子中,n_estimators 为 2 的随机森林预测效果皆不佳。网格搜索法会依次尝试以下超参数组合:

- n_estimators＝2,max_depth＝2
- n_estimators＝2,max_depth＝5
- n_estimators＝2,max_depth＝8
- ……
- n_estimators＝2,max_depth＝20

尽管在得知{n_estimators＝2,max_depth＝2}、{ n_estimators＝2,max_depth＝5}的表现皆不佳的情况下,因这一信息不被加以利用,网格搜索法仍然会尝试{n_estimators＝2,max_depth＝8}、{n_estimators＝2,max_depth＝11}等 n_estimators＝2 的组合。

随机搜索法遇到的情况大同小异。在多次随机尝试后,随机搜索法也许会尝试{n_estimators＝2,max_depth＝8}、{n_estimators＝2,max_depth＝17}这两种组合,并发现二者对应模型的表现皆不佳,但同样由于这一信息不被加以利用,随机搜索法并不会在下一次随机抽取超参数数值时避开 n_estimators＝2 这一选择。

可视化一个网格搜索中各个超参数组合所对应的模型表现。使用 5.3.1 节中的部分代码,并将不同 n_estimators 和 max_depth 的组合所对应的 MSE 绘制成一个热图(Heatmap)。使用 GridSearchCV,定义 n_estimators 和 max_depth 的取值范围并进行网格搜索,执行:

```
# Chapter5/genetic_algorithm.ipynb

import pandas as pd
from sklearn.datasets import load_boston
from sklearn.ensemble import RandomForestRegressor
from sklearn.model_selection import GridSearchCV, train_test_split
import numpy as np
import time

#读取数据集,数据特征详情可参考 4.6 节
boston_dataset = load_boston()
df = pd.DataFrame(boston_dataset['data'])
df.columns = boston_dataset['feature_names']
df['price'] = boston_dataset['target']

#初始化一个随机森林模型,暂时不设定特定的超参数,完全使用默认值
reg = RandomForestRegressor(random_state = 42)
#设定每个待调试超参数的候选取值,放入一个 Python 字典
#为方便二维可视化,仅调试两个超参数
parameters = {'n_estimators': np.arange(5, 15),
              'max_depth': np.arange(5, 15)}

#分割交叉验证集(占 85%)和测试集(占 15%)
df_train_val, df_test = train_test_split(df, test_size = 0.15, random_state = 42)
df_train_val.reset_index(drop = True, inplace = True) #方便索引

#初始化一个网格搜索器,使用 -1 * MSE 作为 scoring
grid_search_cv = GridSearchCV(reg, parameters,
                              scoring = 'neg_mean_squared_error')
grid_search_cv.fit(df_train_val.drop(columns = ['price']),
              df_train_val['price'])
```

使用 Pandas 中的 .pivot_table 函数,建立一个行为不同 n_estimator 取值,列为不同 max_depth 取值,项为该行、列对应的超参数组合所得 MSE 的 DataFrame。.pivot_table 函数用于重新设定 DataFrame 的行、列、值,并对原 DataFrame 的值使用某种函数进行合计,如求和、求平均数、求最小值等。使用需输入:

(1) data:原 DataFrame,存储所有未合计数值。

(2) values:被合计的列名。

(3) index:原 DataFrame 中的列名,可为字符串存储的单个列名或列表存储的多个列名。输入的列将作为新 DataFrame 中的行。

(4) columns:原 DataFrame 中的列名,可为字符串存储的单个列名或列表存储的多个列名。输入的列将作为新 DataFrame 中的列。

(5) aggfunc:用于合计的函数,默认值为 Numpy.mean,用于计算平均值。

(6) fill_value:用于填补合计后 DataFrame 中的空缺值,默认值为 None。

将 cv_results_ 中存储的信息放入一个 DataFrame,并对其使用 .pivot_table。在下一个

cell 中执行：

```
#Chapter5/genetic_algorithm.ipynb

import pandas as pd

pd.options.display.max_columns = 8          #限制显示的列数
cv_results_df = pd.DataFrame(grid_search_cv.cv_results_)
print('原 cv_results_ DataFrame: ')
display(cv_results_df.head())

pd.options.display.max_columns = 20         #放松显示列数的限制
#使用 param_n_estimators 作为新 DataFrame 的行
#param_n_estimators 作为新 DataFrame 的列
#mean_test_score 为被合计的列
pvt = pd.pivot_table(cv_results_df, values = 'mean_test_score',
            index = 'param_n_estimators',
            columns = 'param_max_depth')
pvt *= -1                                  #将负 MSE 转化为 MSE

print('\n重新定义行、列、值后的 DataFrame: ')
display(pvt.head())
```

显示如图 5.8 所示。

原cv_results_ DataFrame:

	mean_fit_time	std_fit_time	mean_score_time	std_score_time	...	split4_test_score	mean_test_score	std_test_score	rank_test_score
0	0.010733	0.000396	0.002261	0.000217	...	-11.145454	-15.979853	3.935793	100
1	0.011317	0.000624	0.002304	0.000206	...	-10.291700	-15.751602	4.320214	99
2	0.013518	0.000318	0.002090	0.000024	...	-10.194655	-14.700617	3.424163	78
3	0.015109	0.000452	0.002349	0.000245	...	-11.083657	-15.024449	3.119830	87
4	0.016940	0.000362	0.002505	0.000368	...	-10.986084	-14.883442	2.984429	83

5 rows × 15 columns

重新定义行、列、值后的DataFrame:

param_max_depth	5	6	7	8	9	10	11	12	13	14
param_n_estimators										
5	15.979853	15.577434	15.483880	15.134917	15.213864	15.006325	15.610121	15.504613	14.991463	15.136669
6	15.751602	15.379505	15.044945	14.826077	14.970105	14.830353	15.201063	15.054643	14.659807	14.835580
7	14.700617	14.297051	14.011480	13.817132	13.769147	13.636176	14.069989	14.009666	13.653688	13.864863
8	15.024449	14.680066	14.226623	14.081457	14.204806	13.973938	14.457631	14.274901	13.994875	14.249426
9	14.883442	14.410011	14.098739	13.835465	13.975585	13.829152	14.169710	14.066470	13.750084	14.043134

图 5.8　代码输出

本质上，.pivot_table 使用 param_n_estimators 和 param_max_depth 的所有不同值定义新 DataFrame 的行与列，而后根据每行、每列对应的 param_n_estimators 和 param_max_depth，用 aggfunc 计算该项对应的值。以 param_n_estimators = 5，param_max_depth = 5 所对应的项为例，.pivot_table 实际执行的计算如下，在下一个 cell 中执行：

```
#Chapter5/genetic_algorithm.ipynb

print('索引该行和列对应的所有 mean_test_score: ')

#当前行和列取值
param_n_estimators = 5
param_max_depth = 5

#这个例子中每行、每列组合只对应一个 mean_test_score,这是 cv_results_的特点
#在不同类型的 DataFrame 中进行以下索引可能输出许多列
display(cv_results_df[(cv_results_df['param_max_depth'] == param_max_depth) &\
        (cv_results_df['param_n_estimators'] == \
                    param_n_estimators)]['mean_test_score'])

#由于行、列组合只对应一个 mean_test_score,
#使用.mean()函数本质上只是打印该 mean_test_score
print('\n 索引该行和列对应的 mean_test_score 平均数: ')
print(cv_results_df[(cv_results_df['param_max_depth'] == param_max_depth) &\
        (cv_results_df['param_n_estimators'] == \
param_n_estimators)]['mean_test_score'].mean())
```

输出如下:

```
索引该行和列对应的所有 mean_test_score:
0    -15.979853
Name: mean_test_score, dtype: float64

索引该行和列对应的 mean_test_score 平均数:
-15.979853215094366
```

输出中的平均数等于 pvt DataFrame 乘以一1 之前该行和列的对应值。可视化不同超
参数组合所对应的 MSE,在下一个 cell 中执行:

```
#Chapter5/genetic_algorithm.ipynb

import matplotlib.pyplot as plt
fig, ax = plt.subplots(figsize = (10, 10))
im = ax.imshow(pvt)

#显示每个格点对应的超参数
ax.set_xticks(np.arange(len(parameters['n_estimators'])))
ax.set_yticks(np.arange(len(parameters['max_depth'])))
ax.set_xticklabels(parameters['n_estimators'])
ax.set_yticklabels(parameters['max_depth'])
ax.set_xlabel('n_estimators', size = 16)
ax.set_ylabel('max_depth', size = 16)
ax.set_title('Grid Search MSE', size = 20)

#循环所有超参数组合,并在网格内填充该格点对应的 MSE
```

```
for depth_idx in range(len(parameters['max_depth'])):
    for n_idx in range(len(parameters['n_estimators'])):
        depth = parameters['max_depth'][depth_idx]
        n = parameters['n_estimators'][n_idx]
        MSE = - cv_results_df[(cv_results_df['param_max_depth'] == \
                        depth) &\
                        (cv_results_df['param_n_estimators'] == \
                        n)]['mean_test_score'].mean()
        MSE = round(MSE, 3)
        text = ax.text(n_idx, depth_idx, MSE,
                    ha = "center", va = "center", color = "w")


plt.show()
```

输出如图 5.9 所示。

Grid Search MSE

max_depth \ n_estimators	5	6	7	8	9	10	11	12	13	14
5	15.98	15.752	14.701	15.024	14.883	14.816	14.588	14.447	14.266	14.37
6	15.577	15.38	14.297	14.68	14.41	14.262	14.117	14.027	13.896	13.929
7	15.484	15.045	14.011	14.227	14.099	13.986	13.732	13.756	13.647	13.747
8	15.135	14.826	13.817	14.081	13.835	13.66	13.486	13.461	13.317	13.413
9	15.214	14.97	13.769	14.205	13.976	13.69	13.41	13.43	13.394	13.546
10	15.006	14.83	13.636	13.974	13.829	13.588	13.292	13.56	13.178	13.31
11	15.61	15.201	14.07	14.458	14.17	13.834	13.532	13.56	13.403	13.508
12	15.505	15.055	14.01	14.275	14.066	13.869	13.56	13.57	13.478	13.574
13	14.991	14.66	13.654	13.995	13.75	13.651	13.371	13.33	13.128	13.242
14	15.137	14.836	13.865	14.249	14.043	13.937	13.65	13.618	13.438	13.531

图 5.9 代码输出

由图 5.9 中的 MSE 趋势可见,在[5,14]的范围内,总体上看,较大的 n_estimators 和 max_depth 的组合所得 MSE 较低。注意,这一规律仅存在于[5,14]这一调试取值范围内。也许更大的 max_depth 和 n_estimators 组合所得 MSE 会回升。一般来讲,超参数组合会存在区域性的规律,如图 5.9 所示的局部 MSE 低谷。我们往往无法确定这个低谷是否属于全局低谷,但合理设定的调试范围可以让这一局部低谷接近全局低谷。

遗传算法(genetic algorithm)运用超参数组合中可能存在的规律,试图有方向性地尝试不同的超参数组合。遗传算法的设计灵感来源于自然中生物进化的规律,使用计算机运算模仿生物进化中染色体基因的交叉、变异等过程。该算法并不仅限于解决超参数调试这个问题,许多优化问题都可以放入遗传算法的框架进行运算。在超参数组合优化这一应用中,模型本身可以被看作"进化中的单染色体生物",每个待调试参数可以被看作一个"染色体中的基因",其取值可以看作该染色体基因的具体信息。生物染色体中的所有基因信息确定后,生物需要在环境中生存。模型在指定衡量指标下的表现即为"生物对环境的适应程度"。

遗传算法的超参数组合优化过程如下:

(1) 初始化(initialization):初始化 M 个生物个体,即 M 个取值范围内随机生成的超参数组合,其集合为初始群体 P_0。

(2) 个体选择(selection):群体中的一部分个体将被选中进行下一代个体的"繁衍",对环境适应性更强的个体将有更大的概率被选中。超参数的选择中,"适应性"这一数值为指定的衡量指标下该组合对应模型的表现,如 MSE、精度等数值。

(3) 遗传算子(genetic operator):根据多种遗传算子生成下一代超参数组合,常用的两种算法为交叉运算(crossover)和变异运算(mutation):

(a) 交叉运算:被选中的个体两两配对,成为下一代的"父母"。交叉运算中选择交换基因的方式有多种,本节将使用单点交叉。单点交叉会从染色体基因序列中选择一个分割点,父与母染色体位于分割点左侧的超参数将互相交替,右侧的超参数不变。交替后两个新的超参数组合为该父母的两个"孩子",加入下一代的群体中,如图 5.10 所示。交叉运算的目的在于保存当前群体中适应性强的基因并进行重组,尝试是否能繁衍出适应性更强的后代。

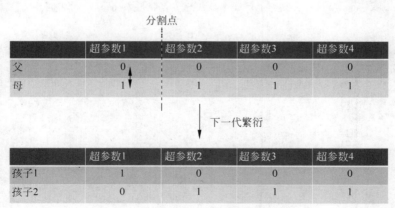

图 5.10 单点交叉示意图

(b) 变异运算:繁衍过程中,下一代个体有小概率衍生出父母基因中皆不存在的基因,如图 5.11 所示。变异的目的在于增加群体的多样性,尝试是否能变异出适应性更强的后代。

(4) 终止(termination):相比父代,当子代的适应性不再有显著提升,或当繁衍代数达到一个提前决定的量时,可以终止算法。所有代个体中适应性最强的个体基因,对应遗传算法搜寻到的最优超参数组合。

	超参数1	超参数2	超参数3	超参数4
孩子1	1	0	0	0
孩子2	0	1	1	1

变异

	超参数1	超参数2	超参数3	超参数4
孩子1	1	0	0	0
孩子2	0	2 👽	1	1

图 5.11 个体变异示意图

使用 Python 写出一套遗传算法的流程,搜索最优的 n_estimators 和 max_depth 的取值组合。首先进行第 1 步初始化,在下一个 cell 中执行:

```
#Chapter5/genetic_algorithm.ipynb

#初始化
def initialization(M):
    '''初始化 M 个生物个体
    输入:
        M: 初始化群体中总个体数
    输出:
        初始化的群体
    '''
    np.random.seed(42)    #为了保证本段代码可复制性添加,应用时可删除

    #使用向量存储染色体中不同基因的值
    n_estimators = np.zeros([M, 1], dtype = np.int)
    max_depth = np.zeros([M, 1], dtype = np.int)

    for i in range(M):
        n_estimators[i] = np.random.randint(5, 15)        #范围为[5, 14]
        max_depth[i] = np.random.randint(5, 15)           #范围为[5, 14]

    population = np.concatenate((n_estimators, max_depth), axis = 1)
    return population

#设定 M = 20
population = initialization(20)
print('初始化个体数为 20 的群体: \n', population)
```

输出如下:

初始化个体数为 20 的群体:
```
[[11  8]
 [12  9]
 [11 14]
 [ 7 11]
 [12  9]
 [ 8 12]
 [12  7]
 [10  9]
 [ 6 12]
 [10  6]
 [ 9  5]
 [14 10]
 [13  5]
 [14  7]
 [11  8]
 [13  7]
 [ 9  7]
 [11  9]
 [13 11]
 [ 6  8]]
```

输出中每行代表一个单染色体个体,每个染色体包含 n_estimators 和 max_depth 两个基因,两个基因的取值范围均为[5,14]中的整数。

第 2 步,进行个体选择。将交叉验证的平均负 MSE 作为适应性,适应性越高对应的负 MSE 越高,也是更优的模型。在下一个 cell 中执行:

```
#Chapter5/genetic_algorithm.ipynb

from sklearn.model_selection import KFold
from sklearn.metrics import mean_squared_error

def get_individual_fitness(population, df_train_val):
    '''计算群体中每个个体的适应性
    输入:
        population: 包含所有个体染色体基因信息的群体
        df_train_val: 交叉验证集
    输出:
        群体中每个个体对应的适应性分数
    '''
    fitness_scores = []
    for i in range(population.shape[0]):
        curr_n = population[i][0]
        curr_depth = population[i][1]
        #交叉验证
        kf = KFold(n_splits=5)
        mse_lst = []
        for train_index, val_index in kf.split(df_train_val):
```

```
                df_train, df_val = df_train_val.iloc[train_index],\
                                df_train_val.iloc[val_index]
            reg = RandomForestRegressor(n_estimators = curr_n,
                                max_depth = curr_depth,
                                random_state = 42)
            #训练随机森林
            reg.fit(df_train.drop(columns = ['price']), df_train['price'])

            #预测评估
            pred_val = reg.predict(df_val.drop(columns = ['price']))
            mse_val = mean_squared_error(list(df_val['price']), pred_val)
            mse_lst.append(mse_val)

        #计算平均负 MSE 并录为个体适应性
        mse_lst = np.array(mse_lst)
        fitness_scores.append( - round(mse_lst.mean(), 3))

    return fitness_scores

fitness_scores = get_individual_fitness(population, df_train_val)
print('群体中每个个体所对应的适应性:\n', fitness_scores)
```

输出如下:

```
群体中每个个体所对应的适应性:
[ - 13.486, - 13.43, - 13.65, - 14.07, - 13.43, - 14.275, - 13.756, - 13.69, - 15.055,
 - 14.262, - 14.883, - 13.31, - 14.266, - 13.747, - 13.486, - 13.647, - 14.099, - 13.41,
 - 13.403, - 14.826]
```

群体中 20 个个体所对应的适应性皆不同,在这其中选择 12 个适应性较高的个体进行繁衍。上文中介绍遗传算法的步骤时提到,对环境适应性更强的个体将有更大的概率被选中作为下一代的父母。选择算法良多,本节将简单地选择适应性最强的前 k 个个体作为下一代的父母。某些选择算法中,适应性一般,无法进入排名前 k 的个体也有一定概率繁衍。使用这一方法并设定 $k=12$,在下一个 cell 中执行:

```
# Chapter5/genetic_algorithm.ipynb

def parents_selection(population, fitness_scores, num_parents):
    '''在群体中寻找适应性最高的个体
    输入:
        population: 包含所有个体染色体基因信息的群体
        fitness_scores: 群体中每个个体对应的适应性分数
        num_parents: 最终选择的最优个体数
    输出:
        在群体中寻找适应性最高的个体
    '''
    worst_fitness = min(fitness_scores) - 1#设定一个低于群体中所有个体的适应性
    #初始化一个用于存储适应性较高父代个体的 Numpy array
```

```
        selected_parents = np.zeros((num_parents, population.shape[1]),
                                    dtype = np.int)

        # 在 population 中寻找适应性最高的个体,共 num_parents 个
        for idx in range(num_parents):
            highest_fitness_idx = fitness_scores.index(max(fitness_scores))
            selected_parents[idx, : ] = population[highest_fitness_idx, : ]
            # 保证选择过的个体不再被选择
            fitness_scores[highest_fitness_idx] = worst_fitness

        return selected_parents

parents = parents_selection(population, fitness_scores, 12)
print('群体中适应性最高的 12 个个体: \n', parents)
```

输出如下:

```
群体中适应性最高的 12 个个体:
[[14 10]
 [13  8]
 [13  8]
 [12 10]
 [13  9]
 [12  8]
 [11  8]
 [14  9]
 [11 14]
 [13  6]
 [14  6]
 [11  6]]
```

第 3 步,对优选出来的父代个体进行交叉运算和变异运算,繁衍下一代个体。在下一个 cell 中执行:

```
# Chapter5/genetic_algorithm. ipynb

def crossover(parents, num_children):
    '''交叉运算
    输入:
        parents: 父代 k 个最优个体
        num_children: 新一代个体数
    输出:
        新一代个体
    '''
    # 存储下一代个体基因
    after_crossover = np.zeros((num_children, parents.shape[1]),
                               dtype = np.int)
    for i in range(num_children):
```

```
            #第 i 个孩子的父母为父母列表中的第 i 和第 i + 1 位
            #若 i>总父母个数,则取 i % parents.shape[0]
            parent1_idx = i % parents.shape[0]
            #若 i + 1>总父母个数,则取(i + 1) % parents.shape[0]
            parent2_idx = (i + 1) % parents.shape[0]

            #由于仅有两个超参数,使用中点作为交叉点
            #这样的运算相当于仅保留图 5.6 中的"孩子 2"
            after_crossover[i, 0] = parents[parent1_idx, 0]
            after_crossover[i, 1] = parents[parent2_idx, 1]

    return after_crossover


def mutation(after_crossover):
    '''变异运算
    输入:
        after_crossover: 交叉运算后所得新一代个体
    输出:
        变异后的新一代个体
    '''
    np.random.seed(42)

    mutated = after_crossover.copy()
    #n_estimators 变异值,范围为[ - 1, 1],拥有 1/3 的概率不变异
    mutation_val_n = np.random.randint(-1, 2,
                                       after_crossover.shape[0])
    #max_depth 变异值,范围为[ - 1, 1],拥有 1/3 的概率不变异
    mutation_val_depth = np.random.randint(-1, 2,
                                           after_crossover.shape[0])

    #加入变异值
    mutated[:, 0] += mutation_val_n
    mutated[:, 1] += mutation_val_depth

    #防止变异数值超出指定范围
    #n_estimators 变异后不能低于 5
    mutated[:, 0] = np.maximum(5, mutated[:, 0])
    #n_estimators 变异后不能高于 14
    mutated[:, 0] = np.minimum(14, mutated[:, 0])
    #max_depth 变异后不能低于 5
    mutated[:, 1] = np.maximum(5, mutated[:, 1])
    #max_depth 变异后不能高于 14
    mutated[:, 1] = np.minimum(14, mutated[:, 1])

    return mutated

#执行交叉算法
children_after_crossover = crossover(parents, parents.shape[0])
children_after_mutation = mutation(children_after_crossover)
print('经过交叉运算和变异运算后的下一代个体: \n', children_after_mutation)
```

输出如下：

```
经过交叉运算和变异运算后的下一代个体：
[[14  7]
[12  9]
[14 10]
[13  8]
[12  8]
[11  8]
[12  9]
[14 14]
[12  5]
[14  5]
[14  6]
[12 10]]
```

以上代码为一轮繁衍的结果。使用所有定义的函数，完整执行 10 个迭代的进化。在下一个 cell 中执行：

```
# Chapter5/genetic_algorithm.ipynb

initial_population = 10          # 初始群体大小
num_pairs_parents = 5            # 每一代成为父母的个体数，也是下一代群体大小
num_generations = 10            # 总代数
num_parameters = 2              # 待调试参数量

# 初始化群体，此为第 0 代
population = initialization(initial_population)
# 存储每一代个体的染色体基因数值
population_history = [population]
# 存储进化过程中不同代的个体适应性
curr_fitness = get_individual_fitness(population, df_train_val)
fitness_history = [curr_fitness]
curr_best_generation = 0        # 记录当前最优组合所在代数
curr_best_fitness = max(curr_fitness)    # 记录当前最优组合的负 MSE
print('第 0 代群体：')
print('最高负 MSE 为', curr_best_fitness)
print()

# 开始进化

for generation in range(num_generations):

    print("第{}代群体：".format(generation + 1))

    # 选择最优的个体成为父母
    parents = parents_selection(population,
                                curr_fitness,
                                num_pairs_parents)
```

```
#执行交叉算法,并设定为下一代群体
children_after_crossover = crossover(parents, num_pairs_parents)
population = mutation(children_after_crossover)
population_history.append(population.copy())

#计算新一代的适应性
curr_fitness = get_individual_fitness(population, df_train_val)
fitness_history.append(curr_fitness.copy())
gen_best_fitness = max(curr_fitness)
print('最高负 MSE 为', gen_best_fitness)
print()

#若找到更优组合,则更新最优组合和最优负 MSE
if gen_best_fitness > curr_best_fitness:
    curr_best_fitness = gen_best_fitness
    curr_best_generation = generation + 1
```

输出如下:

第 0 代群体:
最高负 MSE 为 - 13.43

第 1 代群体:
最高负 MSE 为 - 13.317

第 2 代群体:
最高负 MSE 为 - 13.292

第 3 代群体:
最高负 MSE 为 - 13.178

第 4 代群体:
最高负 MSE 为 - 13.438

第 5 代群体:
最高负 MSE 为 - 13.31

第 6 代群体:
最高负 MSE 为 - 13.128

第 7 代群体:
最高负 MSE 为 - 13.478

第 8 代群体:
最高负 MSE 为 - 13.178

第 9 代群体:
最高负 MSE 为 - 13.438

```
第 10 代群体:
最高负 MSE 为 - 13.128
```

最后,使用 11 代群体中最优个体对应参数训练模型并预测试集数据,在下一个 cell 中执行:

```
# Chapter5/genetic_algorithm. ipynb

# 通过最优代数和进化历史的记录,寻找最优组合
best_generation_fitness = fitness_history[curr_best_generation]
best_index = \
        best_generation_fitness. index(max(best_generation_fitness))
best_estimators, best_depth = \
            population_history[curr_best_generation][best_index]

print('最优超参数组合: \n',
    'n_estimators = {0}, max_depth = {1}\n'. format(best_estimators,
                                    best_depth))

# 使用交叉验证集训练模型,并在测试集上进行评估
reg = RandomForestRegressor(n_estimators = best_estimators,
                        max_depth = best_depth,
                        random_state = 42)
# 训练随机森林
reg. fit(df_train_val. drop(columns = ['price']), df_train_val['price'])

# 预测评估
pred_test = reg. predict(df_test. drop(columns = ['price']))
mse_test = mean_squared_error(list(df_test['price']), pred_test)
print('随机森林使用最优组合后,预测测试集所得 MSE: ', round(mse_test, 3))
```

输出如下:

```
最优超参数组合:
n_estimators = 13, max_depth = 13

随机森林使用最优组合后,预测测试集所得 MSE: 13. 703
```

最后,根据进化历史,分析并可视化遗传算法不同代中个体的变化趋势,在下一个 cell 中执行:

```
# Chapter5/genetic_algorithm. ipynb

# 绘制进化过程群体中 n_estimators 和 max_depth 的平均值
plt. plot([p[:, 0]. mean() for p in population_history],
        linestyle = ' - . ', label = 'n_estimators')
plt. plot([p[:, 1]. mean() for p in population_history],
        label = 'max_depth')
```

```
plt.title('Genetic evolution of parameter mean')
plt.xlabel('generation')
plt.ylabel('parameter value')
plt.legend()
plt.show()
```

输出如图 5.12 所示。

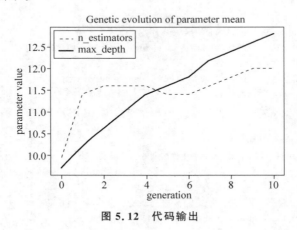

图 5.12 代码输出

由此可见,群体繁衍、进化的过程中,遗传算法的搜索空间一步步接近 n_estimators 和 max_depth 偏大的值,也是本节开篇所示的 MSE 较小区域。当搜索空间较大时,遗传算法的这一特质将有效地发掘表现较佳的组合区域,可以节省网格搜索与随机搜索中执行的许多结果大概率不佳的探索。

5.4 函数正则化

第 4 章中的许多模型存在过拟合的风险。4.5.1 节线性回归模型中,若 m 值过小,则模型呈现欠拟合;若 m 值过大,则模型呈现过拟合。4.5.1 节中,已知数据的本质为 3 次多项式的前提下,使用 $m=3$ 得到了在训练集范围内拟合较好,且预测超出训练集范围数据点的能力较强的函数模型。同时,我们发现 $m=19$ 的模型呈现过拟合。

简单的解决方案是选择较小的 m 值,也就是减少模型本身可以学习的权重数量,但这种简单的方式限制了模型可以表达的函数类型。另外,某些模型,例如深度神经网络,注定包含许多权重,若想利用这类模型的优势,单纯地减少可学习权重数量往往不可行。

正则化(regularization)在保持原有权重数量的前提下,有效减缓模型呈现的过拟合问题。正则化的核心在于惩罚取值过大的权重。回顾线性回归的成本函数 J:

$$J = \frac{1}{2N} \| Xw - y \|^2 \tag{5.30}$$

模型训练的目的在于降低这一成本函数。在函数中加入关于权重的函数项 $R(w)$,也被称为正则化项(regularizer),如式(5.31)所示:

$$J = \frac{1}{2N} \| Xw - y \|^2 + \lambda R(w) \tag{5.31}$$

其中,λ 决定正则化强度,λ 越大对应的正则化越强。降低成本函数意味着降低正则化项 $R(w)$。常用的正则化项包含 L1 正则化项和 L2 正则化项。L2 正则化中,$R(w)$ 定义为所有权重平方之和,其表达式为

$$R(w) = \sum_j w_j^2 \tag{5.32}$$

L1 正则化中,$R(w)$ 定义为所有权重绝对值之和,其表达式为

$$R(w) = \sum_j |w_j| \tag{5.33}$$

成本函数中加入 L1 或 L2 正则项后,需要在降低 $\frac{1}{2N}\|Xw-y\|^2$ 预测值与目标之间距离的同时,保证 $R(w)$ 不要过大。多数情况下,降低 $\frac{1}{2N}\|Xw-y\|^2$ 的代价是提升 $R(w)$,模型呈现过拟合;而降低 $R(w)$ 的代价是提升 $\frac{1}{2N}\|Xw-y\|^2$,模型呈现欠拟合。两者之间的平衡由超参数 λ 控制。若 λ 较大,则表示模型愿意牺牲对 $\frac{1}{2N}\|Xw-y\|^2$ 项的优化,而着重优化正则项 $R(w)$,过大的 λ 会由于过度限制权重的大小造成模型欠拟合;若 λ 较小,则表示模型愿意牺牲对正则项 $R(w)$ 的优化,而着重优化 $\frac{1}{2N}\|Xw-y\|^2$ 项,过小的 λ 会由于过度轻视对权重大小的控制造成模型过拟合。

最后,简单讲解一下 L1 正则化和 L2 正则化的区别。从式(5.32)和式(5.33)的对比中可以看出,L2 正则化随着权重绝对值的平方增加,而 L1 正则化随着权重绝对值的增加仅呈直线增加。这意味着,在 L2 正则化中,一个较小权重绝对值的降低并不能与一个较大权重绝对值的提升相抵消,而在 L1 正则化中,两者可以相抵消。

举个例子,假设 $w_1 = 0.5, w_2 = 50$。在其余权重不变的前提下,设想将 w_1 的绝对值降低 0.5,将 w_2 的绝对值提升 0.5,变化前 w_1 和 w_2 对 L2 正则项的总贡献为 $0.5^2 + 50^2 = 2500.25$,对 L1 正则项的总贡献为 $|0.5| + |50| = 50.5$;变化后 w_1 和 w_2 对 L2 正则项的总贡献为 $0^2 + 50.5^2 = 2550.25$,对 L1 正则项的总贡献为 $|0| + |50.5| = 50.5$。若使用 L1 正则项,则 w_1 和 w_2 的变化对于正则项没有影响,也就意味着,这一变化降低了 $\frac{1}{2N}\|Xw-y\|^2$ 项,该变化从降低总成本的角度来讲是可取的。若使用 L2 正则项,则 w_1 和 w_2 的变化提高了正则项,这意味着,即使这一变化降低了 $\frac{1}{2N}\|Xw-y\|^2$ 项,该变化从降低总成本的角度来讲也不一定可取。

从这个例子中可以看出,相比 L2 正则化,L1 正则化更容易使更多权重接近于 0。当特征数较多时,也许我们希望通过设定许多接近 0 的权重进行特征筛选,这时可以选择 L1 正则化;若希望尽量保留所有特征,则选择 L2 正则化。

使用 L1 正则化的回归算法称为稀疏回归(lasso regression),使用 L2 正则化的回归算法称为岭回归(ridge regression)。在 sklearn 中,调用 linear_model. Lasso 即可使用稀疏回归,调用 linear_model. Ridge 即可使用岭回归。由于 Lasso 和 Ridge 的调用方式并无大的区别,本节最后将使用 Ridge 模型重新预测 4.5.1 节中的例子。回顾 4.5.1 节中的例子,使

用 $m=19$，并可视化模型在稍微超出训练集范围的数据上的预测结果，执行：

```
#Chapter5/regularization.ipynb

import numpy as np
import pandas as pd
import matplotlib.pyplot as plt
from sklearn.linear_model import Ridge, LinearRegression

np.random.seed(42)

#建立 4.5.1 节中的 3 次多项式
x_arr = np.linspace(-10, 10, 50)
#刨除噪声因素,x 与 y 呈 y = x^3 + 2x^2 + x 的关系
df_poly = pd.DataFrame({'x': x_arr,
                        'y': x_arr ** 3 + 2 * x_arr ** 2 + x_arr + \
                            np.random.rand(50) * 150 - 75})

#创建特征 x^2 到 x^19
for m in range(2, 20):
    df_poly['x^' + str(m)] = df_poly['x'] ** m

#L2 正则化, alpha 为文中的 lambda,用于调试正则化强度
reg = Ridge(alpha = 1.0)
reg.fit(df_poly, df_poly['y'])

#创建稍微超出训练集范围的数据点
x_arr_expanded = np.linspace(-10.5, 10.5, 50)
df_poly_expanded = pd.DataFrame({'x': x_arr_expanded,
                        'y': x_arr_expanded ** 3 + 2 * x_arr_expanded ** 2 + x_arr_expanded
+ \
                            np.random.rand(50) * 150 - 75})
#创建特征 x^2 到 x^19
for m in range(2, 20):
    df_poly_expanded['x^' + str(m)] = df_poly_expanded['x'] ** m

#使用相应 m 值训练好的模型进行预测并绘制预测结果
plt.scatter(df_poly_expanded['x'], df_poly_expanded['y'], label = 'data')
plt.plot(df_poly_expanded['x'], reg.predict(df_poly_expanded),
                            label = 'predictions')
plt.title('m = ' + str(m))
plt.xlabel('x')
plt.ylabel('y')
plt.legend()
plt.show()
```

输出如图 5.13 所示。

对比 4.5.1 节在相同范围内使用普通的 LinearRegression 模型输出,如图 5.14 所示。

由此可见,使用正则化确实可以降低过拟合的风险,提高模型的泛化性。

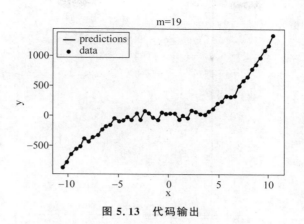

图 5.13 代码输出

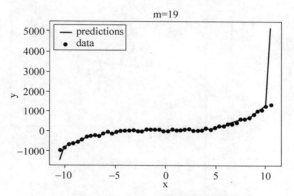

图 5.14 LinearRegression 模型同范围预测输出

这里需要注意的是,正则化并不是一剂万能药。在这个例子中,数据的真实规律是一个 3 次多项式,而我们使用了 $m=19$ 这样一个过于复杂的假设。上段代码中,训练集的 x 取值范围为 $[-10, 10]$,而可视化的预测范围为 $[-10.5, 10.5]$,这说明,模型在稍微超出训练集范围的数据点上尚能做出较好的预测,但当预测范围与训练集的 x 取值范围增加时,使用了正则化的模型仍会呈现明显的过拟合。在下一个 cell 中可视化预测范围为 $[-15, 15]$ 的数据点,执行:

```
# Chapter5/regularization.ipynb

# 创建超出训练集范围较大的数据点
x_arr_expanded2 = np.linspace( -15, 15, 50)
df_poly_expanded2 = pd.DataFrame({'x': x_arr_expanded2,
            'y': x_arr_expanded2 ** 3 + 2 * x_arr_expanded2 ** 2 + x_arr_
expanded2 + \
                np.random.rand(50) * 150 - 75})
# 创建特征 x^2 到 x^19
for m in range(2, 20):
    df_poly_expanded2['x^' + str(m)] = df_poly_expanded2['x'] ** m
```

```
#使用相应m值训练好的模型进行预测并绘制预测结果
plt.scatter(df_poly_expanded2['x'], df_poly_expanded2['y'], label = 'data')
plt.plot(df_poly_expanded2['x'], reg.predict(df_poly_expanded2),
                        label = 'predictions')
plt.title('m = ' + str(m))
plt.xlabel('x')
plt.ylabel('y')
plt.legend()
plt.show()
```

输出如图 5.15 所示。

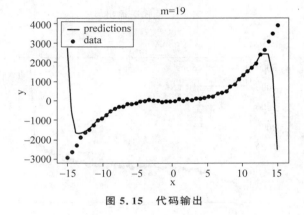

图 5.15　代码输出

## 第 6 章

数 据 优 化

第 5 章讲解了如何从模型的角度优化预测,在假设数据无优化空间的前提下,讨论如何寻找最适合使用指定数据解决预测问题的模型。本章将从数据的角度出发,讨论如何将数据处理为最优格式。这与第 2 章讲解的数据清理不同,数据清理的目的是将数据转化为一个可以被模型接受的格式,而数据优化是在这个基础上进行更多的处理,达到帮助模型提取数据信息的目的。

6.1 数据规范化

对于某些模型来讲,特征数值的绝对大小将改变模型对该特征的重视程度。例如在 K 近邻模型中,由于模型的预测与数据点之间的距离息息相关,特征的绝对大小将对预测结果产生较大的影响。如图 6.1 所示,特征的单位决定了特征的绝对大小,并对数据之间的距离产生明显影响。

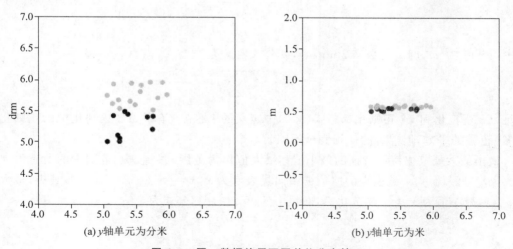

(a) y 轴单元为分米   (b) y 轴单元为米

图 6.1   同一数据使用不同单位分布情况

以梯度下降为核心的模型也会受到特征绝对大小的影响,例如逻辑斯蒂回归、神经网络等。回顾梯度下降算法中的权重更新式:

$$w_j \leftarrow w_j - \alpha \frac{\partial L}{\partial w_j} \tag{6.1}$$

$$\frac{\partial L}{\partial w_j} = \frac{1}{|M|} \sum_{i=1}^{|M|} (g^{(i)} - y^{(i)}) x_j^{(i)} \tag{6.2}$$

当特征 $x_j^{(i)}$ 的绝对值较大时,导致 $\frac{\partial L}{\partial w_j}$ 较大,也就意味着每一步更新权重较快。

为了保证以数据点距离计算为核心模型的稳定性,并保证以梯度下降为核心的模型的权重更新较为平缓,在训练模型之前,需对数据进行规范化(normalization)。

数据规范化的目的是刨去特征本身的单位,将数据点该特征原有的数值映射到一个 0 和 1 之间的数值。本节介绍 3 个常用的规范化方法:L1 规范化、L2 规范化和最小最大规范化(min-max normalization)。

L1 规范化中,假设 N 个数据点的原特征用向量表示为 $\boldsymbol{x}$, $\boldsymbol{x} = [x_1, x_2, \cdots, x_N]$,规范化后,向量中的第 i 项计算公式为

$$x_i = \frac{x_i}{\|\boldsymbol{x}\|_1} = \frac{x_i}{\sum_{j=1}^{N} |x_j|} \tag{6.3}$$

其中,$\|\boldsymbol{x}\|_1$ 为 $\boldsymbol{x}$ 的 L1 范数(L1 norm),其公式定义为

$$\|\boldsymbol{x}\|_1 = \sum_{j=1}^{N} |x_j| \tag{6.4}$$

可见,L1 规范化和 L1 正则化都与式(6.4)中定义的 L1 范数有关,但二者的作用完全不同。

L2 规范化中,假设 N 个数据点的原特征用向量表示为 $\boldsymbol{x}$, $\boldsymbol{x} = [x_1, x_2, \cdots, x_N]$,规范化后,向量中的第 i 项计算公式为

$$x_i = \frac{x_i}{\|\boldsymbol{x}\|_2} = \frac{x_i}{\sqrt{\sum_{j=1}^{N} x_j^2}} \tag{6.5}$$

其中,$\|\boldsymbol{x}\|_2$ 为 $\boldsymbol{x}$ 的 L2 范数(L2 norm),其公式定义为

$$\|\boldsymbol{x}\|_2 = \sqrt{\sum_{j=1}^{N} x_j^2} \tag{6.6}$$

可见,L2 规范化和 L2 正则化都与式(6.6)中定义的 L2 范数有关,L2 正则化中的正则化项是 L2 范数的平方,但二者的作用完全不同。

最小最大规范化使用特征的最小值和最大值作为范围,并将这一范围中的所有值映射到 $[0, 1]$。假设 N 个数据点的原特征用向量表示为 $\boldsymbol{x}$, $\boldsymbol{x} = [x_1, x_2, \cdots, x_N]$,其中,最大值为 $x_{\max}$,最小值为 $x_{\min}$。规范化后,向量中的第 i 项计算公式为

$$x_i = \frac{x_i - x_{\min}}{x_{\max} - x_{\min}} \tag{6.7}$$

以上规范化方法均不难实现,使用 sklearn 中的 preprocessing. Normalizer 即可对特征进行规范化处理。参数 norm 用于设定规范化方法,设定'l1'使用 L1 规范化,设定'l2'使用 L2 规范化,设定 'max' 使用最小最大规范化。创建一个拥有两个不同单位特征的 DataFrame,执行:

```
# Chapter6/normalization.ipynb

import pandas as pd
import numpy as np
from sklearn.preprocessing import Normalizer

np.random.seed(42)
df = pd.DataFrame({'x1': np.random.rand(10) * 100,
                   'x2': np.random.rand(10) * 10})
print('原数据集: ')
display(df.head())
print()

# Normalizer 接收一个二维矩阵, 并对每行进行规范化
# 使用 L2 规范化作为示例, L1 和最小最大规范化的调用方法相似, 在此省略
normalizer = Normalizer(norm = 'l2').fit(df.values.T)
normalized_vals = normalizer.transform(df.values.T)
normalized_df = pd.DataFrame({'x1': normalized_vals[0],
                              'x2': normalized_vals[1]})

print('经过 L2 标准化后的数据集: ')
display(normalized_df.head())
```

显示结果如图 6.2 所示。

原数据集:

	x1	x2
0	37.454012	0.205845
1	95.071431	9.699099
2	73.199394	8.324426
3	59.865848	2.123391
4	15.601864	1.818250

经过L2标准化后的数据集:

	x1	x2
0	0.197308	0.013328
1	0.500837	0.628011
2	0.385615	0.539002
3	0.315373	0.137488
4	0.082191	0.117731

图 6.2　代码输出

最后需要声明的是, 并不是所有模型都会受到特征单位的影响, 例如以决策树为基础构建的各类模型。由于决策树的分割仅取决于特征数值之间的大小关系, 增大或缩小其绝对值并不能改变选择的特征, 也不会改变被选择特征分割阈值的相对位置。

6.2　异常值清理

特征中存在的异常值(outliers)是导致模型预测不佳的因素之一。异常值指数据集中明显偏离其余数据的个别数据点。观察下列特征取值:

$$x = [1000, 1023, 995, 1201, 1108, 890, 0.1, 1075, 1257, 920, 1101] \qquad (6.8)$$

11 个特征取值中, 0.1 这一数值与其余数据点相差明显较大, 因此, 此特征取值为 0.1 的数据点可以被看作一个异常值。

异常值的来源分为两大类。第一类,它们可能来自于某种记录误差,例如在档案员记录该特征信息时输入错误,或测量该特征数值的仪器出现故障。这种情况下,异常值与其余正常数值不属于同一分布。第二类,它们可能属于某种少见的极端现象,但这样的极端现象与其余正常数值属于同一分布。

在预测问题中,模型的目的在于学习数据集本质的规律。若大多数据点属于一个分布而某些异常值不属于该分布,那么模型从大多数数据中学习到的规律将无法用于预测异常值,同时,异常值的存在在模型的学习中起到噪声的作用。这种情况下,我们应该考虑移除异常值。

实践中移除异常值的方法有很多,包括许多预测模型也被用于解决这一问题,例如4.8.3节中介绍的孤立森林。许多分类模型可以被改造用于检测异常值,特别是非监督学习模型,例如 K 均值聚类算法。当设定类别数为 2 时,由于模型本身为非监督学习,我们可以合理地假设最明显的两个类别之分为正常数据和异常数据,那么该分类模型本质上在区分正常数据和异常数据。分类结果中多数数据属于正常数据类别,而少部分数据属于异常数据类别。

正因为用于移除异常值的方法良多,且异常数据检测这一问题同样可以被看作预测问题,本节仅从单个特征的角度出发,讲解如何通过数值的差异发现并移除异常值。针对这一问题,常用的异常值检测方法包含使用分位数为基准和使用 Z 值(Z-score)为基准的检测。

四分位数指的是将数值根据大小顺序排列并进行四等分,处于 3 个分割点位置的数值,称这 3 个分割点分别为 $Q1$、$Q2$、$Q3$。四分位数间距(Interquartile range,IQR)为 $Q1$ 与 $Q3$ 之间的距离。假设总数据量为 N,$Q1$ 的位置、$Q2$ 的位置、$Q3$ 的位置和 IQR 分别可以表示为

- $Q1$ 的位置 $=(N+1)\times 0.25$
- $Q2$ 的位置 $=(N+1)\times 0.50$
- $Q3$ 的位置 $=(N+1)\times 0.75$
- $IQR=Q3-Q1$

例如式(6.8)所示的特征 x 中,将数值从小到大排列后,得到:

$$[0.1, 890, 920, 995, 1000, 1023, 1075, 1101, 1108, 1201, 1257]$$

由此可得

- $Q1$ 的位置 $=(11+1)\times 0.25=3,Q1=920$
- $Q2$ 的位置 $=(11+1)\times 0.50=6,Q2=1023$
- $Q3$ 的位置 $=(11+1)\times 0.75=9,Q3=1108$
- $IQR=1108-920=188$

使用四分位数移除异常值时,假设范围在 $[Q1-1.5IQR,Q3+1.5IQR]$ 的数据为正常数据,而小于 $Q1-1.5IQR$ 或大于 $Q3+1.5IQR$ 的数据为异常数据。应用中,只要可以确定 $Q1$ 和 $Q3$ 的位置,并计算 IQR,即可轻易移除异常数据。使用波士顿数据集,针对 CRIM(城市人均犯罪率)这一特征做异常值的检测与移除。首先,使用.describe 函数了解 CRIM 特征的 $Q1$、$Q3$、最大值和最小值,执行:

```
#Chapter5/removing_outliers.ipynb

import pandas as pd
from sklearn.datasets import load_boston

#读取数据集,数据特征详情可参考4.6节
boston_dataset = load_boston()
df = pd.DataFrame(boston_dataset['data'])
df.columns = boston_dataset['feature_names']
df['price'] = boston_dataset['target']

#.describe 函数中'25%'对应 Q1,'75%'对应 Q3
display(df.describe().loc[['count', '25%', '75%',
                          'min', 'max']][['CRIM']])
```

显示结果如图 6.3 所示。

其中,count 为有效(不为 NaN)数据点个数,25%对应 $Q1$,75%对应 $Q3$,min 对应最小值,max 对应最大值。单纯从这一输出可见,max 对应的最大值为异常值。找到 $Q1$ 和 $Q3$ 取值后,移除 CRIM 取值不在其间的数据点,在下一个 cell 中执行:

```
#Chapter5/removing_outliers.ipynb

Q1 = df.describe().loc['25%']['CRIM']
Q3 = df.describe().loc['75%']['CRIM']
IQR = Q3 - Q1

#筛选 CRIM 取值在 Q1 和 Q3 之间的数据点
df_trimmed = df[df['CRIM'].between(Q1 - 1.5 * IQR, Q3 + 1.5 * IQR)]
display(df_trimmed.describe().loc[['count', 'min', 'max']][['CRIM']])
```

显示结果如图 6.4 所示。

	CRIM
count	506.000000
25%	0.082045
75%	3.677083
min	0.006320
max	88.976200

图 6.3 代码输出

	CRIM
count	440.00000
min	0.00632
max	8.98296

图 6.4 代码输出

新的 DataFrame 中,原先的 506 个数据点中仅有 440 个通过筛选存留,新的最大值和最小值在原先的 $Q1$ 和 $Q3$ 之间。

从原 DataFrame 的 min、max、25%和 75%数值中可以看出,小于 $Q1$ 的异常值相比大于 $Q3$ 的异常值来讲,距离正常值较近。使用盒形图(Box-plot)可以用来可视化正常值范围及两端异常值与正常值之间的距离,在下一个 cell 中执行:

```
import matplotlib.pyplot as plt

plt.boxplot(df['CRIM'].values)
plt.title('CRIM distribution')
plt.show()
```

输出如图 6.5 所示。

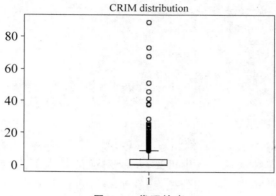

图 6.5　代码输出

输出途中,盒子的区域为 $Q1$ 与 $Q3$ 之间的区域,盒子之外上下 1.5 倍 IQR 的范围也算作正常区域。此范围之外为异常值,在盒形图中用圆圈标注。由此输出可见,大多数异常值大于 $Q3+1.5\text{IQR}$,且大约聚集在 $[Q3+1.5\text{IQR},30]$ 这一范围。

介绍 Z 值之前,首先介绍标准差。标准差是统计学中常用于计算数据离散程度的数值,用符号 σ 表示,其公式定义为

$$\sigma = \sqrt{\frac{\sum_i (x_i - \mu)^2}{N}} \tag{6.9}$$

其中,N 为总数据量,x_i 为第 i 个数据点取值,μ 为数据点平均值。Z 值在考虑了数据本身离散程度的前提下,衡量了指定数据点与平均值之间的距离,其公式定义为

$$Z = \frac{x - \mu}{\sigma} \tag{6.10}$$

一般来讲,当 $Z>3$ 或 $Z<-3$ 时,数据点 x 为异常数据。使用 scipy.stats 中的 zscore 函数计算波士顿房价数据集各个数据点 CRIM 特征的 Z 值,在下一个 cell 中执行:

```
from scipy import stats

#计算 Z 值,并将其加入 df 中为一列,方便索引
df['crim_z_scores'] = stats.zscore(df['CRIM'].values)
df_z_trimmed = df[df['crim_z_scores'].between(-3, 3)]
display(df_z_trimmed.describe().loc[['count', 'min',
                                     'max']][['CRIM']])
```

输出如图 6.6 所示。

新的 DataFrame 中,原先的 506 个数据点中有 498 个通过筛选存留。相比原 DataFrame,最小值未变,说明小于平均值的数据点与平均值距离皆未超过 3 倍标准差。

	CRIM
count	498.00000
min	0.00632
max	28.65580

图 6.6 代码输出

并不是所有遇到的异常值都需要被移除。正如前文所述,第二类异常值与正常数值属于同一分布,为该分布中某种少见的极端现象。假设该特征中 95% 的数据点位于 1000 附近,5% 的数据点位于 3000 附近。从异常值的角度看,这 5% 位于 3000 附近的数据点皆为异常数值,但它们也许由某可预测契机触发,并包含重要信息。举个具体的假想例子,在预测冰激凌销量的问题中,也许 95% 的数据点中,昨日销量这一特征皆位于 1000 附近,而 5% 的数据点中,昨日销量这一特征皆位于 3000 附近。深入调查后,我们发现该冰激凌销售公司每 20 天举行一次热销活动,导致改日销量远高于平常。这个例子中,昨日销量这一特征接近 3000 的异常值包含重要信息,它意味着当前数据点所在日期处于一个热销日的后一日,这将对预测当前数据点销量产生重要影响。

某些时候,当多个异常值相距彼此较近,却与正常值相距较远时,可能意味着总数据集中包含不同分布的子集。例如在预测当日销量这一问题中,若总数据集中同时包含 5 种方便面品牌和 95 种冰激凌品牌的历史销量,且方便面的销量规律与冰激凌的销量规律分布完全不同,那么这 5 种方便面的历史销量数据点很有可能在总数据集中表现为异常值。这种情况下,应该考虑将两类食品的数据分离,并分别搭建独立的模型进行预测。

6.3 平滑法

6.2 节中介绍了异常值这一概念,并讲解如何处理异常值。其中提到,异常值是数据集中明显偏离其余数据的个别数据点,异常值在训练过程中为噪声,加大了模型学习数据集本质规律的难度。

某些数据集中,点与点之间存在事件前后顺序的关系,这样的数据集被称为时间序列(time series)。一个时间序列的预测问题中,我们希望找到不同时间点之间待预测值的变化趋势,以此预测未来一段时间该预测值的走向,例如根据冰激凌历史销量的变化趋势,预测未来一个月的销量走向。这类问题中,每个时间点都可能包含或多或少的噪声。这类噪声来源于某种偶然因素,不能被时间序列的本质趋势所预测,同时也会作为噪声,加大模型学习该时间序列本质趋势的难度。冰激凌销量这一时间序列中,销量随季节、温度、节日的变化可以看作该序列的本质趋势,这一趋势可以根据可量化特征预测,而"某日大型聚会临时决定购买该零售商的冰激凌"这一事件可以看作噪声,是随机的不可预测事件,并且大幅提升了该日冰激凌销量。由于时间序列本身可能存在上升或下降的趋势,类似的偶然事件所引发的待预测值一定程度上的暴增或骤降往往不会超出数据本身的合理波动范围。在预测冰激凌销量这一问题中,每日销量这一时间序列中本质上存在冬季销量和夏季销量的波动。例如冬日的某一天销量因偶然因素暴增,该日销量虽然远高于冬日平均销量,但可能不会超过夏日最高销量,因此,使用 6.2 节对异常值的定义往往不能找出这类噪声。

为了减少噪声对未来走向预测的影响,时间序列的噪声处理使用平滑法(smoothing)。从上文对冰激凌销量的波动可以看出,噪声带来的波动往往会使该日销量远高或远低于临近日期的销量,若时间序列本身不存在此类噪声,临近日期的销量变化理应较为平缓。平滑法利用了时间序列本质趋势往往较为平滑的这一特性,通过平滑化未经处理的时间序列,去除随机的噪声因素。本节将介绍 3 种常用的平滑法:移动平滑法(moving average smoothing)、指数平滑法(exponential smoothing)和霍尔特-温特斯平滑法(Holt-Winter's smoothing)。

移动平滑法针对时间点 t,使用一个长度为 k 的窗口,计算窗口内数值的平均值,并将其作为时间点 t 的移动平均值(moving average)。其计算公式为

$$\mathrm{MA}_t = \frac{\sum_{i=0}^{k-1} y_{t-i}}{k} \tag{6.11}$$

其中,y_t 为该时间序列在时间点 t 未经平滑的取值,MA_t 为使用移动平滑法后新时间序列时间点 t 的取值。移动平滑法包含许多变形式,例如使用不同的方法赋予窗口中不同的时间点不同权重,或使用可动态变化大小的窗口。本节将重点讲解式(6.11)所示的基础移动平滑法。

使用 Pandas 执行这一平滑法。首先创建一个假想的冰激凌销量波动曲线,执行:

```
# Chapter6/smoothing.ipynb

import pandas as pd
import numpy as np
import matplotlib.pyplot as plt

np.random.seed(42)

t_arr = np.linspace(0, 24, 100)
# 范围为[-0.5, 0.5]的随机列表
random_arr = np.random.rand(len(t_arr)) - 0.5
# 销量 y 以正弦函数趋势波动,对应"np.sin(t_arr)"
# 随时间的推进而小幅稳步增长,对应"t_arr * 0.02"
# 永远为正数,对应最后"+ 1.25"
# 包含少量噪声,对应"0.5 * random_arr"
df = pd.DataFrame({'t': t_arr,
                   'y': np.sin(t_arr) + t_arr * 0.02 + \
                   0.5 * random_arr + 1.25})
plt.plot(df['t'], df['y'], linestyle = ': ', marker = 'o', markersize = 5)
plt.xlabel('t')
plt.ylabel('sales (thousands)')
plt.title('Ice cream sales time series')
plt.show()
```

输出如图 6.7 所示。

从图 6.7 中可以观察到销量 y 以正弦函数趋势波动,随时间的推进而小幅度稳步增长,并包含少量噪声。使用 pandas.Series.rolling 函数计算移动平均值,并可视化平滑后的曲线,在下一个 cell 中执行:

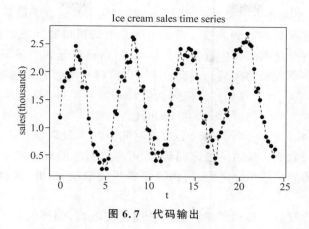

图 6.7 代码输出

```
# Chapter6/smoothing.ipynb

# 计算 k = 3 的窗口下,从第 3 个时间点开始的平均值
smoothed_y_3 = df[['y']].rolling(3).mean()

# 计算 k = 10 的窗口下,从第 10 个时间点开始的平均值
smoothed_y_10 = df[['y']].rolling(10).mean()

# 可视化不同窗口长度下平滑后的曲线
plt.scatter(df['t'], df['y'], s = 5)
plt.plot(df['t'], smoothed_y_3['y'], linestyle = '-', label = 'k = 3')
plt.plot(df['t'], smoothed_y_10['y'], linestyle = ': ', label = 'k = 10')
plt.xlabel('t')
plt.ylabel('sales (thousands)')
plt.title('Ice cream sales time series, smoothed')
plt.legend()
plt.show()
```

输出如图 6.8 所示。

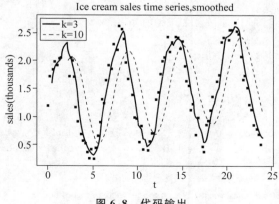

图 6.8 代码输出

图 6.8 中,圆点为原时间序列取值,实线为使用 $k=3$ 的窗口平滑后的趋势曲线,虚线为使用 $k=10$ 的窗口平滑后的趋势曲线。对比不同长度的窗口和原时间序列取值,使用小窗口平滑的曲线并没有穿过原序列中许多较为极端的值,虽然起到一定平滑作用,但使用小窗口仍然可以看到噪声所带来的区域性波动;使用大窗口平滑的曲线基本去除了区域性的随机波动,但该曲线的波峰和波谷相比原序列的波峰和波谷略微滞后,且峰、谷的幅度明显低于原序列的波动幅度。其中的原理对于波峰和波谷相似,以波峰为例解释,这是因为当窗口较长时,在刚进入波峰的时间点,平滑法会取该时间点与大量取值较小时间点的平均值,作为该时间点平滑后的取值。经过一段时间后,当时间点对应的取值完全经过波峰后,平滑法将取大量波峰附近值的平均值,作为该时间点平滑后的取值,因此,大窗口平滑下明显出现波峰滞后的现象。

指数平滑法可以被看作移动平滑法的一种加权变形式,临近的数值会被赋予更大的权重,历史遥远的数据会被赋予以指数下降的低权重,其表达式为

$$S_{t+1} = \sum_{i=0}^{t} \alpha (1-\alpha)^i y_{t-i} \tag{6.12}$$

其中,S_{t+1} 为时间点 $t+1$ 平滑后的取值,α 为平滑因数,$0<\alpha<1$。α 越大对应的指数权重下降越快,临近数据更加被重视而历史遥远的数据将更加失去影响力。当 α 接近 1 时,S_{t+1} 的数值基本完全取决于 y_t;当 α 接近 0 时,平滑法将对历史遥远的数据和临近的数据赋予基本相同的权重。

使用 Pandas 执行这一平滑法,使用 .ewm 函数,对指定的 Series 进行指数平滑。这里提醒一个技术细节,.ewm 函数使用的平滑计算公式与式(6.12)略同,具体使用公式为

$$S_t = \frac{\sum_{i=0}^{t} (1-\alpha)^i y_{t-i}}{\sum_{i=0}^{t} (1-\alpha)^i} \tag{6.13}$$

在下一个 cell 中执行:

```
# Chapter6/smoothing.ipynb

# 计算 alpha = 0.8 的指数平滑结果
smoothed_y_0_8 = df[['y']].ewm(alpha = 0.8).mean()

# 计算 alpha = 0.3 的指数平滑结果
smoothed_y_0_3 = df[['y']].ewm(alpha = 0.3).mean()

# 可视化不同 alpha 下平滑后的曲线
plt.scatter(df['t'], df['y'], s = 10)
plt.plot(df['t'], smoothed_y_0_8['y'], linestyle = '-', label = 'alpha = 0.8')
plt.plot(df['t'], smoothed_y_0_3['y'], linestyle = ': ', label = 'alpha = 0.3')
plt.xlabel('t')
plt.ylabel('sales (thousands)')
plt.title('Ice cream sales time series, exponentially smoothed')
plt.legend()
plt.show()
```

输出如图 6.9 所示。

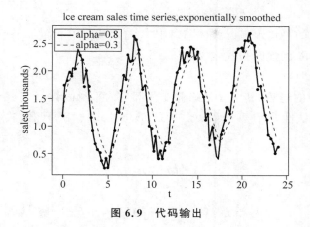

图 6.9 代码输出

图 6.9 中,圆点为原时间序列取值,实线为使用 $\alpha=0.9$ 平滑后的趋势曲线,虚线为使用 $\alpha=0.3$ 平滑后的趋势曲线。由此输出可见,当 $\alpha=0.9$ 时,平滑后的曲线虽然不穿过每个原序列中的数据点,却保留了原序列中大量随机波动。当 $\alpha=0.3$ 时,平滑的曲线基本完全去除了区域性的随机波动。与移动平滑法中使用大窗口的情况类似,但该曲线的波峰和波谷相比原序列的波峰和波谷略微滞后,且峰、谷的幅度明显低于原序列的波动幅度。这是因为在指数平滑法中使用较小的 α,与在移动平滑法中使用大窗口的效果类似,两者皆关注了距离当前时间点历史更遥远的时间点数值。

移动平滑法和指数平滑法从本质上都会移除时间序列中的一部分季节性规律。从上文中二者的输出可以看出,当窗口长度较大或 α 值较低时,原序列中季节性波动幅度减小。霍尔特-温特斯平滑法很大程度上解决了这一问题,是面对存在上升趋势或下降趋势(trend)和周期性(seasonality)序列的优选平滑法。

霍尔特-温特斯平滑法的本质为 3 次指数平滑,即对原时间序列进行一次指数平滑,进而对平滑后的序列进行两次平滑,最后对两次平滑后的序列进行第 3 次平滑。使用霍尔特-温特斯平滑前,需了解趋势和周期性属于加法性质(additive)还是乘法性质(multiplicative)。一个加法性质的上升趋势在时间点与时间点之间存在常数递增关系,而一个乘法性质的上升趋势在时间点与时间点之间存在倍数上升的关系。这两者之间的差异就像在形容物品涨价时,"贵了 2 元钱"和"贵了 5%"的区别。加法性质的周期性独立于时间序列当前的平均水平(level),而乘法性质的周期性中,若时间序列的平均水平升高,则周期波动幅度也会变大。

结合以上分析,本节冰激凌销量的时间序列属于加法性质的趋势和加法性质的周期性。

当周期性属于加法性质时,霍尔特-温特斯平滑法的递归公式定义如下:

$$S_{t+m} = l_t + mb_t + c_{t-L+1+(m-1)\bmod L} \tag{6.14}$$

其中,m 为待预测时间点与时间点 t 之间的距离。$c_{t-L+1+(m-1)\bmod L}$ 为时间点 $t-L+1+(m-1)\bmod L$ 时 c 的取值,c 的递归公式定义如下:

$$c_t = \gamma(y_t - l_t) + (1-\gamma)c_{t-L} \tag{6.15}$$

c 用于概述时间序列中的周期性,L 是季节周期的时长,γ 是季节性波动中的平滑因数。

式(6.14)～式(6.16)中共同出现的 l_t 的递归公式定义如下：

$$l_t = \alpha(y_t - c_{t-L}) + (1-\alpha)(l_{t-1} + b_{t-1}) \qquad (6.16)$$

l 用于概述时间序列的平均水平。式(6.17)中，α 与式(6.12)中的 α 作用相同，b_{t-1} 为时间点 $t-1$ 时 b 的取值，b 的递归公式定义如下：

$$b_t = \beta(l_t + l_{t-1}) + (1-\beta)b_{t-1} \qquad (6.17)$$

b 用于概述时间序列的趋势，其中 β 是趋势变化部分的平滑因数。

若周期性属于乘法性质，计算过程中，式(6.15)将被式(6.18)代替，式(6.16)将被式(6.19)代替：

$$c_t = \gamma \frac{y_t}{l_t} + (1-\gamma)c_{t-L} \qquad (6.18)$$

$$l_t = \alpha \frac{y_t}{c_{t-L}} + (1-\alpha)(l_{t-1} + b_{t-1}) \qquad (6.19)$$

从式(6.14)～式(6.17)可以看出，S_t 的计算中牵扯到 3 个部分的计算：平均水平、周期性和趋势。由于等式皆由递归公式定义，计算每个时间点取值之前还需得到时间点 0 的初始取值。$l_t = y_t$，但 b_0 和 c_0 的推导和公式表达更为复杂，在这里不做更深入的展开。

在 Python 中实现霍尔特-温特斯平滑法需要使用 statsmodels 库。从命令行进入 test 环境，执行：

```
conda activate test
```

进入 Anaconda 官网中 https://anaconda.org/anaconda/statsmodels 下载 statsmodels，根据指示在命令行执行：

```
conda install - c anaconda statsmodels
```

在提示：

```
Proceed?([y]/n)?
```

时输入 y 即可安装。由于使用霍尔特-温特斯平滑法时考虑到周期性，需要保证输入的序列中包含至少一个完整的周期，因此，在平滑算法中输入 df 中前 74 个（大约 3 个周期）数据点，并通过预测剩余 26 个数据点，起到平滑最后 26 个数据点的效果。在下一个 cell 中执行：

```
# Chapter6/smoothing.ipynb

from statsmodels.tsa.holtwinters import ExponentialSmoothing as HWES

# 每个周期约有 26 个时间点,设定 seasonal_periods = 26
# 参数 trend(趋势)和 seasonal(周期性)皆设定为'add',用于表示加法性质
model = HWES(df[: -26]['y'],
        seasonal_periods = 26, trend = 'add', seasonal = 'add')
```

```
model = model.fit()

♯可视化不同 alpha 下平滑后的曲线
plt.scatter(df['t'], df['y'], s = 10)
plt.plot(df['t'], [np.nan] * 74 + list(model.predict(start = 74, end = 99)))
plt.xlabel('t')
plt.ylabel('sales (thousands)')
plt.title('Ice cream sales time series, Holt - Winter\'s')
plt.show()
```

输出如图 6.10 所示。

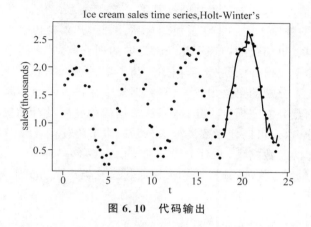

图 6.10　代码输出

图 6.10 中,平滑算法仅对最后 26 个数据点执行,因此实线所代表的平滑后曲线仅出现在最后 26 个数据点周围。平滑后的曲线虽然不穿过每个原序列中的数据点,也避开了原序列中许多随机波动。同时,平滑后的曲线保留了周期性波峰的位置。

6.4　聚类

6.2 节中提到,一个总数据集中可能包含不同分布的子集。例如在预测当日销量这一问题中,不同类别的产品销量规律分布也许完全不同,又或许某些类别的产品存在类似的销量规律。这时候,可以通过聚类的方法将规律类似的产品分为一类,建立针对性的模型。

4.4 节从一个非监督学习的角度,讲解了如何使用 K 均值聚类预测没有目标值标注数据的类别,以此进行用户分类、自动数据标注、异常转账识别等应用。本节将从一个优化训练数据的角度,使用 K 均值聚类分割数据集。

首先,在执行分类之前,先需要分析当前的数据集是否需要被细分为不同子集分别训练。分为子集的优势在于,各个特征与目标值的关系会更加简单明确。分割总数据集这一行为相当于帮助模型进行初步的分类。相比在数据中加入暗示不同数据点分类的特征而言,直接将数据集中不同分类的数据点分为独立的子集让模型的任务更加简单,减少了不同分类之间数据点互相制造噪声的概率。例如在预测产品销量问题中,假设总数据集中包含冰激凌和方便面这两大类食品的历史销量,两者数据点各占总数据集的一半,且数据集中包含"当日温度"这一特征。面对冰激凌类的数据点时,模型会发现,销量随温度的升高而增长,但遇到方便面类的数据点时,模型会发现这一关系并不成立。若模型无法完全认识到数据集中存在着两类产品,且温度这一特征在二者中与目标值关系不同,那么针对"温度对销量的影响"这一问题,两类产品给模型传递的信息将互相矛盾,导致模型无法最大化地使用温度这一特征。若将两类产品分为独立的子集,并分别建立模型,预测方便面销量的模型会得出温度与销量无关这一信息,而预测冰激凌销量的模型会得出销量随温度的升高而增长这一信息,最大化利用温度特征。

但分割数据集的劣势在于,子集的数据量相比总数据集减少。若不同类别自己之间毫无关联,数据点的减少并不会成为分割的劣势,把毫无关联的数据点聚集训练并不会提高模型的预测力,但实际情况中,不同子集之间往往有一定的关联。例如,虽然冰激凌和方便面属于不同产品,但它们都属于同一零售公司的食品,因此,其销量规律可能有一定的相似性。另外,我们最终需要在"更细致的训练子集"和"足够的训练信息"之间平衡,确定是否进行子集分割,若进行分割,又以何种层面分割,例如产品类型、品牌、季节等。

以上分析皆从人工分割的角度出发,已知数据集中存在方便面和冰激凌这两类产品,提出将两类产品的数据点分割建模这一建议,但从数据的角度出发,也许数据本身存在难以用文字形容的类别区分,这时可以使用聚类算法分割。本节将使用 4.4 节中介绍的 K 均值聚类算法分割一个假想的总数据集,并对子集分别建模。

首先,建立一个包含方便面、冰激凌和火锅底料这三类产品历史销量及有关信息的数据集,执行:

```
# Chapter6/cluster_data.ipynb

import pandas as pd
import numpy as np

np.random.seed(42)

temperature_arr = np.linspace(20, 35, 50)
random_arr1 = np.random.rand(50) - 0.5
random_arr2 = np.random.rand(50) - 0.5
random_arr3 = np.random.rand(50) - 0.5

# item: 产品类别, 1 为方便面, 2 为冰激凌, 3 为火锅底料
# temperature: 当日温度(摄氏度)
# sales: 当日销量
# 方便面每日销量为 100 +- 5, 与温度无关
# 冰激凌每日销量为 100 + 2 * temperature +- 5, 随温度上升而增长
# 火锅底料每日销量为 100 - 2 * temperature +- 10, 随温度上升而下降
df = pd.DataFrame({'item': [1] * 50 + [2] * 50 + [3] * 50,
                   'temperature': np.concatenate((temperature_arr,
                                                  temperature_arr,
                                                  temperature_arr)),
                   'sales': np.concatenate((np.array([100] * 50) + \
                                            random_arr1 * 10,
```

```
                        np.array([100] * 50) + \
                        2 * temperature_arr + random_arr2 * 10,
                        np.array([100] * 50) - \
                        2 * temperature_arr + random_arr2 * 20))})

# 使用.groupby 函数根据产品聚类
display(df.groupby(by = ['item']).mean())
```

显示结果如图 6.11 所示。

接下来,使用不同的 k 训练对应的 KMeans 模型,并使用肘部法则确定 k 的取值。由于 item 和 temperature 两个特征单位不同,首先使用 L2 规范化,再使用肘部法则确定 k 的取值,在下一个 cell 中执行:

item	temperature	sales
1	27.5	99.459239
2	27.5	154.944376
3	27.5	44.888752

图 6.11 代码输出

```
# Chapter6/cluster_data.ipynb

import matplotlib.pyplot as plt
from sklearn.preprocessing import Normalizer
from sklearn.cluster import KMeans

normalizer = Normalizer(norm = 'l2').fit(df[['item', 'temperature']].values.T)
normalized_vals = normalizer.transform(df[['item', 'temperature']].values.T)
normalized_df = pd.DataFrame({'x1': normalized_vals[0],
                              'x2': normalized_vals[1]})

inertias = []
for k in range(1, 20):
    # 使用 n_clusters = k,其余参数使用默认值
    kmeans = KMeans(n_clusters = k)
    kmeans.fit(normalized_df)
    inertias.append(kmeans.inertia_)

plt.plot(range(1, 20), inertias, 'o - ')
plt.title('Elbow method')
plt.xlabel('k')
plt.ylabel('inertia')
plt.axvline(3, c = 'red', linestyle = ': ')
plt.show()
```

输出如图 6.12 所示。

根据肘部法则,建议选择 $k=3$。这个例子中,肘部法则输出图 6.12 中的"肘部"在 $k=3$,正好与数据集中的产品类别数相等。实践中,当特征更多且类别数量更多时,肘部法则推荐的 k 值并不一定等于类别数量。这时,需根据实际模型表现或预测需求在推荐的 k 值和类别数量中选择聚类的簇数,例如,推荐的 k 值和类别数量是否差别较大,根据两者分别分割后的每个子数据集是否会过小,预测问题是否要求同产品类别被分为同一簇?这里需注意一个技术细节,上段代码进行聚类时仅使用数据集特征,并未使用目标值 sales 进行聚类。

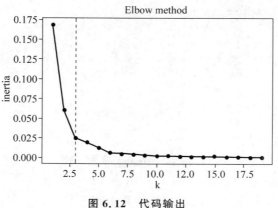

图 6.12　代码输出

实践中,是否使用目标值进行聚类,取决于如何决定未来数据的类别。假设在未来数据的预测流程中,我们想要使用训练好的聚类模型对该数据点分类,而后根据分类预测,使用针对性的模型预测其目标值。那么由于无法事先获得未来数据的目标值,聚类模型只能获得特征取值,因此在训练聚类模型时也只应该使用特征取值进行聚类,但在某些特定情况下,可以使用目标值进行聚类。假设总数据集中共有 50 个食品类别,我们想通过聚类寻找这 50 个食品类别是否可以组成更大的类别。进一步假设肘部法则推荐使用 $k=5$,那么可以在聚类时加入每个数据点的目标值,并根据每个食品类别的数据点在聚类后出现频率最高的簇为该食品类别分类。若食品 A 的历史数据点在簇群 0、2、3、4 中出现的频率各为 10%,而在簇群 1 中出现的频率为 60%,那么将食品 A 对应数据完全归为簇群 1。遇到未来数据时,只需根据该数据点的食品类别决定其簇群,并使用该簇群对应的模型进行销量预测。这就意味着,我们不需要使用聚类模型对未来数据进行分类,因此,尽管无法得知未来数据的目标值,但仍可以结合历史数据的目标值进行聚类。

回到代码,将数据分为 3 类,在下一个 cell 中执行:

```
# Chapter6/cluster_data.ipynb

# 根据数据分布,使用 n_clusters = 3,其余参数使用默认值
kmeans = KMeans(n_clusters = 3)
kmeans.fit(normalized_df)

# 对训练集数据进行预测
cluster_category = kmeans.predict(normalized_df)

df['cluster'] = cluster_category
display(df.groupby(by = ['item']).mean()[['cluster']])
```

item	cluster
1	2
2	0
3	1

图 6.13　代码输出

显示结果如图 6.13 所示。

在这个简化的例子中,每个类别的产品被聚为一个 cluster(簇)。根据簇数分割数据集,并分别对分割后的子集使用线性回归模型训练和预测,在下一个 cell 中执行:

```
# Chapter6/cluster_data.ipynb

from sklearn.linear_model import LinearRegression
from sklearn.metrics import mean_squared_error

# 分割数据集,在分割后的每个数据子集中,item 和 cluster 为常数
# 对训练无益,可以忽略该列
cluster_0_df = df[df['cluster'] == 0][['temperature', 'sales']]
cluster_1_df = df[df['cluster'] == 1][['temperature', 'sales']]
cluster_2_df = df[df['cluster'] == 2][['temperature', 'sales']]

reg0 = LinearRegression()
reg1 = LinearRegression()
reg2 = LinearRegression()

reg0.fit(cluster_0_df[['temperature']], cluster_0_df['sales'])
reg1.fit(cluster_1_df[['temperature']], cluster_1_df['sales'])
reg2.fit(cluster_2_df[['temperature']], cluster_2_df['sales'])

# 打印训练集 MSE
pred_cluster_0 = reg0.predict(cluster_0_df[['temperature']])
pred_cluster_1 = reg1.predict(cluster_1_df[['temperature']])
pred_cluster_2 = reg2.predict(cluster_2_df[['temperature']])

print('簇数 0 训练集预测所得 MSE: ',
      mean_squared_error(cluster_0_df['sales'], pred_cluster_0))
print('簇数 1 训练集预测所得 MSE: ',
      mean_squared_error(cluster_1_df['sales'], pred_cluster_1))
print('簇数 2 训练集预测所得 MSE: ',
      mean_squared_error(cluster_2_df['sales'], pred_cluster_2))
```

输出如下:

```
簇数 0 训练集预测所得 MSE: 9.045133007796386
簇数 1 训练集预测所得 MSE: 36.180532031185514
簇数 2 训练集预测所得 MSE: 8.147780908339831
```

对比不分割数据集,使用 3 个食品的合集训练所得 MSE,在下一个 cell 中执行:

```
reg = LinearRegression()
reg.fit(normalized_df, df['sales'])
pred_combined = reg.predict(normalized_df)
print('不分割数据集所得 MSE: ',
    mean_squared_error(df['sales'], pred_combined))
```

输出如下:

```
不分割数据集所得 MSE: 1594.8513589543338
```

由此可见,在这个例子中,不同类别的食品数据之间互为噪声,分割后取得了更好的预测表现。

6.5　特征工程

当尝试过多种模型优化和数据优化后,若模型的预测结果还是不能达到预期,可以思考是否因为当前收集到的特征本身无法完整地预测目标。这就像训练一个班级的学生去参加奥数比赛。不同的学生就像不同的模型,拥有不同的思维模式。为学生创建最适合他的学习环境和作息时间表,就像是为模型调参,在基础的模型结构上优化模型。将练习题排版整齐、精简、有针对性地展现在学生面前,就像是优化训练数据,但在做了这一切准备之后,若学生发现考题中出现练习时完全未出现过的题目类型,考试结果将无法达到期待值。我们可以把考题类型想象成不同的特征。当收集到的特征不能完全解释预测目标时,任何的模型优化或数据格式优化都无法再提高模型的表现,进一步提高只能从收集更多的特征出发。

举一个更加具体的例子,假设 $y = 3x_1 + x_2 + 9x_3 + e$,$y$ 为预测目标,x_1、x_2、x_3 分别为 3 个特征,e 为不可预测的噪声。在收集到特征 x_1 和 x_3 时,也许可以在合理范围内对目标 y 做出预测,但若 x_2 波动较大,预测结果将不尽人意。我们可以选择对特征 x_1、x_3 进行优化,例如将其规范化,或去除一部分噪声,又或尝试更加强大的模型,但这些尝试的收益在这个时候皆不如收集 x_2 这一特征。x_2 可能是独立于 x_1 和 x_3 的特征,但也可能是一个基于 x_1 和 x_3 的特征,它也有可能是从 x_1、x_3 中提取出来的特征。这两种情况下,皆需要事先根据 2.4 节介绍的思路决定是否需要重新格式化该数据,不同格式下可以收集或提取的数据大有差异。

制造原有数据集中不存在的新特征这一过程被称为特征工程(feature engineering)。

首先讨论第一种情况:若 x_2 独立于 x_1 和 x_3,或单纯无法从 x_1 和 x_3 中提取,这意味着我们需要从现有数据集外的数据库收集更多的信息。也许是从企业数据库中调取,或从第三方数据收集者得到,又或需要开始创建该特征。具体需要收集什么新的特征需要根据预测问题决定,例如在以精度为衡量标准的问题中,我们可以分割模型预测为假阳性的数据点,并研究这些被预测错误的数据点中有什么共性,我们也可能发现特征与目标之间未曾发觉的关系。试想我们在预测某日某商店冰激凌是否售罄,若预测冰激凌售罄,则提前为该店铺补货。这个问题预测中以精度为衡量指标,因为当模型预测为假阳性时,供货中心将在该商店不需要补货的时候发出多余的货物,这样的做法成本较高,是我们希望通过预测最大化收益时可避免的。创立这个假想的数据集,执行:

```
# Chapter6/feature_engineering.ipynb

import pandas as pd
import numpy as np

np.random.seed(42)
```

```
random_arr_1 = np.random.rand(10) - 0.5
random_arr_2 = np.random.rand(10) - 0.5
random_arr_3 = np.random.rand(10) - 0.5
random_arr_4 = np.random.rand(10) - 0.5


#有关冰激凌是否售罄的数据集
#Season: 季节,1 为春季,2 为夏季,3 为秋季,4 为冬季
#Temperature: 温度(摄氏度)
df = pd.DataFrame({'Season': [1] * 10 + [2] * 10 + [3] * 10 + [4] * 10,
                'Temperature': np.concatenate((np.array([15] * 10) + \
                                                random_arr_1 * 10,
                            np.array([25] * 10) + random_arr_2 * 10,
                            np.array([18] * 10) + random_arr_3 * 10,
                            np.array([10] * 10) + random_arr_4 * 10))})


#建立假象数据集中的目标值"Sold out"(是否售罄)
#春季若温度超过 15 度则售罄,夏季若温度超过 25 度则售罄,
#秋季若温度超过 18 度则售罄,冬季若温度超过 10 度则售罄
df['Sold out'] = 0
df.loc[(df['Season'] == 1) & (df['Temperature'] > 15), 'Sold out'] = 1
df.loc[(df['Season'] == 2) & (df['Temperature'] > 25), 'Sold out'] = 1
df.loc[(df['Season'] == 3) & (df['Temperature'] > 18), 'Sold out'] = 1
df.loc[(df['Season'] == 4) & (df['Temperature'] > 10), 'Sold out'] = 1


#展示不同特征的平均值
display(df.describe().loc[['mean']])
```

显示结果如图 6.14 所示。

从图 6.14 中可以看出,平均温度约为 16.56℃,45%
的时候该商店冰激凌会售罄。假设我们并不知道目标值
与特征之间的关系,也许我们会天真地认为冰激凌是否
售罄仅与温度有关,并且认为在得知温度的前提下不再

	Season	Temperature	Sold out
mean	2.5	16.562656	0.45

图 6.14　代码输出

需要季节这一信息。于是尝试仅使用温度预测目标值,分割并显示被预测为假阳性的数据
点,以及目标真实为阳性的数据点,以作对比。在下一个 cell 中执行:

```
#Chapter6/feature_engineering.ipynb

from sklearn.ensemble import RandomForestClassifier
from sklearn.metrics import precision_score


clf = RandomForestClassifier(n_estimators = 3,
                            max_depth = 2,
                            max_features = 'sqrt',
                            random_state = 42)
clf.fit(df[['Temperature']], df['Sold out'])
pred = clf.predict(df[['Temperature']])
print('仅使用温度预测所得精度: ',
```

```
            precision_score(df['Sold out'], pred))

df['pred'] = pred
print('\n 预测为假阳性的数据点: ')
display(df[(df['Sold out'] == 0) & (df['pred'] == 1)][['Temperature',
                                                    'Sold out', 'pred']])

print('\n 真实目标为阳性的数据点: ')
display(df[df['Sold out'] == 0].describe().loc[['count','mean', 'min',
                                        'max']][['Temperature',
                                                'Sold out', 'pred']])
```

输出如下段字符串及图 6.15 所示。

仅使用温度预测所得精度: 0.7142857142857143

预测为假阳性的数据点:

	Temperature	Sold out	pred
22	15.921446	0	1
23	16.663618	0	1
24	17.560700	0	1
26	14.996738	0	1

真实目标为阳性的数据点:

	Temperature	Sold out	pred
count	22.000000	22.0	22.000000
mean	15.112916	0.0	0.181818
min	5.650516	0.0	0.000000
max	24.319450	0.0	1.000000

图 6.15 代码输出

对比预测为假阳性的数据点和真实目标值为阳性的数据点,可以发现,假阳性数据点的温度位于真实目标值为阳性数据点温度的平均数左右。以此可见,单纯温度这一特征不足以预测冰激凌是否售罄。经过一系列对该公司数据的了解,也许会发现,由于不同季节冰激凌存货量本就不同,相同的售量下,根据存量的不同,是否售罄这一目标值也会不同。同样的温度下,假设冰激凌销量相同,由于冬季冰激凌存量较低,若该时间点处于冬季,则该日冰激凌将售罄;若该时间点处于夏季,由于夏季冰激凌存量较高,则该日冰激凌不会售罄。了解这一情况后,另外加入季节这一特征并进行预测,在下一个 cell 中执行:

```
# Chapter6/feature_engineering.ipynb

clf2 = RandomForestClassifier(n_estimators = 3,
                            max_depth = 2,
                            max_features = 'sqrt',
                            random_state = 42)
clf2.fit(df[['Season', 'Temperature']], df['Sold out'])
pred = clf2.predict(df[['Season', 'Temperature']])
print('使用季节和温度预测所得精度: ',
    precision_score(df['Sold out'], pred))
```

输出如下:

```
使用季节和温度预测所得精度: 1.0
```

加入新的特征后,精度达到了100%。

接下来,讨论第二种情况:若 x_2 是一个基于 x_1 和 x_3 的特征,或是从 x_1、x_3 中提取出来的特征。这个过程也被称为数据挖掘(data mining),从模糊的大型数据库中提取有价值的信息。根据原特征的不同,从中提取新特征的方法很多。例如在泰坦尼克数据集中,Name这一特征中可以提取出该乘客的头衔,但这一具体的特征提取方法并不适用于其他数据集。对于某些无法有效连接不同特征之间关系的模型,如决策树或随机森林,还可以将不同特征之间进行加、减、乘、除运算,得到新的有效特征。对于神经网络这类能够有效提取特征之间关系的模型,这一方法效益不大。本节将着重讲解泛化性较强的特征提取方法,如分类特征的信息提取,分箱(binning)和主成分分析(principle component analysis,PCA)。

2.2.2节讲解了分类数据如何转化成为模型可接受的数值类数据,但不论是使用数字映射还是一位有效编码赋值,转化后的特征中,数值本身包含的信息较少。回到2.2.2节中数字映射的例子,我们将满意程度Not at all赋值为0,Neutral赋值为1,Very赋值为2。0、1、2之间虽然存在递增关系,也从一定程度上形容了3种满意程度的强度,但0、1、2这3个数字的选择略显随机,选择数值3、4、5或10、20、25代替0、1、2也同样可以表达3种满意程度的递增关系,而单纯从文字的形容中,我们并不知道Neutral和Very之间的强度差距是否与Neutral和Not at all之间的强度差距相等。而使用一位有效编码转化的例子中,模型只能从转化后的特征中得到"该数据点是否属于某类别"这一信息,但无法直接得知该类别与目标值或其他类别之间的关系。

为解决分类数据包含信息较少这一问题,可以分析训练集中不同类别与目标之间的关系,并将形容这些关系的数值作为新的特征加入训练集。一个常用的形容关系的数值为,该特征类别下目标平均取值。例如在亚马逊员工访问数据集中,可以计算 ROLE_DEPTNAME(员工所处部门编码)这一分类特征中,每个类别目标的平均值。换言之,计算不同部门员工访问请求被通过的概率,并以新特征的形式加入数据集。读取亚马逊员工访问数据集,计算这一概率并加入数据集,在下一个cell中执行:

```
# Chapter6/feature_engineering.ipynb

from catboost import datasets

# 数据仅包含分类特征,每个特征都以编码形式记录
# 特征描述见4.9.3节
historical_df, _ = datasets.amazon()
# 使用groupby函数计算每个部门员工通过访问审核的概率
department_probability = historical_df.groupby(by = \
        ['ROLE_DEPTNAME']).mean()[['ACTION']].reset_index()

# 使用.merge函数将新计算的员工通过访问审核的概率与历史数据集合并
print('原数据集形状: ', historical_df.shape)
department_probability.rename(columns = {'ACTION': 'department_mean'},
                              inplace = True)
```

```
historical_df_merged = historical_df.merge(department_probability,
                on = ['ROLE_DEPTNAME'], how = 'inner')
print('加入新特征后数据集形状：', historical_df_merged.shape)

pd.options.display.max_columns = 8
display(historical_df_merged.head())
```

输出如下段字符串及图 6.16 所示。

```
原数据集形状：(32769, 10)
加入新特征后数据集形状：(32769, 11)
```

	ACTION	RESOURCE	MGR_ID	ROLE_ROLLUP_1	...	ROLE_FAMILY_DESC	ROLE_FAMILY	ROLE_CODE	department_mean
0	1	39353	85475	117961	...	117906	290919	117908	0.958333
1	1	42093	2594	117961	...	118260	290919	118261	0.958333
2	1	75834	85475	117961	...	150273	119221	122024	0.958333
3	1	4675	2819	117961	...	117906	290919	118322	0.958333
4	1	42093	2594	117961	...	117906	290919	117908	0.958333

5 rows × 11 columns

图 6.16　代码输出

　　合并新特征后的数据集中保留了原数据集的所有数据点及其特征，并加入了 department_mean（部门平均通过概率）这一新提取的特征。

　　分箱算法主要用于将取值为连续变量的特征转化为离散变量。在原特征的总取值范围内划分出多个更小的取值范围，每个新的取值范围可以看作一个类别，而原特征取值范围所属的新取值范围为该数据点的类别。延伸上段代码中的例子，也许我们不想将 department_mean 这一特征以连续变量的格式加入数据集，而是想将其划分为多个更小的取值范围，并以分类特征的格式加入数据集。使用 Pandas 中的 .cut 函数将 department_mean 特征分箱。.cut 函数将原取值范围分为 k 个大小相同的取值范围，并返回序列中每个数据点所属的取值范围。使用时，依次输入需分割的序列和 k 取值，在下一个 cell 中执行：

```
# Chapter6/feature_engineering.ipynb

# 将原取值范围分为 5 类，k = 5
categories = pd.cut(historical_df_merged['department_mean'], 5)
categories = pd.DataFrame(categories)
print('每个取值范围区域及其包含的数据点个数：\n',
      categories['department_mean'].value_counts())

# 使用数字 1~5 映射不同类别，并存入 dm_category 作为新特征
# 1: ( - 0.001, 0.2]; 2: (0.2, 0.4]; 3: (0.4, 0.6]
# 4: (0.6, 0.8]; 5: (0.8, 1.0]
categories['dm_category'] = 0
for i in range(5):
    categories.loc[categories['department_mean'] == \
                categories['department_mean'].unique()[i],
```

```
                        'dm_category'] = 5 - i

#将转化为分类特征的 dm_category 与原数据集合并
historical_df_merged = \
        historical_df_merged.join(categories['dm_category'])
display(historical_df_merged.head())
```

输出如下段字符串及图 6.17 所示。

```
每个取值范围区域及其包含的数据点个数:
(0.8, 1.0]       32002
(0.6, 0.8]        580
(0.4, 0.6]        160
(0.2, 0.4]         19
(-0.001, 0.2]       8
Name: department_mean, dtype: int64
```

	ACTION	RESOURCE	MGR_ID	ROLE_ROLLUP_1	...	ROLE_FAMILY	ROLE_CODE	department_mean	dm_category
0	1	39353	85475	117961	...	290919	117908	0.958333	5
1	1	42093	2594	117961	...	290919	118261	0.958333	5
2	1	75834	85475	117961	...	119221	122024	0.958333	5
3	1	4675	2819	117961	...	290919	118322	0.958333	5
4	1	42093	2594	117961	...	290919	117908	0.958333	5

5 rows × 12 columns

图 6.17　代码输出

　　分箱算法可以在某些模型预测问题中缓解过拟合现象,分类后的特征可取值个数小于原特征,同时,更多的数据点属于同一类别。这避免了某些模型通过"记住"特定的特征值目标,而在训练集上取得无法泛化的较好表现。

　　本节的最后讲解 PCA 如何应用于特征提取。PCA 的主要目的在于降低原数据集特征的维度。其全称为主成分分析(Principle Component Analysis),顾名思义,是一个提取原高位特征主要信息的算法。在降低维度的同时,尽可能地保留原数据中的分散性。在降低维度的过程中,也从原特征中提取出新的特征。试想一个包含两个特征和 7 个数据点的数据集,其数据分布如图 6.18 所示。

　　由图 6.18 可见,虽然原特征空间为二维,数据点中大量的信息却可以被其在某一维直线上的投射所概述,该一维直线及数据点投射如图 6.19 所示。

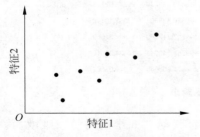

图 6.18　执行 PCA 之前的数据点分布

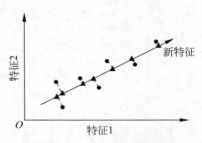

图 6.19　数据点一维投射示意图

　　图 6.19 中,圆点为原数据点,三角标记了每个数据点投射到一维直线上的位置。选择该一维直线的原则在于,最大化减少原数据点与投射后数据点的距离,或最大程度地保留投射后数据之间的方差,二者所得一维直线相同。PCA 常被用于将 D 维特征投射到 k 维空间,k 维空间的选择原则与以上二维特征投射至一维空间类似,最大化减少原数据点与投射后数据点的距离,或最大程度地保留投射后数据之间的方差。

　　将高维数据投射到低维空间的主要收益有两种:第一种,降低维度将降低对计算力的需求;第二种,许多高维特征数据集的本质特征空间并不在该维度,特征之间存在某些取值牵制的关系。设想一个 28×28 的纯色图片数据集,假设色彩选择共 5 种,那么数据集的本质特征空间为 5 维,而数据集中的特征空间为 784 维。将特征投射至低维空间将大大降低模型的学习难度。在某些应用中,特征投射还可以降低高维空间中存在的噪声。

　　结合以上两种收益,若我们合理地怀疑原数据集中存在多余的特征,或特征之间存在可用低维数值表示的关系,可以考虑使用 PCA 降低维度,并使用降维后的特征训练模型。例如亚马逊员工访问数据集中,包含许多关于该员工工作职位描述的特征,这些特征之间可能存在一定互相关联或牵制。使用 sklearn 中的 decomposition.PCA 函数将原数据集中的 9 维特征投射到 5 维,在下一个 cell 中执行:

```
# Chapter6/feature_engineering.ipynb

from sklearn.decomposition import PCA

# n_components 用于设定保留的维度数,即文中的 k 值
pca = PCA(n_components = 5)
# 投射除目标值 ACTION 以外的特征
pca.fit(historical_df.drop(columns = ['ACTION']))
transformed_features = pca.fit_transform(\
            historical_df.drop(columns = ['ACTION']))

# 使用投射后的特征建立新的数据集
projected_df = pd.DataFrame(transformed_features)
# 重新加入目标值列
projected_df['ACTION'] = historical_df['ACTION']
display(projected_df.head())
```

显示结果如图 6.20 所示。

	0	1	2	3	4	ACTION
0	-113447.235090	30507.667160	61026.252328	-15449.296790	-9245.627532	1
1	-134005.283607	22963.621869	-24264.630646	-22350.535861	-2352.127483	1
2	180758.528052	-58466.600616	-19129.297365	-1827.317653	-14694.319690	1
3	-89768.073826	-92132.631800	-15531.287343	-6567.740043	-14431.259102	1
4	148463.162570	80569.175484	-28965.455813	8474.283055	1870.085833	1

图 6.20　代码输出

　　图 6.20 中,0、1、2、3、4 列分别代表原 9 维特征投射到 5 维后的每一维度,其取值为原数据点投射至 5 维空间后的取值。

## 第 7 章

时 间 序 列

实践中,可能遇见的数据和特征类型很多,但某些大类的数据需要一套专属的处理体系,如图片、声音等,最大程度地挖掘其中的规律。本节讲解商业预测问题中常见的一类数据——时间序列(time series),包括对其特质的讲解,专属的特征提取方法,以及专属的预测模型。

7.1 时间序列简介

时间序列是一个存在时间前后顺序的数据点序列。其中,"时间"可以是任何时间单位,例如日、月、年、季度、分、秒等。许多自然现象,例如温度、潮水高度和太阳黑子数随时间的演变都可以时间序列的格式存储。股市、商品销量、声频和视频等人为产物也可以时间序列的格式存储。

时间序列的预测原理是根据某事物过往随时间变化的规律,预测未来一段时间内该事物的取值。一般情况下,当前的事物变化会对未来活动趋势起到较大影响,因此,预测越遥远的未来趋势得到的误差往往越大。

不同时间序列的预测难度不同,明日温度的数值将比明日股价预测的可靠性高许多。预测难度主要取决于以下两点。

(1) 对影响该事件因素了解的完善性。

(2) 有效数据量。

在温度的预测中,气象学家对引起温度变化的因素有较完善的了解,遍布全球的气象仪器和气候历史数据库也为预测提供了可靠数据,因此,温度预测相对准确。在股价的预测中,由于预测时并不能获取所有引起股价大幅波动的事件信息,这一数值的预测误差较大。

预测某时间序列之前,还需考虑"预测"这一行为是否会改变序列走势。刨除某些大型气象仪器可能引起的小幅度局部气候波动,气温的预测并不会大幅度改变气温的走势。而股价预测中,设想某高准确率(本节的"准确率"泛指特定衡量指标下的表现)模型的持有者根据模型的预测大量买入或卖出股票,这一行为本身可能会改变股票本质的走向规律。当预测本身影响到时间序列本质规律时,预测难度会进一步增加,预测未来数据时的准确率也不能单纯从模型对历史数据的预测准确率中预估,而需要在模型实际运用之后,使用该时间节点后的数据进行预估。

影响一个时间序列的因素分为以下 4 种。

（1）长期趋势（trend）：在较长时间内，时间序列的增长或下降。这一增长或下降的趋势不一定是直线趋势。长期趋势的示意图如图 7.1 所示。图 7.1 中的时间序列呈上升趋势。

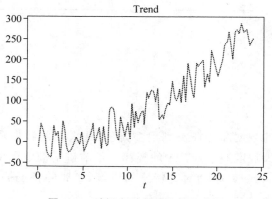

图 7.1　时间序列上升趋势示意图

（2）季节性变动（seasonal variations）：时间序列中受周期因素影响的规律，每个周期的时长相等，如图 7.2 所示。

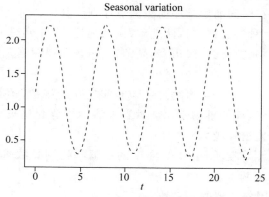

图 7.2　时间序列周期变动示意图

（3）循环变动（cyclical fluctuation）：当时间序列存在不定时长的上升或下降规律时，该序列存在循环性。循环性与周期性的不同仅在于每个周期的时长，若时长相等，则该时间序列存在周期性；若时长不相等，则该时间序列存在循环性，如图 7.3 所示。

（4）不规则变动（irregular variations）：一种无规律可循的变动，由随机事件或突发性事件引起，如图 7.4 所示。

有些时候，季节性变动和循环变动被统称为周期变动（periodic fluctuation）。

一个完整的时间序列可以看作由以上 4 种变动组成。这 4 种因素以加法性（additive）或乘法性（multiplicative）的方式组成原时间序列。用字母 T 表示长期趋势因素，字母 S 表示周期变动因素，字母 C 表示循环变动因素，字母 I 表示不规则变动因素，字母 y 表示时间序列。在加法模型中，时间序列 y 可以表达为

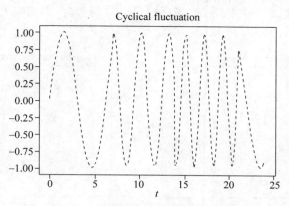

图 7.3　时间序列循环变动示意图

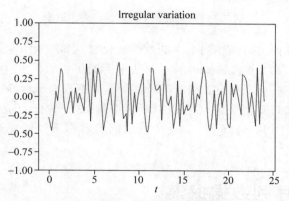

图 7.4　时间序列不规则变动示意图

$$y = T + S + C + I \tag{7.1}$$

　　加法模型假定 4 种因素相互独立,当序列呈上升或下降趋势时,周期幅度不变,如图 7.5 所示。

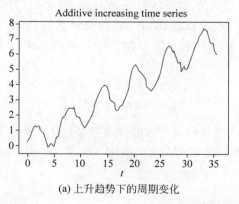

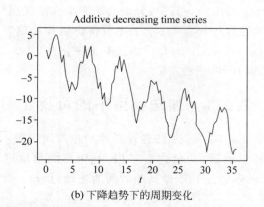

(a) 上升趋势下的周期变化　　　　　　　　　　(b) 下降趋势下的周期变化

图 7.5　加法模型下的时间序列示意图

　　在乘法模型中,时间序列 y 可以表达为

$$y = T \cdot S \cdot C \cdot I \tag{7.2}$$

乘法模型假定 4 种因素是相互依赖的,当序列呈上升趋势时,周期幅度变大;当序列呈下降趋势时,周期幅度变小,如图 7.6 所示。

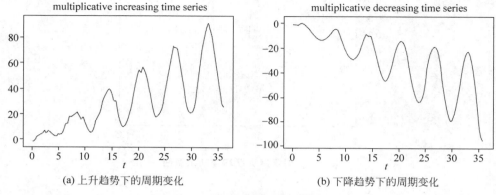

(a) 上升趋势下的周期变化　　　　　　(b) 下降趋势下的周期变化

图 7.6　乘法模型下的时间序列示意图

某些情况下,单纯使用时间序列本身的数值变化或从该变化中提取的特征即可对序列未来的发展进行预测,7.3 节将具体讲解如何从序列的历史数值变化中提取特征。使用有效的截面数据(cross-sectional data)可以帮助预测。截面数据也称静态数据,是与时间序列数值有关的信息,例如每日销量这一序列中"所属节日"这一数据。序列中,每个数值对应的截面数据与该数值取于同一时间点。若将不同时间点看作不同数据点,截面数据可以看作形容该数据点的特征。

7.2　时间序列数据探索

由于时间序列这一特殊数据中存在时间前后顺序,一个时间序列的规律可以通过可视化其数值变动探索与分析。本节将对 6.3 节中的冰激凌销量时间序列进行少量调整,并可视化该序列的趋势、周期变动、不规则变动、自相关性(auto-correlation)和平稳性(stationarity)。其中,分割周期变动和不规则变动的方法根据时间序列属于加法性序列还是乘法性序列有关。7.2.1 节将讲解加法模型下的趋势、周期变动、不规则变动、自相关性(auto-correlation)和平稳性的可视化法,7.2.2 节将讲解乘法模型下的周期变动和不规则变动的可视化法。

7.2.1　加法模型下的可视化图

先定义一个加法性冰激凌销量时间序列。该序列中每个时间代表从某年 1 月份开始计算的月份数,共包含 5 年内 60 个月的销量记录。定义完成后,使用 Matplotlib 中简单的 .plot 函数绘制该序列随时间的变动,执行:

```
# Chapter7/time_series_exploration.ipynb

import pandas as pd
import numpy as np
```

```
import matplotlib.pyplot as plt

np.random.seed(42)

#该序列中包含的年数
n_years = 5
t_arr = np.linspace(1, n_years * 12 + 1, n_years * 12)
#季节性销量基数
monthly_sales = [10, 11, 14, 15, 19, 20, 50, 52, 49, 31, 26, 18]

#范围为[-0.5, 0.5]的随机列表
random_arr = np.random.rand(len(t_arr)) - 0.5

#销量 y 根据 monthly_sales 季节性波动,对应 np.array(monthly_sales * n_years)
#随时间的推进而小幅度稳步增长,对应 t_arr * 0.3
#包含少量噪声,对应 5 * random_arr
df = pd.DataFrame({'t': t_arr,
                   'y': np.array(monthly_sales * n_years) + t_arr * 0.3 + \
                   5 * random_arr})
plt.plot(df['t'], df['y'], linestyle=': ', marker='o', markersize=5)
plt.xlabel('months # ')               #时间点以(月)为单位
plt.ylabel('sales (thousands)')       #销量以(千)为单位
plt.title('Ice cream sales time series')
plt.show()
```

输出如图 7.7 所示。

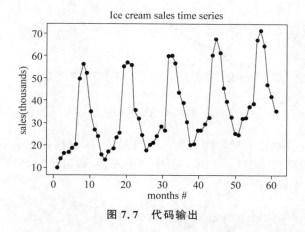

图 7.7　代码输出

由图 7.7 可见,该时间序列存在上升趋势、季节性变动和不规则变动。已知季节性变动的周期为 12 个月,为了更好地可视化其上升趋势,使用一个加权移动平均值估算趋势,该移动平均值取以当前时间点为中心的前 6 个和后 6 个时间点数值,外加以当前时间点数值本身为参考,计算加权平均值,并绘制该平均值随时间的变化,在下一个 cell 中执行:

```
#Chapter7/time_series_exploration.ipynb

#分解趋势因素,以某一时间点 t 为中心,计算:
```

```
#[t-6,t+6]中 13 的时间点的加权和,除了 t-6 和 t+6 的权重为 0.5,其余点权重为 1
#用该和除以 12 得到时间点 t 对应的趋势因素序列取值
#若周期为奇数,则所有权重为 1
average_12 = []
for i in range(6, len(df) - 7):
    average_12.append((np.array(df['y'][i-6: i+7]) * \
                      np.array([0.5] + [1] * 11 + \
                      [0.5])/12).sum())


#可视化去除季节性后的时间序列
plt.plot(df['t'][6: -7], average_12,
        linestyle = ': ', marker = 'o', markersize = 5)
plt.xlabel('months #')            #时间点以(月)为单位
plt.ylabel('sales (thousands)')   #销量以(千)为单位
plt.title('Ice cream sales time series, removed seasonality')
plt.show()
```

输出如图 7.8 所示。

图 7.8　代码输出

从图 7.8 中可以清晰地看见时间序列的上升趋势,其中包含一小部分随机变动因素。

得到时间序列的趋势因素后,将其从原序列中减去,即可得到去除趋势因素的季节性变动规律,在下一个 cell 中执行:

```
#Chapter7/time_series_exploration.ipynb

#可视化去除趋势后的时间序列
removed_trend = df['y'][6: -7] - average_12
plt.plot(df['t'][6: -7], removed_trend,
        linestyle = ': ', marker = 'o', markersize = 5)
plt.xlabel('months #')            #时间点以(月)为单位
plt.ylabel('sales (thousands)')   #销量以(千)为单位
plt.title('Ice cream sales time series, removed trend')
plt.show()
```

输出如图 7.9 所示。

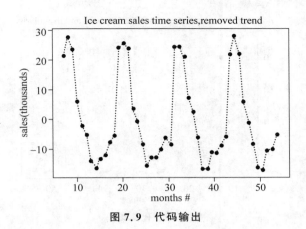

图 7.9 代码输出

从图 7.9 中可以清晰地看见时间序列的季节性波动,其中包含一部分随机变动因素。输出图中出现负数,是因为趋势中包含了该时间序列的水平,去除趋势后,序列的平均值约为 0。利用季节性波动每 12 个时间点一循环的规律,可以将每个时间点的取值改为该时间点对应的所有相同"季节"数值的平均值,以此进一步去除季节性可视化图中的随机变动因素,在下一个 cell 中执行:

```
#Chapter7/time_series_exploration. ipynb

#将每个时间点的取值改为:
#该时间点对应的所有相同"季节"数值的平均值
#可视化去除趋势和随机变动后的时间序列
removed_T_and_I_12 = []                    #每个循环的 12 个取值
for i in range(12):
    removed_T_and_I_12.append(removed_trend[i: ][: : 12].mean())

#循环这 12 个取值,直到序列与 removed_trend 等长
removed_T_and_I_full = []
for j in range(len(removed_trend)):
    cycle_idx = j % 12
    removed_T_and_I_full.append(removed_T_and_I_12[cycle_idx])

#可视化季节性循环
plt.plot(df['t'][6: -7], removed_T_and_I_full,
         linestyle = ': ', marker = 'o', markersize = 5)
plt.xlabel('months # ')                    #时间点以(月)为单位
plt.ylabel('sales (thousands)')            #销量以(千)为单位
plt.title('Ice cream sales time series, ' + \
          'removed trend and irregularity')
plt.show()
```

输出如图 7.10 所示。

用单纯去除趋势的序列减去同时去除趋势和随机变动的序列,可约得随机变动因素。这里注意一个细节:我们无法在完全不知道时间序列真实规律的前提下准确得知趋势、周

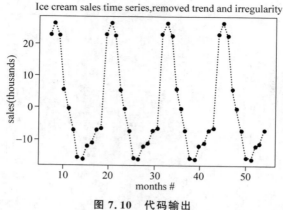

图 7.10　代码输出

期性或随机变动因素,只能用最优的办法预估此 3 种因素。在下一个 cell 中执行:

```
# Chapter7/time_series_exploration. ipynb

irregularity = removed_trend - removed_T_and_I_full

# 可视化随机变动
plt.plot(df['t'][6: -7], irregularity,
         linestyle = ': ', marker = 'o', markersize = 5)
plt.xlabel('months #')        # 时间点以(月)为单位
plt.ylabel('sales (thousands)') # 销量以(千)为单位
plt.title('Ice cream sales time series, irregularity')
plt.show()
```

输出如图 7.11 所示。

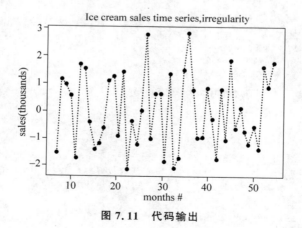

图 7.11　代码输出

使用季节性差分化(seasonal differencing)可以同时去除时间序列中的趋势和季节性,仅展示不规则变动。从当前时间点数值中减去 12 个月前对应时间点的数值,以此去除趋势和季节性,在下一个 cell 中执行:

```
#Chapter7/time_series_exploration.ipynb

#将每个数据点向后移动12个时间点并存入Python列表to_subtract
#此列表之后将从12个时间点后的数值中减去
to_subtract = [np.nan] * 12 + list(df['y'][: -12])
#使用差分法
residue = df['y'] - to_subtract

#可视化使用差分法去除季节性后的时间序列
plt.plot(df['t'][12: ],residue [12: ],
        linestyle = ': ', marker = 'o', markersize = 5)
plt.xlabel('months #')          #时间点以(月)为单位
plt.ylabel('sales (thousands)') #销量以(千)为单位
plt.title('Ice cream sales time series, ' + \
        'removed trend and seasonality')
plt.show()
```

输出如图 7.12 所示。

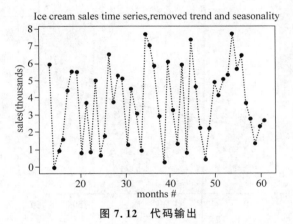

图 7.12 代码输出

图 7.12 中,不存在明显的趋势或季节性波动,其变动方式类似随机游走(random walk)。

将原时间序列、趋势和单纯的季节波动绘制在同一张图上,在下一个 cell 中执行:

```
#Chapter7/time_series_exploration.ipynb

fig, ax1 = plt.subplots(figsize = (10, 7))

color = 'tab: red'
ax1.set_xlabel('months #', size = 16)      #时间点以(月)为单位
ax1.set_ylabel('sales (thousands)',
            color = color, size = 16)      #销量以(千)为单位
ax1.plot(df['t'], df['y'], linestyle = ': ', marker = 'o',
        markersize = 5, color = color, label = 'data')
ax1.plot(df['t'][6: -7], average_12, label = 'trend')
```

```
ax1.tick_params(axis = 'y', labelcolor = color)

ax2 = ax1.twinx()        #同一张图上使用一个 x 轴,不同的 y 轴取值范围

color = 'tab: blue'
ax2.set_ylabel('sales (thousands)',
        color = color, size = 16) #销量以(千)为单位
ax2.plot(df['t'][6: - 7], removed_T_and_I_full,
        linestyle = ': ', color = color, label = 'Seasonality')
ax2.tick_params(axis = 'y', labelcolor = color)

fig.tight_layout()
fig.legend()
plt.show()
```

输出如图 7.13 所示。

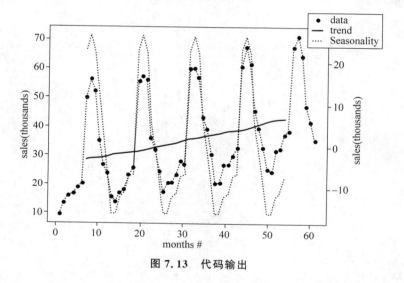

图 7.13 代码输出

其中,带圆点的曲线为原时间序列,不带圆点的曲线为纯的季节波动,实线为趋势因素。趋势与原时间序列的取值范围相似,对应左侧 y 坐标轴;季节性曲线中去除了时间序列的水平,取值范围与原时间序列的取值范围相差较大,对应右侧 y 坐标轴。趋势曲线大致穿过原数据的中心,而季节性曲线的波峰和波谷正好对应原时间序列的波峰和波谷。

季节性差分化中,从当前时间点数值中减去同一"季节"的上一个数值。在存在季节性的时间序列中,同一"季节"不同时间点的数据互相关联。自相关性衡量了这一关联的程度。更准确地说,自相关函数(autocorrelation function,ACF)是指序列在时间点 t 与时间点 $t-k$ 的依赖关系数值,用字母 r_k 表示,其计算公式为

$$r_k = \frac{\sum\limits_{t=k+1}^{T}(y_t - \bar{y})(y_{t-k} - \bar{y})}{\sum\limits_{t=1}^{T}(y_t - \bar{y})^2} \tag{7.3}$$

其中，T 为时间序列的长度，$\bar{y}$ 为序列平均数值。时间点 $t-k$ 也被称为时间点 t 的 k 期滞后(lag)，使用 Matplotlib 中的 .acorr 函数可以直接绘制设定滞后范围内的自相关数值，这一以滞后期数作为自变量，自相关性作为因变量的图像被称为自相关图。在下一个 cell 中执行：

```
#Chapter7/time_series_exploration.ipynb

max_lag = 25
plt.acorr(df['y'], maxlags = max_lag)
plt.xlim(0, max_lag + 1)
plt.title('autocorrelation plot')
plt.xlabel('lag')
plt.ylabel('ACF')
plt.show()
```

输出如图 7.14 所示。

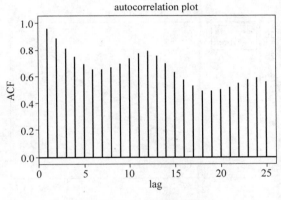

图 7.14　代码输出

自相关图在 lag=12 和 lag=24 时出现波峰值，这是因为原时间序列中存在以 12 个时间点为周期的季节性循环。在不确定周期长度的序列中，可以使用自相关图中波峰的位置估算周期长度。从图 7.14 中还可以看出，较小的滞后期数对应较大的 ACF，这预示着该时间序列中存在趋势——由于趋势的存在，离当前时间点越远的时间点绝对值差异越大。不规则变动因素不存在明显的自相关性。

一般来讲，模型对时间序列的预测与真实目标值之间的误差序列不应该存在自相关性，若误差存在自相关性，则说明模型所学习的函数与序列真实规律不符。假设原序列随时间推进以指数 1.5 增长，而某回归模型预测该序列呈直线上升关系。建立这一假想中的时间序列及回归模型的预测，在下一个 cell 中执行：

```
#Chapter7/time_series_exploration.ipynb

t_arr2 = np.linspace(0, 10, 20)

np.random.seed(42)
```

```
#范围为[-0.5,0.5]的随机列表
random_arr2 = np.random.rand(len(t_arr2)) - 0.5

series = t_arr2 ** 1.5 + 2 * random_arr2

#假想的回归模型预测结果
reg_predictions = 3 * t_arr2 - 1
plt.plot(t_arr2, series, linestyle = ':',
        marker = 'o', markersize = 5, label = 'data')
plt.plot(t_arr2, reg_predictions,
        linestyle = '-.', label = 'pred')
plt.legend()
plt.title('bad prediction')  #坏的预测
plt.xlabel('t')
plt.show()
```

输出如图 7.15 所示。

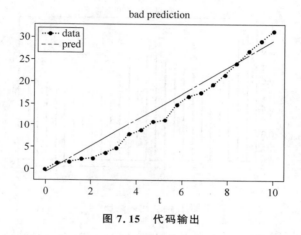

图 7.15   代码输出

　　图 7.15 中带圆点的曲线为时间序列数据,虚线绘制的直线为假想的回归模型预测值。从图 7.15 中可见,在该时间范围内,模型的预测并不完全糟糕,预测值与时间序列数值的距离不算太远。这也就意味着,该模型的预测在 MSE 这类衡量指标下可能取得不错的成绩,但模型所学习到的数据规律出现明显错误,随着时间向未来方向推进,预测与现实之间的误差将越来越明显。接下来绘制误差的自相关图,在下一个 cell 中执行:

```
#Chapter7/time_series_exploration.ipynb

max_lag = 10
plt.acorr(series - reg_predictions, maxlags = max_lag)
plt.xlim(0, max_lag + 1)
plt.title('autocorrelation plot')
plt.xlabel('lag')
plt.ylabel('ACF')
plt.show()
```

输出如图 7.16 所示。

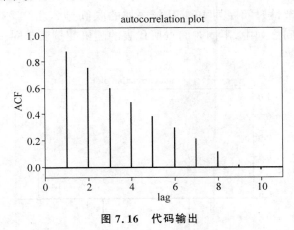

图 7.16　代码输出

从图 7.16 可见,误差与其前一期滞后存在较高的自相关性,预示模型所学习的序列本质规律并不准确。作为对比,使用一个以指数 1.5 增长的预测模型,并绘制对应的自相关图,在下一个 cell 中执行:

```
# Chapter7/time_series_exploration.ipynb

# 假想的较完美回归模型预测结果
# 除了数据中不可预测的不规则变动因素,模型学习到了序列真实的本质规律
great_reg_predictions = t_arr2 ** 1.5


max_lag = 10
plt.acorr(series - great_reg_predictions, maxlags = max_lag)
plt.xlim(0, max_lag + 1)
plt.title('Autocorrelation plot')
plt.xlabel('Lag')
plt.ylabel('ACF')
plt.show()
```

输出如图 7.17 所示。

从图 7.17 可见,不同滞后期数自相关性的绝对值皆偏低,预示着模型与真实序列数值之间的误差仅为不规则变动因素。展现类似自相关性的时间序列称为白噪声(white noise)。

除了季节性差分化,即从当前时间点数值中减去同一"季节"的上一个数值,一阶差分(first order differencing)也是一种常用的差分法。一阶差分从当前时间点数值中减去上一个时间点的数值,形成新的序列。在序列不存在季节性时,使用一阶差分后的时间序列拥有平稳性。偶尔,某些不包含季节性的序列需要二阶差分(second order differencing)后方能满足平稳性。二阶差分是将一阶差分后的序列当作待差分序列,并从每个时间点数值中减去上一个时间点的数值,形成新的序列。

时间序列中,趋势和季节性因素存在一个共性,两者都随时间的变化而变化。这里的"变化"指的并不是数值的变化,而是该数据点所属分布的变化。若将每个时间点看作一个随机变量,则存在趋势或季节性的序列中,不同时间点所代表的随机变量所属分布不同,例如在以年为周期的季节性时间序列中,1月份序列的取值与2月份序列的取值所属分布不同。而一个平稳的时间序列中,不同时间点所代表的随机变量属于同一个分布,其所属分布的平均值和方差皆相等。

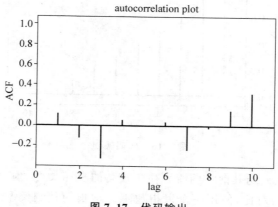

图7.17 代码输出

大多数时间序列模型需要该序列满足平稳性这一特质。这是因为模型的任务是学习"时间点数值"这一随机变量本质的抽样分布,或条件抽样分布。若每个时间点都由不同分布抽样得到,则这个学习任务的定义是不成立的。呈现趋势或季节性的时间序列都不平稳,但仅呈现循环性的时间序列是平稳的,因为循环性时间序列中的周期长度不同,所以无法预测下一个波峰或波谷在何时。总结而言,一个平稳的时间序列中不同时间段的平均值和方差不变,且数据点属于同一分布。为取得一个平稳的时间序列,以满足大多数时间序列模型的前提要求,需要去除序列中的趋势和季节性。

了解平稳性的重要性后,尝试使用Python进行一阶差分和二阶差分。定义一个不存在季节性的假想序列,在下一个cell中执行:

```python
# Chapter7/time_series_exploration.ipynb

np.random.seed(42)

t_arr3 = np.linspace(0, 100, 30)

# 范围为[-0.5, 0.5]的随机列表
random_arr3 = np.random.rand(len(t_arr3)) - 0.5

df3 = pd.DataFrame({'t': t_arr3,
                    'y': t_arr3 * 0.3 + \
                    10 * random_arr3})
plt.plot(df3['t'], df3['y'], linestyle = ': ', marker = 'o', markersize = 5)
plt.xlabel('t')
plt.title('time series with no seasonality')
plt.show()
```

输出如图 7.18 所示。

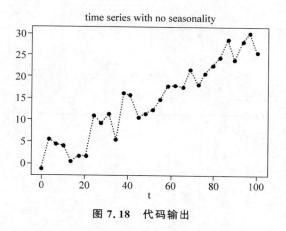

图 7.18 代码输出

对 df3 中的序列进行一阶差分,可视化一阶差分输出序列的自相关图,在下一个 cell 中执行:

```
# Chapter7/time_series_exploration. ipynb

# 执行一阶差分
order = 1                      # 通过调试 order 取值,此段代码可以执行二阶或多阶差分
residue = df3['y']        # 初始序列为原时间序列
# 每一阶差分使用上一阶差分输出的序列进行再一次差分
for _ in range(order):
    to_subtract = [np.nan] * 1 + list(residue[: -1])
    # 使用一次差分法,输出序列存入变量 residue
    residue = residue - to_subtract

# 可视化一阶差分后输出的自相关图
max_lag = 10
# 截去输出序列中第一项为 NaN 的数值
plt.acorr(residue[order: ], maxlags = max_lag)
plt.xlim(0, max_lag + 1)
plt.title('autocorrelation plot')
plt.xlabel('lag')
plt.ylabel('ACF')
plt.show()
```

输出如图 7.19 所示。

由图 7.19 可见,一阶差分后的序列中不存在明显的趋势或季节性,满足平稳性要求。

7.2.2　乘法模型下的部分可视化图

7.2.1 节通过从原时间序列中减去趋势因素,分割并可视化了序列中的周期因素和不规则变动因素。若时间序列为乘法模型,则需要从原时间序列中去除趋势因素。

先创建一个乘法模型下的时间序列。假设某冰激凌销量序列为乘法性序列,创建该假想数据集,执行:

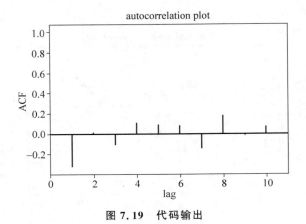

图 7.19　代码输出

```
# Chapter7/multiplicative_example.ipynb

import pandas as pd
import numpy as np
import matplotlib.pyplot as plt

np.random.seed(42)

# 该序列中包含的年数
n_years = 5
t_arr = np.linspace(1, n_years * 12 + 1, n_years * 12)

# 基于时间序列水平的季节性百分比波动
monthly_sales = [10, 11, 14, 15, 19, 20, 50, 52, 49, 31, 26, 18]
monthly_sales = 1 - np.array(monthly_sales * n_years) * 0.01

# 随机成分,取值在原定值的 80％～120％ 范围内随机波动
random_arr = 1 - np.random.rand(len(t_arr)) * 0.2

# 销量 y 根据 monthly_sales 季节性波动,对应 * monthly_sales
# 趋势上随时间的推进而小幅度稳步增长,对应 t_arr
# 包含一定百分比的噪声,对应 * random_arr
# 3 者相乘为乘法性时间序列
df = pd.DataFrame({'t': t_arr,
                   'y': t_arr * monthly_sales * random_arr})
plt.plot(df['t'], df['y'], linestyle = ': ', marker = 'o', markersize = 5)
plt.xlabel('months # ')            # 时间点以(月)为单位
plt.ylabel('sales (thousands)')    # 销量以(千)为单位
plt.title('ice cream sales time series')
plt.show()
```

输出如图 7.20 所示。

从图 7.20 可见,时间序列季节性波动的幅度随趋势上升而增大,属于乘法性时间序列。与 7.2.1 节中加法模型下的趋势分解采用同样的方法,使用一个加权移动平均值估算趋势,并绘制该平均值随时间的变化,在下一个 cell 中执行:

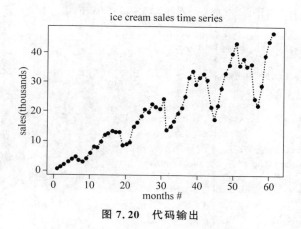

图 7.20　代码输出

```
# Chapter7/multiplicative_example.ipynb

# 分解趋势因素,以某一时间点 t 为中心,计算:
# [t－6,t＋6] 中 13 的时间点的加权和,除了 t－6 和 t＋6 的权重为 0.5,其余点权重为 1
# 用该和除以 12 得时间点 t 对应的趋势因素序列取值
# 若周期为奇数,则所有权重为 1
average_12 = []
for i in range(6, len(df)－7):
    average_12.append((np.array(df['y'][i－6: i＋7]) * \
                np.array([0.5] + [1] * 11 + \
                        [0.5])/12).sum())

# 可视化去除季节性后的时间序列
plt.plot(df['t'][6: －7], average_12,
        linestyle = ': ', marker = 'o', markersize = 5)
plt.xlabel('months # ')          # 时间点以(月)为单位
plt.ylabel('sales (thousands)') # 销量以(千)为单位
plt.title('ice cream sales time series, removed seasonality')
plt.show()
```

输出如图 7.21 所示。

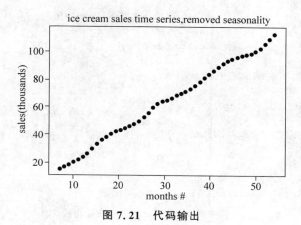

图 7.21　代码输出

接下来,从原时间序列中去除趋势,在下一个 cell 中执行:

```
# Chapter7/multiplicative_example.ipynb

# 可视化去除趋势后的时间序列
removed_trend = df['y'][6: -7] / average_12
plt.plot(df['t'][6: -7], removed_trend,
        linestyle = ': ', marker = 'o', markersize = 5)
plt.xlabel('months #')          # 时间点以(月)为单位
plt.ylabel('sales (fraction)')  # 销量周期浮动的比例
plt.title('ice cream sales time series, removed trend')
plt.show()
```

输出如图 7.22 所示。

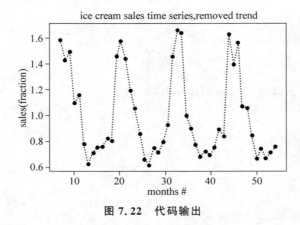

图 7.22　代码输出

从图 7.22 中可见,季节性波动幅度随时间增大的现象也被去除。利用季节性波动每 12 个时间点一循环的规律,进一步去除季节性可视化图中的随机变动因素,在下一个 cell 中执行:

```
# Chapter7/multiplicative_example.ipynb

# 将每个时间点的取值改为
# 该时间点对应的所有相同"季节"数值的平均值
# 可视化去除趋势和随机变动后的时间序列
removed_T_and_I_12 = []              # 每一循环的 12 个取值
for i in range(12):
    removed_T_and_I_12.append(removed_trend[i: ][:: 12].mean())

# 循环这 12 个取值,直到序列与 removed_trend 等长
removed_T_and_I_full = []
for j in range(len(removed_trend)):
    cycle_idx = j % 12
    removed_T_and_I_full.append(removed_T_and_I_12[cycle_idx])

# 可视化季节性循环
plt.plot(df['t'][6: -7], removed_T_and_I_full,
        linestyle = ': ', marker = 'o', markersize = 5)
plt.xlabel('months #')                    # 时间点以(月)为单位
```

```
plt.ylabel('sales (fraction)') #销量周期浮动的比例
plt.title('ice cream sales time series, ' + \
        'removed trend and irregularity')
plt.show()
```

输出如图 7.23 所示。

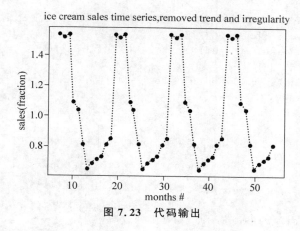

图 7.23 代码输出

下一步,用单纯去除趋势的序列除以同时去除趋势和随机变动的序列,得出随机变动因素,在下一个 cell 中执行:

```
#Chapter7/multiplicative_example.ipynb

irregularity = removed_trend/ removed_T_and_I_full

#可视化随机变动
plt.plot(df['t'][6: -7], irregularity,
        linestyle = ': ', marker = 'o', markersize = 5)
plt.xlabel('months #')              #时间点以(月)为单位
plt.ylabel('sales (fraction)')   #销量不规则变动中浮动的比例
plt.title('ice cream sales time series, irregularity')
plt.show()
```

输出如图 7.24 所示。

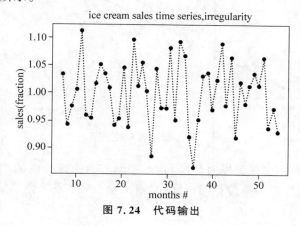

图 7.24 代码输出

最后,将原时间序列、趋势和单纯的季节波动绘制在同一张图上,在下一个 cell 中执行:

```
#Chapter7/multiplicative_example.ipynb

fig, ax1 = plt.subplots(figsize = (10, 7))

color = 'tab: red'
ax1.set_xlabel('months #', size = 16) #时间点以(月)为单位
ax1.set_ylabel('sales (thousands)',
          color = color, size = 16)              #销量以(千)为单位
ax1.plot(df['t'], df['y'], linestyle = ': ', marker = 'o',
        markersize = 5, color = color, label = 'data')
ax1.plot(df['t'][6: -7], average_12, label = 'trend')
ax1.tick_params(axis = 'y', labelcolor = color)

ax2 = ax1.twinx()        #同一张图上使用一个 x 轴,不同的 y 轴取值范围

color = 'tab: blue'
ax2.set_ylabel('sales (fraction)',
          color = color, size = 16)              #销量不规则变动中浮动的比例
ax2.plot(df['t'][6: -7], removed_T_and_I_full,
        linestyle = ': ', color = color, label = 'Seasonality')
ax2.tick_params(axis = 'y', labelcolor = color)

fig.tight_layout()
fig.legend()
plt.show()
```

输出如图 7.25 所示。

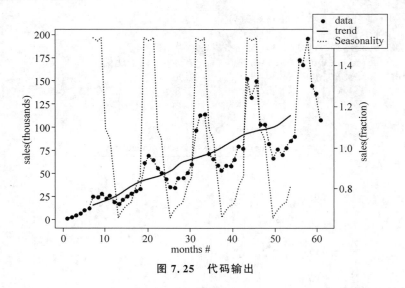

图 7.25　代码输出

图 7.25 中带圆点的曲线为原时间序列,不带圆点的曲线为纯的季节波动,实线为趋势因素。趋势与原时间序列的单位相同,对应左侧 y 坐标轴;季节性单位为波动占比,对应右

侧 y 坐标轴。趋势曲线大致穿过原数据的中心，而季节性曲线的波峰和波谷正好对应原时间序列的波峰和波谷。

本节详细讲解了如何分解时间序列中的趋势、周期性和不规则变动因素。了解分解的原理细节后，可以直接调用 statsmodels 中的 tsa. seasonal_decompose 函数对趋势、季节性和不规则变动因素进行分解，在下一个 cell 中执行：

```
#Chapter7/multiplicative_example.ipynb

from statsmodels.tsa.seasonal import seasonal_decompose

#使用 model 参数设定该序列属于加法模型(additive)或乘法模型(multiplicative)
result = seasonal_decompose(df['y'],
                            model = 'multiplicative',
                            period = 12)

result.plot()
plt.show()
```

输出如图 7.26 所示。

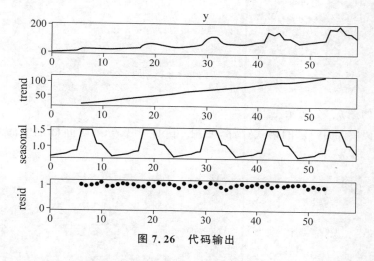

图 7.26 代码输出

图 7.26 中，第 1 幅为原序列可视化图，第 2 幅为趋势图，第 3 幅为季节性因素，第 4 幅为随机变动因素。

7.3 时间序列特征提取

作为一类特殊的数据，时间序列包含一些其特有的特征提取方法。本节将介绍时间特征、滞后特征(lag features)、基移动窗口(rolling window)的特征、基于展开窗口(expanding window)的特征和其他可以考虑加入因素。

7.3.1 时间特征

　　最直接的特征提取是从序列本身的时间标记中提取特征。序列中的每个数据点对应一个时间值,根据这个时间值,数据点之间存在排列先后顺序。时间值可能以不同格式出现,例如"年-月-日"或"时:分:秒"等。特定格式下,时间点本身可能包含有效信息。

　　以时间格式为"年-月-日"的时间序列为例,从时间点中可以直接提取该数据点所属的月份和季节。从年、月、日的组合中,也可以得知该日期的星期。月份、季节和星期信息可以作为截面数据加入时间序列数据集。

　　使用 Pandas 建立一个该格式下的时间序列 DataFrame,执行:

```
#Chapter7/datetime_features.ipynb

import pandas as pd

#创建一个时间序列数据集
#为了更清楚地展示,仅放入5个不同时间点
#year-month-date 为时间点标记,格式为"年-月-日",y为数值
df = pd.DataFrame({'year-month-date': ['2017-07-23',
            '2018-02-02', '2018-11-09',
            '2019-06-15', '2020-09-18'],
            'y': [39, 10, 34, 57, 23]})

display(df)
```

　　显示结果如图 7.27 所示。

　　时间标记以"年-月-日"的格式存储,使用.apply 函数分割时间标记中的月份,在下一个 cell 中执行:

```
#Chapter7/datetime_features.ipynb

def get_month(series):
    '''提取格式为"年-月-日"序列中的月份
    输入:
        series: 格式为"年-月-日"的时间标记序列,
        序列以字符串存储时间标记
    输出:
        该序列中的月份
    '''
    return int(series.split('-')[1])

#将月份存储为新的特征(即截面数据)
df['month'] = df['year-month-date'].apply(get_month)
display(df)
```

　　显示结果如图 7.28 所示。

	year-month-date	y
0	2017-07-23	39
1	2018-02-02	10
2	2018-11-09	34
3	2019-06-15	57
4	2020-09-18	23

图 7.27 代码输出

	year-month-date	y	month
0	2017-07-23	39	7
1	2018-02-02	10	2
2	2018-11-09	34	11
3	2019-06-15	57	6
4	2020-09-18	23	9

图 7.28 代码输出

接下来,使用 Python 中自带的 datetime 模块,提取时间点对应的星期。datetime 模块中,datetime. strftime 函数可以提取某时间点对应的其他时间信息。首先,使用 datetime. strptime 函数将字符串存储的时间标记转化为 Python 中的 datetime 格式,在对其使用 datetime. strftime 函数,提取星期,在下一个 cell 中执行:

```python
# Chapter7/datetime_features.ipynb

import datetime

def get_week_day(series):
    '''提取格式为"年 - 月 - 日"序列中的星期
    输入:
        series: 格式为"年 - 月 - 日"的时间标记序列,
        序列以字符串存储时间标记
    输出:
        该序列中每一时间点对应的星期
    '''
    # 转化为 datetime 格式,datetime.strptime 函数中需依次输入
    # 1.待转化的字符串
    # 2.待转化字符串中各时间信息所在位置格式
    # %Y 为年的位置,%m 为月的位置,%d 为日的位置
    # 更多信息对应字母可参考 https://strftime.org
    datetime_series = datetime.datetime.strptime(series,
                                                 '%Y-%m-%d')

    # 提取时间点中的星期信息,strftime 中输入提取所需时间信息即格式
    # %A 为星期的全称,星期一至星期日分别为
    # Monday、Tuesday、Wednesday、Thursday、Friday、Saturday 和 Sunday
    return datetime_series.strftime('%A')

# 将星期存储为新的特征
df['week_day'] = df['year - month - date'].apply(get_week_day)
display(df)
```

显示结果如图 7.29 所示。

	year-month-date	y	month	week_day
0	2017-07-23	39	7	Sunday
1	2018-02-02	10	2	Friday
2	2018-11-09	34	11	Friday
3	2019-06-15	57	6	Saturday
4	2020-09-18	23	9	Friday

图 7.29　代码输出

7.3.2　滞后特征

时间序列中的数据点往往与临近的数据相关,某服装品牌的销量可能会在长时间下随着其做工的变化,品牌经营和大众审美潮流大幅度改变,但短期来看,这类因素引起的改变并不显著,每日销量应与前几日相差不大,又或存在因前几日销量较高而导致该日销量较低的规律。若是序列中存在季节性,则当前数据点的取值也可能与上一个"季节"中同时间段附近的数值有关。

为了提取某时间点附近的数值作为特征,可以直接将过往时间点的数值作为新的特征加入数据集。可以将该特征想象为"上一个时间点的数值"或"上一个季节对应时间点的数值"等描述该时间点数据的特征。

取特定时间点数值作为滞后特征只需将原时间序列向后移动指定时间点个数。以 7.2 节中的冰激凌销量时间序列为例,分别建立"上一个月前的销量""两个月前的销量"和"去年同一月份的销量"这 3 个特征,执行:

```
# Chapter7/lag_features.ipynb

import pandas as pd
import numpy as np
import matplotlib.pyplot as plt

np.random.seed(42)

# 初始化数据
# 对初始化数据的具体讲解见 7.2.1 节
n_years = 5
t_arr = np.linspace(1, n_years * 12 + 1, n_years * 12)
monthly_sales = [10, 11, 14, 15, 19, 20, 50, 52, 49, 31, 26, 18]
random_arr = np.random.rand(len(t_arr)) - 0.5
df = pd.DataFrame({'t': t_arr,
                   'y': np.array(monthly_sales * n_years) + t_arr * 0.3 + \
                   5 * random_arr})

# 新建滞后特征
lags = [1, 2, 12] # 1 个月前、2 个月前、1 年前(12 个月前)

for lag in lags:
```

```
#lag 为滞后期数,将时间序列向后移动对应滞后期数
#若滞后期数为 k,则前 k 个数据点无法找到对应的"k 个时间点前的"滞后特征
#使用 NaN 填充这些数据点
lagged_series = [np.nan] * lag + list(df['y'])[: -lag]
#将新特征存入 value_{滞后期数}_months_ago
df['{0}个月前的销量'.format(lag)] = lagged_series

#显示时间序列中前 14 个数据
pd.options.display.max_rows = 6
display(df.head(14))
```

显示结果如图 7.30 所示。

	t	y	1个月前的销量	2个月前的销量	12个月前的销量
0	1.000000	9.672701	NaN	NaN	NaN
1	2.016949	13.858656	9.672701	NaN	NaN
2	3.033898	16.070139	13.858656	9.672701	NaN
...	...	...	...	...	...
11	12.186441	24.005481	26.953770	35.086126	NaN
12	13.203390	15.623230	24.005481	26.953770	9.672701
13	14.220339	13.827797	15.623230	24.005481	13.858656

图 7.30　代码输出

从显示结果中可见,"1 个月前的销量"为该数据点的前一个时间点的数据,"2 个月前的销量"为两个时间点之前的数据,"12 个月前的销量"为 12 个时间点之前的数据。

7.3.3　基于移动窗口的特征

除了 7.3.2 节中讲解的滞后特征,即直接提取 k 个时间点前的数值作为特征,还可以加入描述某时间段数据的数值作为新的特征,以此建立每个时间点与过往相关时间点的联系。

为了提取某时间点附近的数值作为特征,可以将该范围数据点划入一个"窗口",并对该窗口内数据执行特定函数,提取可以作为特征的数值。假设想要提取"该数据点前 5 个时间点的平均值"作为新的特征,那么对于时间点 t,该特征取值为时间点位于 $[t-5,t-1]$ 这一窗口范围内的平均值;对于时间点 $t+1$,该特征取值为时间点位于 $[t-4,t]$ 这一窗口范围内的平均值;对于时间点 $t+2$,该特征取值为时间点位于 $[t-3,t+1]$ 这一窗口范围内的平均,以此类推。为了计算每个时间点对应的新特征取值,需将窗口沿着时间推进方向移动,并在每一步移动中计算新特征的数值。

对于季节性推后的窗口,假设每个季节包含 p 个数据点,而我们想要提取"以该数据点对应的上一季节数据点为中心的 5 个时间点平均值"作为新的特征,那么对于时间点 t,该特征取值为时间点位于 $[t-p-2,t-p+2]$ 这一窗口范围内的平均值;对于时间点 $t+1$,该特征取值为时间点位于 $[t-p-1,t-p+3]$ 这一窗口范围内的平均值;对于时间点 $t+2$,该特征取值为时间点位于 $[t-p,t-p+4]$ 这一窗口范围内的平均值,以此类推。

以 7.2 节中的冰激凌销量时间序列为例,使用 Pandas 中的 .rolling 函数计算指定窗口

大小下指定函数的取值,并创建上文中"该数据点前 5 个时间点的平均值"和"以该数据点对应的上一季节数据点为中心的 5 个时间点平均值"两个新特征。该函数中的常用参数有两个。

（1）window：整数,用于设定窗口大小。

（2）center：布尔值,若设定为 True,则每个输出所对应的时间点为该窗口中心；若设定为 False,则每个输出所对应的时间点为该窗口最靠后的时间点。默认值为 False。

根据对.rolling 函数的了解,重新定义冰激凌销量数据集并创建"该数据点前 5 个时间点的平均值"这一特征,执行：

```
#Chapter7/rolling_window.ipynb

import pandas as pd
import numpy as np
import matplotlib.pyplot as plt


np.random.seed(42)


#初始化数据
#对初始化数据的具体讲解见 7.2.1 节
n_years = 5
t_arr = np.linspace(1, n_years * 12 + 1, n_years * 12)
monthly_sales = [10, 11, 14, 15, 19, 20, 50, 52, 49, 31, 26, 18]
random_arr = np.random.rand(len(t_arr)) - 0.5
df = pd.DataFrame({'t': t_arr,
                   'y': np.array(monthly_sales * n_years) + t_arr * 0.3 + \
                   5 * random_arr})


#创建"该数据点前 5 个时间点的平均值"这一新特征
#注意,当.rolling 函数的 center = False 时,输出所对应的时间点为该窗口最靠后的时间点
#这意味着该输出的计算中包含了当前时间点取值,而前 5 个时间点不应包含当前时间点
#因此,需将.rolling 函数输出的序列往后移动一个时间点,以得到正确的新特征
curr_prev_4 = list(df['y'].rolling(window = \
                                   5).mean())  #包含当前及前 4 个时间点值
prev_5 = [np.nan] + curr_prev_4[: -1]
df['前 5 个时间点的平均值'] = prev_5

display(df.head(7))
```

显示结果如图 7.31 所示。

以第 6 个数据点为例,验证一下输出中的新特征：

$$平均值 = \frac{9.672701 + 13.858656 + 16.070139 + 16.708547 + 18.800432}{5} = 15.022095$$

与第 6 个数据点"前 5 个时间点的平均值"特征取值相等。

接下来,创建"以该数据点对应的上一季节数据点为中心的 5 个时间点平均值"这一特征,在下一个 cell 中执行：

	t	y	前5个时间点的平均值
0	1.000000	9.672701	NaN
1	2.016949	13.858656	NaN
2	3.033898	16.070139	NaN
3	4.050847	16.708547	NaN
4	5.067797	18.800432	NaN
5	6.084746	20.105396	15.022095
6	7.101695	49.920927	17.108634

图 7.31　代码输出

```
♯Chapter7/rolling_window.ipynb

centered_5 = list(df['y'].rolling(window = 5,
            center = True).mean())♯包含当前及前2个和后2个时间点值
♯将.rolling 函数输出的序列往后移动 12 个时间点
♯确保输出与下一个季节,即 12 个时间步数(Time step)后的时间点中对应的位置对齐
prev_season = [np.nan] * 12 + centered_5[: -12]
df['上一季节周围 5 个时间点平均值'] = prev_season

pd.options.display.max_rows = 7
display(df.head(16))
```

输出如图 7.32 所示。

	t	y	前5个时间点的平均值	上一季节周围5个时间点平均值
0	1.000000	9.672701	NaN	NaN
1	2.016949	13.858656	NaN	NaN
2	3.033898	16.070139	NaN	NaN
...	...	...	...	...
13	14.220339	13.827797	30.782972	NaN
14	15.237288	16.980311	23.099281	15.022095
15	16.254237	18.293294	19.478118	17.108634

图 7.32　代码输出

以第 15 个数据点为例,验证一下输出中的新特征。相对于第 15 个数据点,"该数据点对应的上一季节数据点"是第 3 个数据点,以第 3 个数据点为中心的 5 个数据点即是第 1~5 个数据点,在下一个 cell 中计算前 5 个数据点的平均值,执行:

```
print('前 5 个数据点的平均值为', df['y'][: 5].mean())
```

输出如下:

```
前 5 个数据点的平均值为 15.02209498323358
```

输出中的平均值经过舍入正好等于第 15 个数据点的新特征取值。

7.3.4 基于展开窗口的特征

为了提取某时间点附近的数值作为特征,所用窗口大小不一定是固定的。可以将某时间点前所有时间点划入一个窗口,并对该窗口内数据执行特定函数,提取可以作为特征的数值。

假设想要提取"该数据点前所有时间点的平均值"作为新的特征,那么对于时间点 t,该特征取值为时间点位于 $[1, t-1]$ 这一窗口范围内的平均值;对于时间点 $t+1$,该特征取值为时间点位于 $[1, t]$ 这一窗口范围内的平均值;对于时间点 $t+2$,该特征取值为时间点位于 $[1, t+1]$ 这一窗口范围内的平均值,以此类推。为了计算每个时间点对应的新特征取值,需将窗口沿着时间推进方向扩大展开,并在每一步扩展中计算新特征的数值。

对于存在季节性的时间序列,可以使用多个展开窗口创建针对每个季节的新特征。假设数据集以"日"为时间单位,"一周"为一个季节,那么每个季节包将含 7 个数据点。从中,我们想要提取"截至昨日,该周所有时间点之和"作为新的特征,那么对于处于星期 k 的时间点 t,该特征取值为时间点位于 $[t-k+1, t-k-1]$ 这一窗口范围内的和;对于时间点 $t+1$,该特征取值为时间点位于 $[t-k+1, t-k]$ 这一窗口范围内的和;对于时间点 $t+2$,该特征取值为时间点位于 $[t-k+1, t-k+1]$ 这一窗口范围内的和,以此类推。当时间点为星期一时,取和为 0。

假设方便面销量与星期有关,到了周末,更多的人会购入下一周所需的方便面。建立一个符合这一周期性的时间序列,执行:

```
# Chapter7/expanding_window.ipynb

import pandas as pd
import numpy as np
import matplotlib.pyplot as plt


np.random.seed(42)

# 该序列中包含的星期循环数
n_weeks = 5
t_arr = np.linspace(1, n_weeks * 7 + 1, n_weeks * 7)
# 季节性销量基数
daily_sales = [2.3, 3.1, 5.0, 8.7, 15.9, 25.6, 20.5]

# 范围为[-0.5, 0.5]的随机列表
random_arr = np.random.rand(len(t_arr)) - 0.5

# 销量 y 根据 daily_sales 季节性波动,对应 np.array(monthly_sales * n_weeks)
# 随时间的推进而小幅度稳步增长,对应 t_arr * 0.2
# 包含少量噪声,对应 3 * random_arr
df = pd.DataFrame({'t': t_arr,
                   'y': np.array(daily_sales * n_weeks) + t_arr * 0.2 + \
                   3 * random_arr})
```

```
plt.plot(df['t'], df['y'], linestyle = ': ', marker = 'o', markersize = 5)
plt.xlabel('week #')  # 时间点以(周)为单位
plt.ylabel('sales (thousands)')  # 销量以(千)为单位
plt.title('instant noodles sales time series')
plt.show()
```

输出如图 7.33 所示。

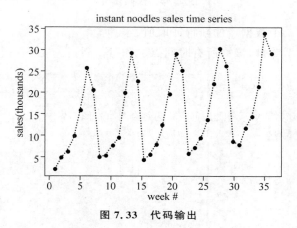

图 7.33　代码输出

从图 7.33 可见，该时间序列存在上升趋势、不规则变动和以 7 天为一个周期的季节性。使用 Pandas 中的 .expanding 函数计算展开窗口下指定函数的取值，并创建上文中"该数据点前所有时间点的平均值"和"截至昨日，该周所有时间点之和"两个新特征。该函数计算时会取 DataFrame 中最早的时间点作为每个窗口左侧的界限，取该时间点本身作为对应窗口右侧的界限。函数中，使用 min_periods(最短时间段长度)设定窗口内至少要有多少个观察值后方开始进行计算——也许少于 10 个数据点的计算并不能产出有效的特征。

创建"该数据点前所有时间点的平均值"这一特征，在下一个 cell 中执行：

```
# Chapter7/expanding_window.ipynb

# 设定 min_periods = 1，只要窗口中有一个数据点即可进行计算
prev_sum = df['y'].expanding(min_periods = 1).mean()

# 由于每个展开窗口的右侧边界为该数据点本身的时间点
# 而我们需要计算的特征仅包含昨日销量
# 因此需将平均值序列随时间方向右移，并作为新的特征加入数据集
prev_sum = [np.nan] + list(prev_sum[: -1])
df['今日前所有时间点的平均值'] = prev_sum
display(df.head())
```

显示结果如图 7.34 所示。

以第 5 个数据点为例，验证一下输出中的新特征：

$$平均值 = \frac{2.123620 + 4.858025 + 6.307747 + 9.813623}{4} = 5.77575375$$

	t	y	今日前所有时间点的平均值
0	1.000000	2.123620	NaN
1	2.029412	4.858025	2.123620
2	3.058824	6.307747	3.490823
3	4.088235	9.813623	4.429797
4	5.117647	15.891585	5.775754

图 7.34　代码输出

四舍五入正好等于第 5 个数据点的新特征取值。

接下来,创建"截至昨日,该周所有时间点之和"这一特征,在下一个 cell 中执行:

```
# Chapter7/expanding_window.ipynb

# 由于.expanding 函数会取最早的时间点作为每个窗口左侧的界限
# 假设第 1 个时间点为星期一是一个已知信息,将 DataFrame 以星期分割
results = []
for w in range(n_weeks):
    # 分割属于该周的数据点
    curr_week_df = df[w * 7: w * 7 + 7]
    # 使用.sum()函数计算总和
    prev_sum = curr_week_df['y'].expanding(\
                            min_periods = 1).sum()
    # 将平均值序列随时间方向右移,并存入 results
    # 星期一的"总和"值设定为 0
    prev_sum = [0] + list(prev_sum[: -1])
    results.extend(prev_sum)

df['截至昨日,该周所有时间点之和'] = results
display(df.head(10))
```

显示结果如图 7.35 所示。

	t	y	今日前所有时间点的平均值	截至昨日,该周所有时间点之和
0	1.000000	2.123620	NaN	0.000000
1	2.029412	4.858025	2.123620	2.123620
2	3.058824	6.307747	3.490823	6.981646
3	4.088235	9.813623	4.429797	13.289392
4	5.117647	15.891585	5.775754	23.103015
5	6.147059	25.797395	7.798920	38.994600
6	7.176471	20.609545	10.798666	64.791995
7	8.205882	5.039705	12.200220	0.000000
8	9.235294	5.250404	11.305156	5.039705
9	10.264706	7.677159	10.632405	10.290109

图 7.35　代码输出

以第 7 个数据点和第 10 个数据点为例,验证一下输出中的新特征:

该周总和$_7$ = 2.123620 + 4.858025 + 6.307747 + 9.813623 + 15.891585 + 25.797395

　　　　　　= 64.791995

该周总和$_{10}$＝5.039705＋5.250404＝10.290109

分别与对应数据点的新特征值相等。

7.4 时间序列模型

时间序列作为一种特殊类型的数据,拥有专门用于对其进行预测的模型。第 4 章中讲解了许多适用于无特定时间顺序数据集的模型,我们可以将时间点作为一个特征,并使用这些模型对时间序列进行预测,但若将时间点信息单纯地作为一个特征处理,模型对其的处理并不会异于其他特征。另外,许多模型无法通过某特征的大小关系完整地建立不同数据点之间的关联。例如在一个决策树中,相邻时间点 $t＝80$ 和 $t＝81$ 也许会因为其相似性被分割到同一个节点,但模型无法很好地建立 $t＝80$ 对其后一个时间点 $t＝81$ 产生什么影响。总结而言,将时间点信息作为特征输入模型可以在一定程度上处理时间关系,但没有充分利用数据集中的时间前后关系。

本节将介绍 6 个专门为时间序列预测而设计的模型。"时间"这一信息将被编制进模型本身,从而使数据点的前后关系得到充分利用。

7.4.1 自回归模型

回归模型中,模型赋予不同的特征不同权重,并用特征的加权和预测该数据点对应的目标值。自回归模型(Autoregressive model,或 AR 模型)与此类似,只是使用了之前数据点的取值代替特征,其表达式为

$$y_t = c + \sum_{i=1}^{p} \phi_i y_{t-i} + \varepsilon_t \tag{7.4}$$

其中,p 为该 AR 模型的阶数,c 为常数,ε_t 为白噪声,ϕ_i 为权重,也是模型所需学习的参数。一个 p 阶的 AR 模型可以用 AR(p) 表示。AR 模型完全通过对前 p 个时间点的数值预测当前数据点取值。那么应该如何确定 p 的取值呢?p 应该足够大,以保证影响 y_t 的大部分因素得以被模型考虑;同时,p 应该足够小,避免模型考虑不必要的因素。

7.2.1 节讲解了自相关函数,该函数计算时间点 t 与之前时间点之间的相关性。在这个基础上,偏自相关性函数(Partial autocorrelation function,PACF)计算时间点 t 与某之前时间点 $t-k$ 之间排除了[$t-k+1$, $t-1$]范围内时间点影响后的自相关系数。假设在一个时间序列中,时间点 t 与 $t-1$、$t-2$ 和 $t-3$ 有关,那么 t 与 $t-3$ 之间的偏自相关性函数可以理解为"t 与 $t-3$ 之间未被 $t-1$ 或 $t-2$ 概述的关联信息"。偏自相关性函数是一个可以用来决定 p 取值的参考量,假设高于 k 阶滞后的时间值与当前时间点的偏自相关性皆接近于 0,那么可以选择 $p＝k$,在考虑影响 y_t 的大部分因素的前提下忽略直接影响较小的因素。

使用 statsmodels 中的 ArmaProcess 创建一个平稳的 $p＝3$ 的时间序列。初始化 ArmaProcess 时,需要在参数 ar 中输入对应 AR 模型的系数序列 φ_i,并在参数 ma 中输入对应 MA 模型的系数序列 θ_j。7.4.2 节将讲解 MA 模型,其阶数由字母 q 表示。设定系数序列 ϕ_i 和 θ_j 后,数据点 y_t 与之前时间点的关系如式(7.5)所示。

$$y_t = \sum_{i=1}^{p} \phi_i y_{t-i} + \sum_{j=1}^{q} \theta_j \varepsilon_{t-j} + \varepsilon_t \qquad (7.5)$$

执行：

```
# Chapter7/AR.ipynb

import pandas as pd
import numpy as np
import matplotlib.pyplot as plt
from statsmodels.tsa.arima_process import ArmaProcess

np.random.seed(42)  # 使用 Numpy 设定 seed 可以保证 ArmaProcess 初始化的可复刻性

# 1 到 100 的 100 个时间点
t_arr = np.linspace(1, 100, 100)

# 初始化一个 AR(3)的序列,其中包含 100 个数据点
# y_t = 0.55 * y_{t-1} + 0.35 * y_{t-2} + 0.01 * y_{t3}
ar_3_coefficients = np.array([0.55, 0.35, 0.01])
# 根据官网档案指示,需加入 0 阶滞后的系数并取系数的负值输入 ArmaProcess 初始化
ar3 = np.concatenate((np.array([1]), -1 * ar_3_coefficients))
simulated_AR3 = ArmaProcess(ar3, None).generate_sample(nsample=100)

df = pd.DataFrame({'t': t_arr,
                   'y': simulated_AR3})

plt.plot(df['t'], df['y'], linestyle=': ', marker='o', markersize=5)
plt.xlabel('t')
plt.ylabel('y')
plt.title('Hypothetical time series')    # 假想的时间序列
plt.show()
```

输出如图 7.36 所示。

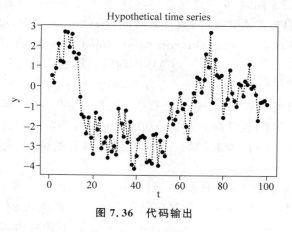

图 7.36　代码输出

该时间序列没有明显的趋势或季节性,可以视为平稳的序列。使用 statsmodels 中的

plot_acf 和 plot_pacf 函数,分别绘制该序列的自相关图和偏自相关图,在下一个 cell 中执行:

```
from statsmodels.graphics.tsaplots import plot_acf, plot_pacf

plot_acf(df['y'], lags = 10, title = 'ACF')
plot_pacf(df['y'], lags = 10, title = 'PACF')
plt.show()
```

输出如图 7.37 所示。

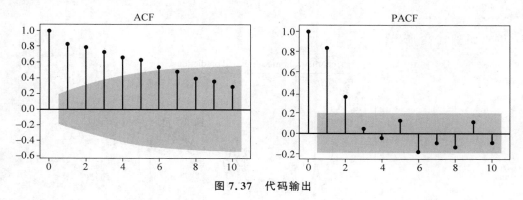

图 7.37 代码输出

自相关图中,每个时间点 t 的数值与之前时间点数值皆有一定关联。该关联性随着时间差异的增加而减少,但截至 $t-5$,该关联性仍高达约 0.6。这一观察与我们对数据的认知不同,建立该时间序列时,每个时间点仅根据前 3 个时间点的数值决定,且更多的是受到前 2 个时间点数值的影响。这一差异是因为从某种程度上讲,t 的数值确实与 $t-5$ 之间存在关联性,$t-5$ 的数值很大程度上决定了 $t-4$,进而影响了 $t-3$、$t-2$、$t-1$,而 $t-1$ 很大程度上影响了 t。反观偏自相关图,所有大于 1 阶滞后的时间点与当前时间点的偏自相关性皆较低。这一观察似乎也与我们对数据的认知不同,从建立序列的方式分析,也许会期待小于 3 阶滞后的数据与当前时间点偏自相关性较高,而偏自相关图表示在拥有 1 阶和 2 阶滞后的时间点的信息后,其余时间点信息对当前时间点的取值影响将变得可以忽视。这是因为 $t-1$ 和 $t-2$ 的数值受到更早时间点影响的同时,也包含了其中信息,考虑 $t-1$ 和 $t-2$ 对 t 的影响时等同于考虑了其中包含的更早时间点的影响,换言之,更早时间点对 t 的影响已经被 $t-1$ 和 $t-2$ 概述,因此,选择 $p=2$ 作为 AR 模型的阶数。

确定了 AR 模型的阶数后,使用 statsmodels 中的 AutoReg 模型进行训练和预测,在下一个 cell 中执行:

```
# Chapter7/AR.ipynb

from statsmodels.tsa.ar_model import AutoReg

# 输入时间序列,仅使用前 90 个时间点作为训练集,最后 10 个时间点为验证集
# 使用 lags 设定 p 值
AR_model = AutoReg(df['y'][: -10], lags = 2)
```

```
fitted = AR_model.fit()

♯绘制训练集的数据和 AR 模型预测值
fitted.plot_predict(start = 0, end = 99)
plt.plot(df['t'] − 1, df['y'], linestyle = ': ', marker = 'o', markersize = 5)
plt.xlabel('t')
plt.ylabel('y')
♯假想的时间序列及其预测
plt.title('Hypothetical time series and predictions')
plt.legend()
plt.show()
```

输出如图 7.38 所示。

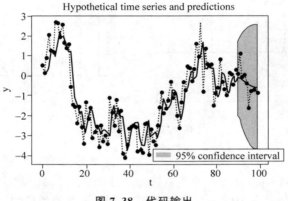

图 7.38　代码输出

图 7.38 中,虚线与其连接的圆点为数据集中的点,实线为模型的预测值。这个例子中,我们让训练完成的模型预测了训练集中的数据和训练集最晚时间点后的 10 个时间值,如时间点 90 以后的实线部分所示。由于 90 以后的实线部分为验证集的预测,因此该数据真实取值不存在于训练集之中,AutoReg 在绘制其预测值的同时用阴影绘制了取值可能波动的范围,模型对于验证集取值位于该阴影范围内有 95% 的信心,而事实上,所有时间点位于 90以后的圆点也确实在阴影范围内。

进行模型表现评估之前首先注意一点,这个例子中,验证集的大小为 10,且模型是在得知前 90 个训练集中的数据后,一次性预测 10 个临近的未知数。这一预测过程需要根据实践中具体问题调整。假设某一实际问题的设定中,我们仅需根据已有数据预测下一个时间点的取值,并在下一个时间点到来之际使用包含下一个时间点数据的训练集预测再下一个时间点的取值。那么在模型预测验证集数据时,也可以模拟这一对未知数据预测的方式,在下一个 cell 中执行:

```
♯Chapter7/AR.ipynb

pred = []
♯假设当前时间点为 t = 90
♯首先使用前 90 个数据点训练,并预测训练集和 t = 91 的未知数据取值
```

```
AR_model = AutoReg(df['y'][: -10], lags = 2)
fitted = AR_model.fit()
pred.extend(list(fitted.predict(start = 0, end = 90)))

#随着时间点向后推移和更多数据进入训练集,重新训练模型并进行预测
for t in range(91, 100):
    AR_model = AutoReg(df['y'][: t], lags = 2)
    fitted = AR_model.fit()
    pred.extend(list(fitted.predict(start = t, end = t)))

#绘制训练集的数据和 AR 模型预测值
plt.axvline(90, linestyle = ': ', color = 'red',
        label = 'validation split')
plt.plot(df['t'], pred, label = 'prediction')
plt.plot(df['t'], df['y'], linestyle = ': ', marker = 'o',
        markersize = 5, label = 'data')
plt.xlabel('t')
plt.ylabel('y')
#假想的时间序列及其预测
plt.title('hypothetical time series and predictions')
plt.legend()
plt.show()
```

输出如图 7.39 所示。

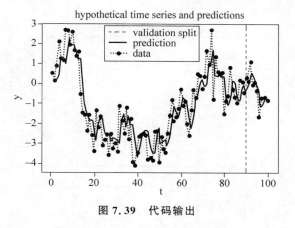

图 7.39　代码输出

垂直虚线右侧的数据为验证集数据。对比上一种方法的预测,当模型仅对下一个数据点而非下 10 个数据点进行预测时,其预测表现在肉眼评估下明显提高。这是因为每个时间点的取值受其前一个数据点的影响较大,当预测时得知前两个数据点真实取值时,预测准确程度将大大提高。这种预测方法的可行性需根据实际预测未知数据时获取新数据的速度,以及问题所需预测时长判断。

以第 2 种预测验证集取值的方法为例,评估验证集的 MSE,在下一个 cell 中执行:

```
from sklearn.metrics import mean_squared_error

print('验证集所得 MSE 为 ',
      mean_squared_error(list(df['y'])[91: ], pred[91: ]))
```

输出如下：

验证集所得 MSE 为 0.4232967729264962

7.2.1 节中提到，模型对时间序列的预测与真实目标值之间的误差序列不应该存在自相关性，因此，评估的最后需要绘制误差序列的自相关图，以确认其中不存在明显的自相关性，在下一个 cell 中执行：

```
# Chapter7/AR.ipynb

# 计算验证集误差序列
error_series = np.array(df['y']) - np.array(pred)

max_lag = 10
plt.acorr(error_series[1: ], maxlags = max_lag)
plt.xlim(0, max_lag + 1)
plt.title('autocorrelation plot')
plt.xlabel('lag')
plt.ylabel('ACF')
plt.show()
```

输出如图 7.40 所示。

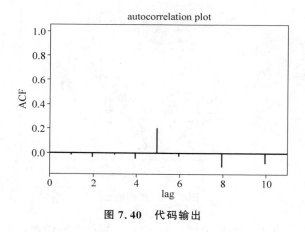

图 7.40　代码输出

从图 7.40 中可见，不同时间点的误差之间并不存在明显的自相关性，因此，误差序列满足平稳性要求。

7.4.2　滑动平均模型

移动平均模型（moving average model，或 MA 模型）使用过往的预测误差，赋予误差不同权重，并使用加权误差的和进行下一时间点取值的误差。移动平均模型与 6.3 节介绍的移动平滑法不同，该模型主要用于预测未知时间点的数值，其表达式为

$$y_t = c + \varepsilon_t + \sum_{j=1}^{q} \theta_j \varepsilon_{t-j} \tag{7.6}$$

其中，q 为 MA 模型的阶数，c 为常数，ε_j 为白噪声，θ_j 为权重，也是模型所需学习的参数。一个 q 阶的 MA 模型可以用 MA(q) 表示。与 AR 中的 p 类似，MA 模型中的 q 应该保证模型考虑了足够的过往误差的同时，不去考虑影响较小的误差因素。

使用自相关图判断 q 的理想取值。假设高于 k 阶滞后的时间值与当前时间点的自相关性皆接近于 0，那么可以选择 $q = k$，在考虑影响 y_t 的大部分因素的前提下忽略影响较小的因素。

使用 statsmodels 中的 ArmaProcess 创建一个平稳的 $q = 2$ 的时间序列。初始化 ArmaProcess 时，需要在参数 ar 中输入对应 AR 模型的系数序列 ϕ_i，并在参数 ma 中输入对应 MA 模型的系数序列 θ_j，执行：

```
# Chapter7/MA.ipynb

import pandas as pd
import numpy as np
import matplotlib.pyplot as plt
from statsmodels.tsa.arima_process import ArmaProcess

np.random.seed(42)      # 使用 Numpy 设定 seed 可以保证 ArmaProcess 初始化的可复刻性

# 1 到 100 的 100 个时间点
t_arr = np.linspace(1, 100, 100)

# 初始化一个 AR(3) 的序列，其中包含 100 个数据点
# y_t = 0.5 * theta_{t-1} + 0.7 * theta_{t-2} + theta_t
ma_2_coefficients = np.array([0.5, 0.7])
# 根据官网档案指示，需加入 0 阶滞后的系数输入 ArmaProcess 初始化
ma2 = np.concatenate((np.array([1]), ma_2_coefficients))
simulated_MA2 = ArmaProcess(None, ma2).generate_sample(nsample = 100)

df = pd.DataFrame({'t': t_arr,
                   'y': simulated_MA2})

plt.plot(df['t'], df['y'], linestyle = ': ', marker = 'o', markersize = 5)
plt.xlabel('t')
plt.ylabel('y')
plt.title('Hypothetical time series')      # 假想的时间序列
plt.show()
```

输出如图 7.41 所示。

该时间序列没有明显的趋势或季节性，可以视为平稳的序列。使用 statsmodels 中的 plot_acf 函数，绘制该序列的自相关图，在下一个 cell 中执行：

```
from statsmodels.graphics.tsaplots import plot_acf

plot_acf(df['y'], lags = 10, title = 'ACF')
plt.show()
```

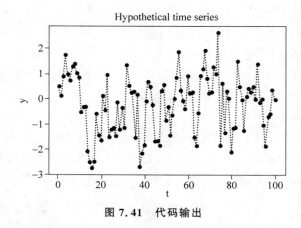

图 7.41　代码输出

输出如图 7.42 所示。

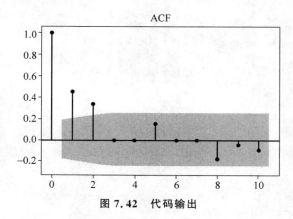

图 7.42　代码输出

自相关图中,所有大于 2 阶滞后的时间点与当前时间点的自相关性皆较低,因此选择 $q=2$。

确定了 MA 模型的阶数后,使用 statsmodels 中的 ARMA 模型进行训练和预测。一般来讲,AR 和 MA 模型需要结合使用,因此在常用的库中需要调用 ARMA 模型,也就是 AR 模型和 MA 模型的结合模型。为了单独讲解 MA 模型,本节将在 ARMA 模型的参数 order (阶数)中设定 $p=0,q=2$,以此建立一个 MA 模型,在下一个 cell 中执行:

```
♯Chapter7/MA.ipynb

from statsmodels.tsa.arima_model import ARMA
import matplotlib as mpl
from cycler import cycler

♯使用 Matplotlib 直接改变 plot_predict 输出图中的表现形式
♯虚线': '将对应预测值,实线' - '将对应真实数据
♯cycler 将反复使用': '和' - '这一循环作为图中线的样式
original_colors = mpl.rcParams['axes.prop_cycle']        ♯以便恢复
mpl.rcParams['axes.prop_cycle'] = cycler(linestyle = [': ', ' - '],
```

```
                                color = ['red', 'blue'])

# 输入时间序列,仅使用前 90 个时间点作为训练集,最后 10 个时间点为验证集
# 使用 order 设定(p, q)值,order 序列中第 1 项对应 p,第 2 项对应 q
MA_model = ARMA(df['y'][: -10], order = (0, 2))
fitted = MA_model.fit()

# 绘制训练集的数据和 MA 模型预测值
fitted.plot_predict(start = 0, end = 99)
# 绘制验证集数据真实取值
plt.scatter(df['t'][-10: ] - 1, df['y'][-10: ])
plt.xlabel('t')
plt.ylabel('y')
# 假想的时间序列及其预测
plt.title('hypothetical time series and predictions')
plt.legend()
plt.show()
```

输出如图 7.43 所示。

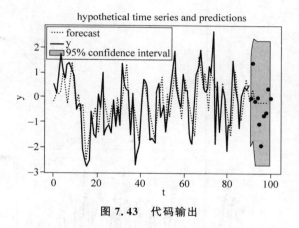

图 7.43 代码输出

图 7.43 中,实线为数据训练集中的点,虚线为模型的预测值,圆点为验证集中的点。位于 90 及以后的虚线部分为验证集的预测,该数据真实取值不存在于训练集之中,ARMA 在绘制其预测值的同时用阴影绘制了取值可能波动的范围,模型对于验证集取值位于该阴影范围内有 95% 的信心,而事实上,所有时间点位于 90 以后的圆点也确实在阴影范围内。

虽然验证集真实取值位于阴影范围内,但该阴影区域较大,基本包含了验证集中 y 的完整取值范围。为了得到更接近的预测,在问题设定允许(具体判断见 7.4.1 节所述)的情况下使用另一种方法预测验证集中的 10 个数据点,仅预测当前训练集后一个时间点的数值,在下一个 cell 中执行:

```
# Chapter7/MA.ipynb

pred = []
# 假设当前时间点为 t = 90
```

```
#首先使用前 90 个数据点训练,并预测训练集和 t = 91 的未知数据取值
MA_model = ARMA(df['y'][: -10], order = (0, 2))
fitted = MA_model.fit()
pred.extend(list(fitted.predict(start = 0, end = 90)))

#随着时间点向后推移和更多数据进入训练集,重新训练模型并进行预测
for t in range(91, 100):
    MA_model = ARMA(df['y'][: t], order = (0, 2))
    fitted = MA_model.fit()
    pred.extend(list(fitted.predict(start = t, end = t)))

#恢复使用 Matplotlib 本身的颜色配置
mpl.rcParams['axes.prop_cycle'] = original_colors
#绘制训练集的数据和 MA 模型预测值
plt.axvline(90, linestyle = ': ', color = 'red',
            label = 'validation split')
plt.plot(df['t'], pred, label = 'prediction')
plt.plot(df['t'], df['y'], linestyle = ': ', marker = 'o',
         markersize = 5, label = 'data')
plt.xlabel('t')
plt.ylabel('y')
#假想的时间序列及其预测
plt.title('hypothetical time series and predictions')
plt.legend()
plt.show()
```

输出如图 7.44 所示。

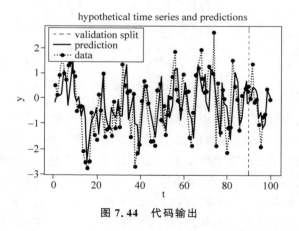

图 7.44 代码输出

图 7.44 中带圆点的虚线为数据真实取值,实线为模型预测,垂直的虚线及其右侧数据为验证集数据。相比一次性预测 10 个验证集数据取值,这一方法中的预测值更加接近真实数据取值。

以第 2 种预测验证集取值的方法为例,评估验证集的 MSE,在下一个 cell 中执行:

```
from sklearn.metrics import mean_squared_error

print('验证集所得 MSE 为',
      mean_squared_error(list(df['y'])[91: ], pred[91: ]))
```

输出如下:

验证集所得 MSE 为 0.4097862299137602

评估的最后,绘制误差序列的自相关图,以确认其中不存在明显的自相关性,在下一个cell 中执行:

```
# Chapter7/MA.ipynb

# 计算验证集误差序列
error_series = np.array(df['y']) − np.array(pred)

max_lag = 10
plt.acorr(error_series, maxlags = max_lag)
plt.xlim(0, max_lag + 1)
plt.title('autocorrelation plot')
plt.xlabel('lag')
plt.ylabel('ACF')
plt.show()
```

输出如图 7.45 所示。

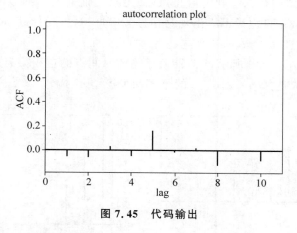

图 7.45　代码输出

由图 7.45 可见,不同时间点的误差之间并不存在明显的自相关性,因此,误差序列满足平稳性要求。

7.4.3　整合移动平均自回归模型

AR 模型和 MA 模型分别着重于提取临近时间点不同方面的信息,AR 模型使用临近时间点的取值做出预测,而 MA 模型使用对临近时间点预测的误差进行新的预测。将二者结合,并在模型中加入一个差分化环节,便可得到常用的整合移动平均自回归模型(autoregressive integrated moving average model,或 ARIMA 模型)。模型的表达式为

$$y'_t = c + \sum_{i=1}^{p} \phi_i y'_{t-i} + \sum_{j=1}^{q} \theta_j \varepsilon_{t-j} + \varepsilon_t \qquad (7.7)$$

其中,y'_t 是经过差分化的时间序列,p 为该模型 AR 部分的阶数,q 为该模型 MA 部分的阶数。差分化的阶数用 d 表示,一个 AR 部分阶数为 p,MA 部分阶数为 q,差分化阶数为 d 的 ARIMA 模型可以用 ARIMA(p,d,q)表示。7.4.1 节中提到,使用 AR 模型前需要保证待预测时间序列的平稳性,因此,ARIMA 模型中使用差分去除原时间序列的趋势,以此达到平稳性的要求。7.2.1 节提到,去除时间序列中的季节性需要用到季节性差分化,而 ARIMA 中常使用到的 1 阶差分或 2 阶差分并不能去除大部分季节性,因此,ARIMA 模型并不适用于存在季节性的时间序列。

由于 ARIMA 模型中的 AR 部分和 MA 部分起到相互影响的作用,某些情况下,AR 部分和 MA 部分可能会抵消,因此,确定模型中 p、d 和 q 的最优值不是一件容易的事情,可以从相对独立的差分阶数 d 入手。差分的主要作用在于将原时间序列变为平稳序列,而序列是否相对平稳可以通过可视化序列本身的走势判断。若序列本身满足平稳性要求,那么选择 $d=0$,不进行多余的差分;若序列本身不满足平稳性要求,可以可视化 1 阶差分或 2 阶差分,可视化差分后的序列,并使用满足平稳性的最低差分阶数作为 d 的取值。

p 和 q 的相互关系导致其二者的选择更加复杂。若使用 7.4.1 节和 7.4.2 节中的方法分别选择 p 和 q,其结合结果并不一定是最适合 ARIMA 模型的组合,但通过对自相关图和偏自相关图的分析与以下 3 条常用规则,还是可以找到较为合适的 p、q 组合的。

(1)若偏自相关图中存在锐利的截止点,截至点之前的滞后期数与当前时间点存在显著的偏自相关性,但截止点之后不再出现存在显著偏自相关性的滞后时间点,或 1 阶滞后于当前时间点的自相关性为正数,那么需考虑增加更多的 AR 部分阶数。偏自相关图的截止点即为 p 的取值。如图 7.46 所示,1 阶滞后于当前时间点的自相关为正数且偏自相关图中存在锐利的截止点,应选择 $p=2$,$q=0$ 的 ARIMA 模型。

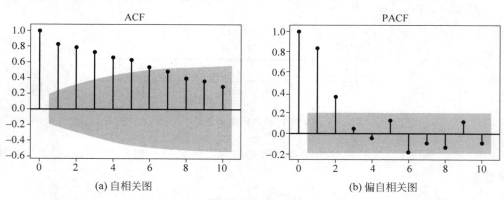

图 7.46 应增加 AR 部分阶数的例子

(2)若自相关图中存在锐利的截至点,截止点之前的滞后期数与当前时间点存在显著的自相关性,但截止点之后不再出现存在显著自相关性的滞后时间点,或 1 阶滞后于当前时

间点的自相关性为负数,那么需考虑增加更多的 MA 部分阶数。自相关图的截止点即为 q 的取值。如图 7.47 所示,1 阶滞后于当前时间点的自相关性为负数且自相关图中存在锐利的截止点,应选择 $p=0$,$q=1$ 的 ARIMA 模型。

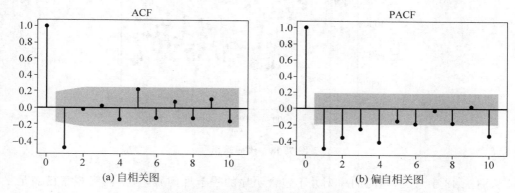

(a) 自相关图　　　　(b) 偏自相关图

图 7.47 应增加 MA 部分阶数的例子

(3) 许多时候,使用 $p=0$ 或 $q=0$ 的 ARIMA 模型可以达到最优阶数组合,但在某些问题中,使用一个 p、q 均不为 0 的"混合"组合方可得到最优模型。这种情况下需要注意的是,模型中的 AR 部分和 MA 部分存在相互抵消预测力的可能性,因此,可以尝试减少 AR 部分或 MA 部分的阶数,并再次评估模型的预测力。

由于 p、q 之间相互影响使其取值难以定夺,我们可以将 p、d、q 皆看作 ARIMA 模型的超参数,并使用网格搜索法搜索最优组合。使用赤池信息量准则(Akaike Information Criterion,AIC)衡量不同参数下 ARIMA 模型的优劣。该衡量标准仅用于对比不同模型之间的优劣程度,拥有最低 AIC 的模型为最优模型。需要提醒的是,在使用以上常用规则之前,需要先使用合适的 d 将序列差分为满足平稳性的序列。

导入并可视化 statsmodels 中的尼罗河于阿斯旺地区排出水流体积数据集,执行:

```
#Chapter7/ARIMA.ipynb

import pandas as pd
import matplotlib.pyplot as plt
import statsmodels.api as sm

#导入 statsmodels 中的阿斯旺地区尼罗河排出水流,记录时间为 1871-1970 年
#该时间序列包含两列数据:
#1.该数据点的年份(每个时间点以年为单位,之间相隔一年)
#2.该年在阿斯旺地区尼罗河排出水流体积(以 10^8 立方米为单位)
df = pd.DataFrame(sm.datasets.nile.load().data)
plt.plot(df['year'], df['volume'], linestyle = ':', marker = 'o', markersize = 5)
plt.xlabel('year')
plt.ylabel('Volume [ $ 10^8 m^3 $ ]')
plt.title('Nile River flows at Ashwan 1871—1970')
plt.show()
```

输出如图 7.48 所示。

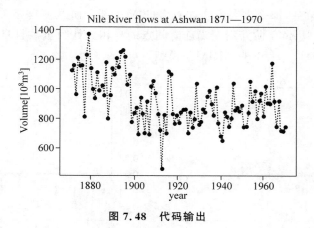

图 7.48　代码输出

从图 7.48 中可见,该时间序列并不包含明显的季节性因素,且从肉眼观察已满足平稳性要求,因此,设定 d 的候选取值为 0 或 1。可视化自相关图与偏自相关图,在下一个 cell 中执行:

```python
from statsmodels.graphics.tsaplots import plot_acf, plot_pacf

plot_acf(df['volume'], lags = 10, title = 'ACF')
plot_pacf(df['volume'], lags = 10, title = 'PACF')
plt.show()
```

输出如图 7.49 所示。

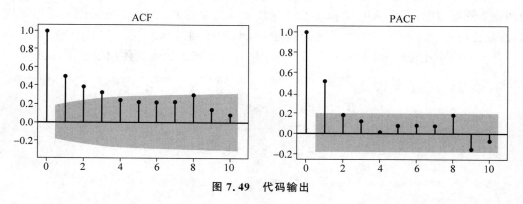

图 7.49　代码输出

根据上文中所述的常用规则与输出的自相关图和偏自相关图,$p=1$、$q=0$ 的 ARIMA 模型似乎是一个合适的选择。在这个范围内,选择 p 和 q 的候选取值范围为 $[0,1,2,3]$,执行网格搜索。由于 statsmodel 不属于 sklearn,这里无法直接使用 sklearn 中的 GridSearchCV,我们将使用 Python For 循环直接进行网格搜索,在下一个 cell 中执行:

```python
# Chapter7/ARIMA.ipynb

from statsmodels.tsa.arima.model import ARIMA
from itertools import product
```

```
import numpy as np

d_arr = [0, 1]
p_arr = [0, 1, 2, 3]
q_arr = [0, 1, 2, 3]

# 进行网格搜索,查找对应最低 AIC 的模型
min_AIC = np.inf
best_fitted_model = None
for _, (d, p, q) in enumerate(product(d_arr, p_arr, q_arr)):
    # 在 endog 中输入所观察时间序列的 y 取值
    # 原时间序列共 100 个数据点,取前 90 个作为训练集,后 10 个作为验证集
    # order 用于分别设定(p, d, q)
    ARIMA_model = ARIMA(endog = df['volume'][: 90], order = (p, d, q))
    fitted = ARIMA_model.fit()
    # 计算 AIC 并查看是否为最低 AIC
    curr_AIC = fitted.aic
    if curr_AIC < min_AIC:
        min_AIC = curr_AIC
        best_fitted_model = fitted

print('最优模型对应的(p, d, q)分别为',
      best_fitted_model.specification['order'])
```

输出如下:

最优模型对应的(p, d, q)分别为 (1, 1, 1)

使用该范围内搜索出的最优模型进行预测。假设该预测问题中,每当收集到当前年份的排水体积时需对下一年的排水体积进行预测,那么每次预测将可以使用截至当前年份时间点的数据,并仅对下一个时间点进行预测。在下一个 cell 中执行符合次预测流程的验证集预测:

```
# Chapter7/ARIMA.ipynb

pred = []
# 假设当前时间点为 t = 90
# 首先使用前 90 个数据点训练,并预测训练集和 t = 91 的未知数据取值
pred.extend(list(best_fitted_model.predict(start = 0, end = 90)))

# 随着时间点向后推移和更多数据进入训练集,重新训练模型并进行预测
for t in range(91, 100):
    ARIMA_model = ARIMA(endog = df['volume'][: t], order = (1, 1, 1))
    fitted = ARIMA_model.fit()
    pred.extend(list(fitted.predict(start = t, end = t)))
```

```
# 绘制训练集的数据和 ARIMA 模型预测值
plt.axvline(df['year'][90], linestyle = ': ', color = 'red',
            label = 'validation split')
plt.plot(df['year'], pred, label = 'prediction')
plt.plot(df['year'], df['volume'], linestyle = ': ', marker = 'o',
         markersize = 5, label = 'data')
plt.xlabel('year')
plt.ylabel('Volume [ $ 10^8 m^3 $ ]')
# 阿斯旺地区尼罗河排出水流时间序列及其预测
plt.title('Nile River flows at Ashwan 1871—1970 and predictions')
plt.legend()
plt.show()
```

输出如图 7.50 所示。

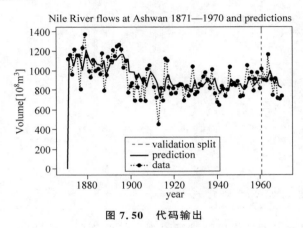

图 7.50 代码输出

其中,带圆点的虚线为数据真实取值,实线为模型预测,垂直的虚线及其右侧数据为验证集数据。

评估验证集的 MSE,在下一个 cell 中执行:

```
from sklearn.metrics import mean_squared_error

print('验证集所得 MSE 为',
      mean_squared_error(list(df['volume'])[91: ], pred[91: ]))
```

输出如下:

```
验证集所得 MSE 为 19795.188757624164
```

由于原时间序列取值绝对值较大,于 1000 附近,因此所得 MSE 的绝对值也相对较大。最后,绘制误差序列的自相关图,以确认其中不存在明显的自相关性,在下一个 cell 中执行:

```
#Chapter7/ARIMA.ipynb

#计算验证集误差序列
error_series = np.array(df['volume']) - np.array(pred)

max_lag = 10
plt.acorr(error_series, maxlags = max_lag)
plt.xlim(0, max_lag + 1)
plt.title('autocorrelation plot')
plt.xlabel('lag')
plt.ylabel('ACF')
plt.show()
```

输出如图 7.51 所示。

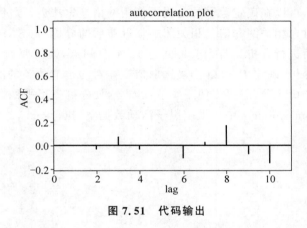

图 7.51 代码输出

由图 7.51 可见,不同时间点的误差之间并不存在明显的自相关性,因此,误差序列满足平稳性要求。

7.4.4 季节性整合移动平均自回归模型

7.4.3 节介绍了时间序列预测中常用的 ARIMA 模型,该模型结合了 AR 和 MA,并对原时间序列进行 d 阶差分。使用该模型的前提是时间序列本身不能存在季节性。本节将介绍的季节性整合移动平均自回归模型(seasonal autoregressive integrated moving average model,SARIMA 模型)在普通 ARIMA 的基础上加入了对时间序列季节性的处理。

SARIMA 的表达式中包含后移算子(backward shift operator),使用符号 B 表示,该算子的作用如式(7.8)~式(7.11)所示。

$$By_t = y_{t-1} \tag{7.8}$$

$$B^2 y_t = y_{t-2} \tag{7.9}$$

$$y'_t = y_t - y_{t-1} = y_t - By_t = (1-B)y_t \tag{7.10}$$

$$y''_t = y_t - y_{t-1} - (y_{t-1} - y_{t-2}) = y_t - 2y_{t-1} + y_{t-2} = (1 - 2B + B^2)y_t = (1 - B)^2 y_t$$

(7.11)

总结来看,d 阶滞后可以写为$(1-B)^d y_t$。使用后移算子,式(7.7)中的 ARIMA 模型表达式可以重新写为

$$\left(1 - \sum_{i=1}^{p} \phi_i B^i\right)(1 - B)^d y_t = c + \left(1 + \sum_{j=1}^{q} \theta_j B^j\right)\varepsilon_t$$

(7.12)

加入季节性因素后,SARIMA 模型的表达式为

$$\left(1 - \sum_{i=1}^{p} \phi_i B^i\right)\left(1 - \sum_{I=1}^{P} \Phi_I B^{sI}\right)(1 - B)^d (1 - B^m)^D y_t = c + \left(1 + \sum_{j=1}^{q} \theta_j B^j\right)\left(1 + \sum_{J=1}^{Q} \Theta_J B^{sJ}\right)\varepsilon_t$$

(7.13)

其中,P、D、Q、Φ_I、Θ_J 与 ARIMA 中的 p、d、q、ϕ_i、θ_j 类似,只是针对季节性成分,s 为季节长度。选择 P、D、Q 的过程也与普通 ARIMA 中选择 p、d、q 类似。由于 P 和 Q 的相互影响性,选择难度较高,可以在确定范围的前提下使用网格搜索法进行最优阶数的搜索。不同于普通 ARIMA 中对自相关图和偏自相关图中临近滞后的分析,在 SARIMA 的阶数锁定中需要提取季节性滞后进行分析。若季节长度为 12 个时间点,则需要通过对 12、24、36 等阶的滞后相关性进行分析,确定 P 和 Q 的候选取值。在对与季节相关的滞后期数使用 7.4.3 节中 3 条常用规则分析之前,需要先使用季节性差分,使序列满足平稳性要求。

导入并可视化 statsmodels 中的太阳黑子活动数据集,执行:

```
# Chapter7/SARIMA.ipynb

import pandas as pd
import matplotlib.pyplot as plt
import statsmodels.api as sm


# 导入 statsmodels 中的太阳黑子活动数据集,记录时间为 1700—2008 年
# 该时间序列包含两列数据:
# 1. 该数据点的年份(每个时间点以年为单位,之间相隔一年)
# 2. 该年的太阳黑子数
df = pd.DataFrame(sm.datasets.sunspots.load().data)
plt.plot(df['YEAR'], df['SUNACTIVITY'], linestyle = ': ', marker = 'o', markersize = 5)
plt.xlabel('Year')
plt.ylabel('Number of sunspots')        # 该年太阳黑子数
plt.title('Sunspot number 1700 - 2008')
plt.show()


# 放大可视化前 50 年的波动规律
plt.plot(df['YEAR'][: 50], df['SUNACTIVITY'][: 50], linestyle = ': ', marker = 'o', markersize = 5)
plt.xlabel('year')
plt.ylabel('number of sunspots')# 该年太阳黑子数
plt.title('sunspot number 1700 - 1749')
plt.show()
```

输出如图 7.52 所示。

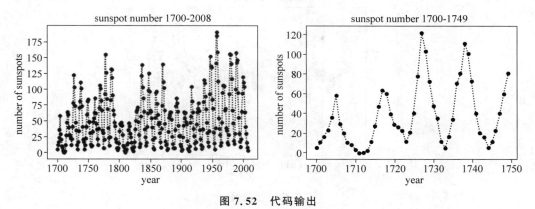

图 7.52　代码输出

由图 7.52 可见,该序列存在一定上下波动的周期性,以每 11 年为一个周期,因此 $s=$
11。使用 1 阶季节性差分尝试去除这一周期性,在下一个 cell 中执行:

```
# Chapter7/SARIMA.ipynb

import numpy as np

s = 11
D = 1 # 设定进行几次季节性差分
# 将每个数据点向后移动 s 个时间点并存入 Python 列表 to_subtract
# 此列表之后将从 s 个时间点后的数值中减去
residue = df['SUNACTIVITY']
for _ in range(D):
    to_subtract = [np.nan] * s + list(residue[: -s])
    # 使用差分法
    residue = residue - to_subtract

# 可视化使用差分法去除季节性后的时间序列
plt.plot(df['YEAR'][s * D: ], residue[s * D: ],
        linestyle = ': ', marker = 'o', markersize = 5)
plt.xlabel('year')
plt.ylabel('number of sunspots')        # 该年太阳黑子数
plt.title('sunspot number 1700 - 1749')
plt.show()
```

输出如图 7.53 所示。

图 7.53 中不存在明显的季节性或趋势,因此,选择 $D=1$。由于季节性差分后的序列已
经呈现平稳趋势,d 的候选值范围可以选作[0,1]。可视化去除季节性后序列的自相关图
和偏自相关图,在下一个 cell 中执行:

```
from statsmodels.graphics.tsaplots import plot_acf, plot_pacf

plot_acf(residue[s * D: ], lags = 35, title = 'ACF')
plot_pacf(residue[s * D: ], lags = 35, title = 'PACF')
plt.show()
```

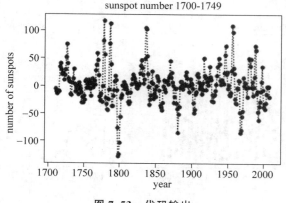

图 7.53　代码输出

输出如图 7.54 所示。

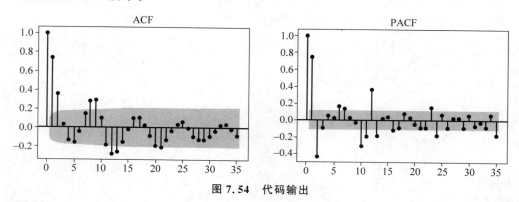

图 7.54　代码输出

自相关图中 1 阶滞后和 2 阶滞后的高自相关性与季节性无关,结合偏自相关图,可以选择 p 和 q 的候选值皆为[0,1,2,3]。着重分析 $s=11$、22、33 等滞后的 ACF 和 PACF:当 $s=11$ 时 ACF 为负数,而 PACF 中与季节相关的滞后期数仅有 $s=11$ 表现出一定的偏自相关性,此二图输出表示 $P=0$、$Q=1$ 或为一个合理的选择。在这个选择附近的范围进行网格搜索,使用[0,1,2]作为 P 和 Q 的候选值并进行网格搜索,在下一个 cell 中执行:

```
#Chapter7/SARIMA.ipynb

from statsmodels.tsa.arima.model import ARIMA
from itertools import product

d_arr = [0, 1]
p_arr, q_arr = [0, 1, 2, 3], [0, 1, 2, 3]
P_arr, Q_arr = [0, 1, 2], [0, 1, 2]

#进行网格搜索,查找对应最低 AIC 的模型
min_AIC = np.inf
best_fitted_model = None
for _, (d, p, q, P, Q) in enumerate(product(d_arr, p_arr,
```

```
                                    q_arr, P_arr, Q_arr)):
            # 在 endog 中输入所观察时间序列的 y 取值
            # 取原时间序列的后 30 个数据点作为验证集,其他作为训练集
            # order 用于分别设定(p, d, q)
            # seasonal_order 用于分别设定(P, D, Q, s)
            ARIMA_model = ARIMA(endog = df['SUNACTIVITY'][: -30], order = (p, d, q),
                          seasonal_order = (P, 1, Q, s))
            fitted = ARIMA_model.fit()
            # 计算 AIC 并查看是否为最低 AIC
            curr_AIC = fitted.aic
            if curr_AIC < min_AIC:
                min_AIC = curr_AIC
                best_fitted_model = fitted

print('最优模型对应的(p, d, q)分别为',
      best_fitted_model.specification['order'],
      'P, D, Q, s 为',
      best_fitted_model.specification['seasonal_order'])
```

输出如下:

最优模型对应的(p, d, q)分别为 (3, 1, 2) P, D, Q, s 为 (0, 1, 1, 11)

使用该范围内搜索出的最优模型进行预测。假设该预测问题中,每当收集到当前年份的太阳黑子数时需对下一年的太阳黑子数进行预测,那么每次预测可以使用截至当前年份时间点的数据,并仅对下一个时间点进行预测。在下一个 cell 中执行符合次预测流程的验证集预测:

```
# Chapter7/SARIMA.ipynb

pred = []
# 假设当前时间点为 t = 279,即倒数第 31 个数据点
# 首先使用前 279 个数据点训练,并预测训练集和 t = 280 的未知数据取值
pred.extend(list(best_fitted_model.predict(start = 0, end = 279)))

# 随着时间点向后推移和更多数据进入训练集,重新训练模型并进行预测
for t in range(280, len(df)):
    SARIMA_model = ARIMA(endog = df['SUNACTIVITY'][: t], order = (3, 1, 2),
                   seasonal_order = (0, 1, 1, 11))
    fitted = SARIMA_model.fit()
    pred.extend(list(fitted.predict(start = t, end = t)))

# 绘制训练集的数据和 SARIMA 模型预测值
# 为了清晰可视化模型对验证集的预测表现,仅显示最后 50 个数据点的预测结果
plt.axvline(df['YEAR'][280], linestyle = ': ', color = 'red',
            label = 'validation split')
plt.plot(df['YEAR'][-50: ], pred[-50: ], label = 'prediction')
plt.plot(df['YEAR'][-50: ], df['SUNACTIVITY'][-50: ],
```

```
            linestyle = ': ', marker = 'o', markersize = 5, label = 'data')
plt.xlabel('year')
plt.ylabel('number of sunspots')
#该年太阳黑子数及预测
plt.title('sunspot number 1700 - 2008 and predictions')
plt.show()
```

输出如图 7.55 所示。

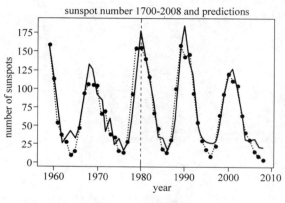

图 7.55　代码输出

图 7.55 中带圆点的虚线为数据真实取值,实线为模型预测,垂直的虚线及其右侧数据为验证集数据。模型较好地预测了时间序列中的季节性波动。

评估验证集的 MSE,在下一个 cell 中执行:

```
from sklearn.metrics import mean_squared_error

print('验证集所得 MSE 为',
      mean_squared_error(list(df['SUNACTIVITY'])[ - 30: ], pred[ - 30: ]))
```

输出如下:

验证集所得 MSE 为 293.70374411076625

由于原时间序列取值绝对值较大,于 100 附近,因此所得 MSE 的绝对值也上了百位。最后,绘制误差序列的自相关图,以确认其中不存在明显的自相关性,在下一个 cell 中执行:

```
#Chapter7/SARIMA.ipynb

#计算验证集误差序列
error_series = np.array(df['SUNACTIVITY']) - np.array(pred)

max_lag = 10
plt.acorr(error_series, maxlags = max_lag)
plt.xlim(0, max_lag + 1)
plt.title('autocorrelation plot')
```

```
plt.xlabel('lag')
plt.ylabel('ACF')
plt.show()
```

输出如图 7.56 所示。

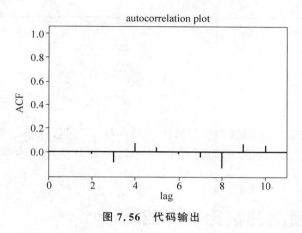

图 7.56 代码输出

由图 7.56 可见,不同时间点的误差之间并不存在明显的自相关性,因此,误差序列满足平稳性要求。

使用 SARIMA 模型预测时,除了原时间序列的数值,还可以通过模型的 exog 参数加入截面数据进行预测。加入截面数据预测的模型被称为带异质季节性整合移动平均自回归模型(seasonal autoregressive integrated moving average with exogenous model,或 SARIMAX 模型)。其数学表达式如下:

$$\left(1 - \sum_{i=1}^{p} \phi_i B^i\right) \left(1 - \sum_{I=1}^{P} \Phi_I B^{sI}\right) (1-B)^d (1-B^m)^D y_t$$

$$= c + \left(1 + \sum_{j=1}^{q} \theta_j B^j\right) \left(1 + \sum_{J=1}^{Q} \Theta_J B^{sJ}\right) \varepsilon_t + \beta x_t \tag{7.14}$$

其中,x_t 为时间点 t 的截面数据,向量 β 为每个截面数据所对应的权重。在下一个 cell 中执行:

```
# Chapter7/SARIMA.ipynb

np.random.seed(42)

# 加入两个假想的截面数据
df['x1'] = np.random.random(len(df))
df['x2'] = np.random.random(len(df))

SARIMAX_model = ARIMA(endog = df['SUNACTIVITY'][: -30],
                      exog = df[['x1', 'x2']][: -30],
                      order = (3, 1, 2), seasonal_order = (0, 1, 1, 11))
fitted = SARIMAX_model.fit()
```

## 第 8 章

实　　战

前 7 章讲述了完整的使用机器学习解决预测问题的过程,以及过程中所需的工具。本章将以一个 Kaggle 上曾出现过的奖金比赛——M5 预测分析比赛为例,回顾并使用本书前 7 章的知识。

8.1　M5 预测分析比赛介绍

马克里德基斯比赛(makridakis competitions)也被称为 M 比赛,是一系列由施皮罗斯·马克里德基斯及其研究团队组织的开放性比赛。该比赛致力于研究不同预测模型或算法所能取得的准确度。第一届 M 比赛于 1982 年举行,仅使用 1001 个数据点。随着时间的推移和领域的发展,比赛的规模越做越大。

2020 年,M 比赛已进行到第 5 届,并在 Kaggle 上作为奖金比赛发布。本节将介绍 M5 预测分析比赛的问题设定和提供的数据。

M5 比赛被分为两大部分——准确度和不确定度。准确度预测比赛要求参赛者根据不同商品的历史销量规律,预测"后 28 天的准确销量数值"。不确定度的预测要求参赛者提供对后 28 天销量的中位数预测,以及 4 个预测区间 50%、67%、95%、99%,即模型对中位数处于某范围的自信程度。举个例子,模型可能对方便面明日销量处于 0~20 有 99% 的自信程度,但对该销量处于 8~12 仅有 50% 的自信程度。

本章将着重于准确度的预测,根据历史销量规律,预测不同商品在未来 28 天的销量走势。这个问题对于大型零售企业至关重要,若控制产品分配的企业中心未能准确地预测不同旗下商店的销量,可能会因供货过少而丧失潜在利益或因供货过多造成损失。

8.1.1　数据介绍

比赛中使用的数据集由沃尔玛提供,其公开的历史数据时间在 2011 年 1 月 29 日至 2016 年 6 月 19 日,共 1941 天。比赛进行时,共分为两个阶段。第一阶段称为验证阶段,在 2020 年 3 月 2 日至 2020 年 5 月 31 日。此阶段,历史数据集的最后 28 天数据并不公开,选手对此 28 天数据的预测评估结果将作为 Kaggle 公开的选手成绩榜单排名依据。验证阶段过后,在 2020 年 6 月 1 日至 2020 年 6 月 31 日,原用于 Kaggle 公开的选手成绩榜单排名的"最后 28 天数据"真实目标取值将被作为验证集发布给选手。此阶段,选手可以多次提交对第 1941 天后 28 天的预测,此为比赛最终用于评估的测试集数据。但成绩榜单将被隐藏,不再给选手提供其对测试集数据预测的评估结果。该评估结果仅在比赛最终结束后公开。这样的数据集分放设定最大程度避免了数据泄露的风险,正如真实实践预测一般,模型对未来数据的预测仅在该数据真实目标透明之前有价值。在该数据真实目标透明之前,预测者无法通过某种方法提交预测并得到评估结果,因此,组织者以控制数据分放时间的方式,将测试集数据完全模拟成参赛者视角中的"未来数据"。

公开的历史数据集中共包含 42840 个数据点。数据集中包含 3049 个产品,属于 3 个产品类别和 7 个产品部门。3 个产品类别分别是兴趣爱好类(hobbies)、食品类(foods)和日用品类(household)。兴趣爱好类产品和日用品类产品皆进而细分为两个产品部门,食品类产品进而细分为 3 个产品部门,以此构成了细分后的 7 个产品部门。产品在 10 个不同地域的沃尔玛商店销售,其中,4 个商店位于加利福尼亚州(California,简称 CA),3 个商店位于得克萨斯州(Texas,简称 TX),最后 3 个商店位于威斯康辛州(Wisconsin,简称 WI)。这 42840 个数据点中包含了不同"层级"(组织方称其为 level)的数据。所谓层级,就是销量汇总所使用的不同产品、类别、部门、出售区域或商店单位。表 8.1 详细讲解了数据集中所包含的 12 个层级,以及每个层级所包含的数据点个数。层级讲解中附带了几个对于该层级存在意义的分析,用于辅助对层级的理解。

表 8.1 数据集中不同层级的详细介绍

层级编码 (level id)	层级讲解	数据点个数
1	所有产品的销量,聚合了所有商店、州	1
2	产品的销量,以销售所在州为单位聚合。单位聚合的目的是分离不同州的总销量预测——加利福尼亚州的总销量规律可能与得克萨斯州不同。共 3 州,因此,本层共 3 个数据点	3
3	产品的销量,以销售所处商店为单位聚合。共 10 个商店,因此,本层共 10 个数据点	10
4	产品的销量,以产品类别为单位聚合。共 3 类商品,因此,本层共 3 个数据点	3
5	产品的销量,以产品部门为单位聚合。共 7 个产品部门,因此,本层共 7 个数据点	7
6	产品的销量,以(产品类别和销售所在州)组合为单位聚合。例如,"食品类别的产品在加利福尼亚州的总销量是多少?"这类问题答案便是此层级数据所储存的数值。(产品类别和销售所在州)组合共 3×3=9 组	9
7	产品的销量,以(产品部门和销售所在州)组合为单位聚合。例如,"食品部门 1 的产品在加利福尼亚州的总销量是多少?"这类问题的答案便是此层级数据所储存的数值。(产品部门和销售所在州)组合共 7×3=21 组	21
8	产品的销量,以(产品类别和销售所在商店)组合为单位聚合。(产品类别和销售所在商店)组合共 3×10=30 组	30
9	产品的销量,以(产品部门和销售所在商店)组合为单位聚合。(产品部门和销售所在商店)组合共 7×10=70 组	70
10	产品 x 的销量,聚合了所有商店和州。针对某一个产品 x,本层级的数值存储了该产品在所有销售地点的销量总和。上文提到,总产品数为 3049,因此,本层级包含 3049 个数据点	3049

续表

层级编码 (level id)	层级讲解	数据点个数
11	产品 x 的销量,以州为单位聚合。针对某一个产品 x,本层级的数值存储了该产品在某个州的销量总和。例如,"产品 x 在加利福尼亚州的销量总和"。已知总产品数为 3049,共在 3 个州销售,因此,本层级包含 3049 ×3=9147 个数据点	9147
12	产品 x 的销量,以商店为单位聚合。针对某一个产品 x,本层级的数值存储了该产品在某商店的销量总和。这是最底层的聚合单位,以(产品编码和商店)为销量聚合单位。已知总产品数为 3049,共在 10 个州销售,因此,本层级包含 3049×10=30490 个数据点	30490
总和		42840

不同层级聚合下的销量组成了总历史数据集中的 42840 个数据点。层级之间的阶层关系如图 8.1 所示。

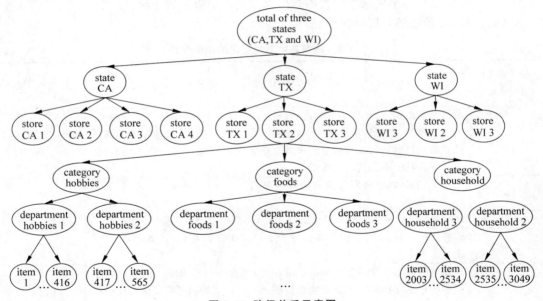

图 8.1 阶级关系示意图

其中,商店(store)的编码以其所在州为前缀,数字为尾缀,如 CA 1;部门(department)编码以其所在商品分类为前缀,数字为尾缀,如 Hobbies 1;商品(item)以数字编码,如 Item 2003。

了解了数据集中的层级关系及每个数据点所属层级的意义后,接下来介绍提供的数据中所包含的特征。为了更轻松地读取与可视化数据表格,本章的所有代码将在 Kaggle 的计算平台上执行,该平台称为 Kaggle Kernel(以下将简称为 Kernel),可以使用 Kaggle 提供的计算力(包括 GPU 计算力)在非本地的环境下运行 Jupyter Notebook。使用这个平台可以减轻对本机计算力的要求,并且可以在本机关机时运行耗费时间的程序。某些比赛的数据集,使用 Kernel 中的 Notebook 可以不经下载直接读取。

进入 M5 比赛的主页,单击 Notebooks,或直接使用此链接进入 Notebooks 子域: https://www.kaggle.com/c/m5-forecasting-accuracy/Notebooks。这个子域中包含所有参与者公开发布的 Notebook,我们可以选择一个 Notebook 进行改进,也可以单击 New Notebook 创建空白的 Notebook。页面如图 8.2 所示。

图 8.2　M5 比赛建立新 Notebook 页面

单击 New Notebook 按钮,使用默认设定并单击 Create 按钮创立新的 Notebook。新的 Notebook 中包含一段默认代码,将其注释翻译成中文并加入与本书相关注释后,该段代码如下:

```
# Chapter8/read_data.ipynb

# 这是一个包含许多有用的数据分析库的 Python 3 编程环境
# 这些库已经在此环境内下载,可以直接调用
# 例如以下两个库
import numpy as np
# 在本地创建新环境时,需使用 conda 下载 Pandas,Kernel 中这个库已经提前下载完成
import pandas as pd

# 与本比赛有关的数据在以下只读目录中: "../input/"
# 使用以下代码可以打印该只读目录中的所有文件名
import os
for dirname, _, filenames in os.walk('/kaggle/input'):
    for filename in filenames:
        print(os.path.join(dirname, filename))
```

执行上段代码,输出如下:

```
/kaggle/input/m5-forecasting-accuracy/calendar.csv
/kaggle/input/m5-forecasting-accuracy/sample_submission.csv
```

```
/kaggle/input/m5 - forecasting - accuracy/sell_prices.csv
/kaggle/input/m5 - forecasting - accuracy/sales_train_validation.csv
/kaggle/input/m5 - forecasting - accuracy/sales_train_evaluation.csv
```

其中,calendar.csv 包含描述日期的信息。每个数据点包含的特征如下。

(1) date：日期,以"年-月-日"的格式记录。

(2) wm_yr_wk：该日期所属星期的编码。历史数据集在 2011 年 1 月 29 日至 2016 年 6 月 19 日,每个星期被赋予不同的编码,而日期处于同一个星期的数据点拥有相同的星期编码。

(3) weekday：星期,例如星期一、星期二、星期三等。

(4) wday：不同星期所对应的数值编码,星期六对应 1、星期日对应 2、星期一对应 3,以此类推。

(5) month：该时间点所处月份。

(6) year：该时间点所处年份。

(7) event_name_1：若在该时间点时发生任何活动,如体育活动、节日活动等,该活动名称记录于此特征内。

(8) event_type_1：event_name_1 所记录活动对应的活动类型。

(9) event_name_1：若在该时间点时发生不止一个活动,第 2 个活动名称记录于此特征内。

(10) event_type_2：event_name_2 所记录活动对应的活动类型。

(11) snap_CA：当日加利福尼亚州的商店是否允许 SNAP 购买。布尔值,0 代表 SNAP 购买当日并不开启；1 代表开启。SNAP 是一项帮助低收入家庭购买食物的项目,资助仅在每月特定的几天开放。

(12) snap_TX：布尔值,当日得克萨斯州的商店是否允许 SNAP 购买。

(13) snap_WI：布尔值,当日威斯康辛州的商店是否允许 SNAP 购买。

使用 Pandas 读取并显示 calendar.csv 中的数据,在下一个 cell 中执行：

```
# Chapter8/read_data.ipynb

cal_df = pd.read_csv("../input/m5 - forecasting - accuracy/calendar.csv")
display(cal_df.head())
print('活动名称示意: ')
print(cal_df['event_name_1'].value_counts()[:5], '\n')
print('活动类别总览: ')
print(cal_df['event_type_1'].value_counts())
```

输出如图 8.3 及下段字符串所示。

	date	wm_yr_wk	weekday	wday	month	year	d	event_name_1	event_type_1	event_name_2	event_type_2	snap_CA	snap_TX	snap_WI
0	2011-01-29	11101	Saturday	1	1	2011	d_1	NaN	NaN	NaN	NaN	0	0	0
1	2011-01-30	11101	Sunday	2	1	2011	d_2	NaN	NaN	NaN	NaN	0	0	0
2	2011-01-31	11101	Monday	3	1	2011	d_3	NaN	NaN	NaN	NaN	0	0	0
3	2011-02-01	11101	Tuesday	4	2	2011	d_4	NaN	NaN	NaN	NaN	1	1	0
4	2011-02-02	11101	Wednesday	5	2	2011	d_5	NaN	NaN	NaN	NaN	1	0	1

图 8.3 代码输出

活动名称示意：

```
Mother's day      6
NBAFinalsEnd      6
StPatricksDay     6
Purim End         6
Pesach End        6
Name: event_name_1, dtype: int64

Religious        55
National         52
Cultural         37
Sporting         18
Name: event_type_1, dtype: int64
```

数据集 sales.csv 包含产品销售地点和售价信息，每个数据点可以看作一条交易记录。每个数据点包含的特征如下。

（1）store_id：商店编码，为存储产品出售的具体商店。

（2）item_id：所售产品编码。

（3）wm_yr_wk：交易日所处星期编码，可与 calendar.csv 中的 wm_yr_wk 对应。

（4）sell_price：该产品该周 7 日平均销售价格，同一商品的销售价格可能随时间波动。若某周某商品的销售价格不存在，代表该产品在该周未曾上架销售。

可见，sales.csv 数据集主要用于存储商品在不同星期的价格波动，同一商品的价格波动在很大程度上可以影响该商品售量。使用 Pandas 读取并显示 sales.csv 中的数据，在下一个 cell 中执行：

```
price_df = pd.read_csv(\
        "../input/m5-forecasting-accuracy/sell_prices.csv")
display(price_df.head())
```

输出如图 8.4 所示。

	store_id	item_id	wm_yr_wk	sell_price
0	CA_1	HOBBIES_1_001	11325	9.58
1	CA_1	HOBBIES_1_001	11326	9.58
2	CA_1	HOBBIES_1_001	11327	8.26
3	CA_1	HOBBIES_1_001	11328	8.26
4	CA_1	HOBBIES_1_001	11329	8.26

图 8.4　代码输出

数据集 sales_train_validation.csv 是验证阶段公开的历史销量数据集，包含时间范围内第 1~1913 天的历史销量数据。该数据集中每个数据点包含的特征如下。

（1）item_id：所售产品编码。

（2）dept_id：该产品所属部门。

（3）cat_id：该产品所属分类。

（4）store_id：该产品销售所在商店。

（5）state_id：该产品销售商店所在州。

（6）d_1，d_2，d_3，…，d_i，…，d_1913：第 i 天销量。

此数据集包含30490个第12层级的数据点。由数据特征可见，每个数据点描述一个特定的（产品和商店）组合，其历史销量序列以特征的形式附着于该数据点，因此，每个数据点本质上存储了一个时间序列，下文中，"数据点"和"序列"拥有相同含义。使用 Pandas 读取并显示 sales_train_validation.csv 中的数据，在下一个 cell 中执行：

```
df = pd.read_csv(\
    '../input/m5 - forecasting - accuracy/sales_train_validation.csv')
pd.options.display.max_columns = 17
print('数据集包含数据点个数为', len(df))
display(df.head())
```

输出如下段字符串及图8.5所示。

数据集包含数据点个数为 30490

	id	item_id	dept_id	cat_id	store_id	state_id	d_1	d_2	...	d_1906	d_1907	d_1908	d_1909	d_1910	d_1911	d_1912	d_1913
0	HOBBIES_1_001_CA_1_validation	HOBBIES_1_001	HOBBIES_1	HOBBIES	CA_1	CA	0	0	...	0	1	1	1	3	0	1	1
1	HOBBIES_1_002_CA_1_validation	HOBBIES_1_002	HOBBIES_1	HOBBIES	CA_1	CA	0	0	...	0	0	0	1	0	0	0	0
2	HOBBIES_1_003_CA_1_validation	HOBBIES_1_003	HOBBIES_1	HOBBIES	CA_1	CA	0	0	...	2	1	1	1	0	1	1	1
3	HOBBIES_1_004_CA_1_validation	HOBBIES_1_004	HOBBIES_1	HOBBIES	CA_1	CA	0	0	...	5	4	1	0	1	3	7	2
4	HOBBIES_1_005_CA_1_validation	HOBBIES_1_005	HOBBIES_1	HOBBIES	CA_1	CA	0	0	...	1	0	1	2	2	2	2	4

5 rows × 1919 columns

图 8.5 代码输出

数据集 sales_train_evaluation.csv 与 sales_train_validation.csv 类似，只是在时间序列特征上增加了 d_1914～d_1941 的验证集数据。

文件 sample_submission.csv 提供了提交预测结果的格式示范。每行以商品的编码及其所属数据集（验证集或测试集）为索引列，并包含另外28列名为 F1，F2，…，F28 的待填充数据。若该数据点编码以 validation 结尾，则属于验证集，F1～F28 分别对应 d_1914～d_1941 销量的预测；若该数据点编码以 evaluation 结尾，则属于测试集，F1～F28 分别对应 d_1942～d_1969 销量的预测，因此，参赛者共需提供对 30490×2=60980 个数据点的预测。但如上文所述，在真实比赛的验证阶段中，公开的选手成绩榜单排名仅以 validation 结尾的数据预测结果为依据，但对以 evaluation 结尾的数据预测结果将决定比赛最终排名。使用 Pandas 读取并显示 sample_submission.csv 中的数据，在下一个 cell 中执行：

```
#Chapter8/read_data.ipynb

sample_submission = pd.read_csv(\
        '../input/m5 - forecasting - accuracy/sample_submission.csv')
print('需预测的序列个数: ', len(sample_submission))
print('其中,需预测验证数据(d_1914～d_1941)个数为',
```

```
    len(sample_submission[\
        sample_submission['id'].str.find('validation') != -1]))
print('需预测测试集数据(d_1942~d_1969)个数为',
    len(sample_submission[\
        sample_submission['id'].str.find('evaluation') != -1]))
display(sample_submission)
```

输出如下段字符串及图8.6所示。

```
需预测的序列个数: 60980
其中,需预测验证数据(d_1914~d_1941)个数为 30490
需预测测试集数据(d_1942~d_1969)个数为 30490
```

	id	F1	F2	F3	F4	F5	F6	F7	...	F21	F22	F23	F24	F25	F26	F27	F28
0	HOBBIES_1_001_CA_1_validation	0	0	0	0	0	0	0	...	0	0	0	0	0	0	0	0
1	HOBBIES_1_002_CA_1_validation	0	0	0	0	0	0	0	...	0	0	0	0	0	0	0	0
2	HOBBIES_1_003_CA_1_validation	0	0	0	0	0	0	0	...	0	0	0	0	0	0	0	0
3	HOBBIES_1_004_CA_1_validation	0	0	0	0	0	0	0	...	0	0	0	0	0	0	0	0
4	HOBBIES_1_005_CA_1_validation	0	0	0	0	0	0	0	...	0	0	0	0	0	0	0	0
...									...								
60975	FOODS_3_823_WI_3_evaluation	0	0	0	0	0	0	0	...	0	0	0	0	0	0	0	0
60976	FOODS_3_824_WI_3_evaluation	0	0	0	0	0	0	0	...	0	0	0	0	0	0	0	0
60977	FOODS_3_825_WI_3_evaluation	0	0	0	0	0	0	0	...	0	0	0	0	0	0	0	0
60978	FOODS_3_826_WI_3_evaluation	0	0	0	0	0	0	0	...	0	0	0	0	0	0	0	0
60979	FOODS_3_827_WI_3_evaluation	0	0	0	0	0	0	0	...	0	0	0	0	0	0	0	0

60980 rows × 29 columns

图8.6 代码输出

若要上传本地.ipynb文件,可单击新Notebook左上方的File菜单,如图8.7所示
展开菜单中,单击Upload命令,并选定本地待上传文件,如图8.8所示。若弹出页面提
示,则单击OK按钮即可在Kernel中打开文件,并读取与比赛相关的数据集。

图8.7 File键位置示意   图8.8 Upload键位置示意

若需要在其他平台上执行本节所示代码,需单击图8.2所示Notebook菜单左侧的
Data菜单进入对应子域,下载所有文件,上传于该平台,改变代码中读取文件所使用路径,
即可正常执行代码。

8.1.2 评估标准

M5 比赛根据其数据特有的层级关系,设定了专属于该数据集的衡量标准。参赛者提交的验证集、测试集预测结果将会以此衡量标准进行评估、排名。

比赛中使用的评估标准是一种加权的均方根标准误差(root mean squared scaled error,RMSSE),其简称为 WRMSSE(weighted root mean squared scaled error)。RMSSE 的表达式为

$$RMSSE = \sqrt{\frac{1}{h}\frac{\sum_{t=n+1}^{n+h}(y_t - f(x)_t)^2}{\frac{1}{n-1}\sum_{t=2}^{n}(y_t - y_{t-1})^2}} \tag{8.1}$$

其中,y_t 为时间点 t 的真实目标值,$f(x)_t$ 为参赛者对时间点 t 的取值预测,n 为训练集包含日数,h 为预测长度。对验证集的预测中,训练集长度应为 1913,即 $n=1913$;而对测试集的预测中,若将原验证集的数据加入训练集,以此获得更多训练数据,则训练集长度应为 1941,即 $n=1941$。预测长度在两种情况下均为 28,即 $h=28$。假设我们作为参赛者参赛,且处于 2020 年 6 月 1 日至 2020 年 6 月 30 日。这个阶段中,比赛尚未结束,但原用于公开排名的验证集数据真实目标取值已通过 sales_train_evaluation.csv 公布。为了合理地预估模型对于隐藏测试集数据的预测表现,需要在本地训练模型时将 d_1914~d_1941 的验证集数据看作"测试集"(以下称为本地测试集),并使用 WRMSSE 衡量标准评估模型在本地测试集的预测表现,因此,本地模型可以使用 d_1~d_1913 的数据进行训练,预测本地测试集时,$n=1913,h=28$。

虽然提交的验证集、测试集预测各有 30490 个序列,但这仅是 12 层级的序列,计算最终准确度时,还需使用聚合的方法分别计算上 11 层级的预测值,从而得到完整的 42840 个序列所对应的 RMSSE。WRMSSE 在 RMSSE 的基础上加入了权重,其表达式为

$$WRMSSE = \sum_{i=1}^{42840} w_i \times RMSSE_i \tag{8.2}$$

其中,$RMSSE_i$ 为第 i 个序列预测所得 RMSSE,w_i 为第 i 个序列的权重。权重的计算根据该序列训练数据最后 28 天的销售金额决定,以及 28 天内累计的每日销量乘以对应售价。销售金额更大的序列对于企业利润影响更大,因此被赋予更高的权重。

M5 比赛的官方指南中包含一个计算权重的具体例子。这个例子中,假设总层级数为 2($K=2$),一共包含 3 个序列(即数据点)。其中,两个序列为某威斯康辛州商店中商品 A 和商品 B 的历史销售,分别称其为 $Sales_A$ 和 $Sales_B$;第 3 个序列为 $Sales_A$ 和 $Sales_B$ 的聚合,即威斯康辛州该商店总销售额序列,称其为 $Sales_{AB}$。第 1 步,我们需要每层的权重的总和为 1,因此,$Sales_A$ 的权重为商品 A 的(训练集最后)28 日销售总额除以该层级所有序列的 28 日销售总额,即商品 A 和商品 B 的 28 日销售总额之和。同理可计算 $Sales_B$ 的权重。最后,由于 $Sales_{AB}$ 是该层级的唯一序列,暂时赋予其权重值为 1。第 2 步,我们需要所有层级的权重总和为 1,因此,将每层级序列现有的权重除以总层级数。总结而言,每个序列的权重值为该序列 28 日销售总额除以该层级所有序列的 28 日销售总额之和,最后除以总层

级数。假设 Sales_A 的 $\text{RMSSE}_A = 0.8$，Sales_B 的 $\text{RMSSE}_B = 0.7$，Sales_{AB} 的 $\text{RMSSE} = 0.77$，这个假想例子的 WRMSSE 计算过程如图8.9所示（该图取自 M5 比赛的官方指南第 8 页）。

$$\text{WRMSSE} = \text{RMSSE}_A \times w_1 + \text{RMSSE}_B \times w_2 + \text{RMSSE} \times w_3$$

$$= \text{RMSSE}_A \times \frac{1}{K} \times \frac{\$ \text{Sales}_A}{\$ \text{Sales}_A + \$ \text{Sales}_B} + \text{RMSSE}_B \times \frac{1}{K} \times \frac{\$ \text{Sales}_B}{\$ \text{Sales}_A + \$ \text{Sales}_B} +$$

$$\text{RMSSE} \times \frac{1}{K} \times \frac{\$ \text{Sales}}{\$ \text{Sales}_A + \$ \text{Sales}_B}$$

$$= 0.8 \times \frac{1}{2} \times \frac{10}{10 + 12} + 0.7 \times \frac{1}{2} \times \frac{12}{10 + 12} + 0.77 \times \frac{1}{2} \times 1 = 0.758$$

图 8.9 M5 比赛官方指南中 WRMSSE 计算示例

8.2 数据清理

了解了问题定义和可使用的数据后，本节将执行数据清理步骤。

首先，需要决定该如何使用提供的数据。从 8.1.1 节介绍的数据可以看出，用于训练的数据表格仅限于以下 4 个文件。

（1）calendar.csv：记录与日期相关的信息，如节日、体育活动等。

（2）price.csv：记录不同时间段某商品的价格。

（3）sales_train_evaluation.csv：记录第 12 层级的历史销售情况，包含 d_1～d_1941 的销售记录。

（4）sales_train_validation.csv：与 sales_train_evaluation.csv 类似，但仅包含 d_1～d_1913 的销售记录。

本节将直接使用 sales_train_evaluation.csv 作为历史数据集。

然后，需要分析何为合适的数据格式。sales_train_evaluation.csv 提供的数据点以"某商店商品"为描述对象，该产品历史销量序列作为上千个描述该商店产品的特征从属于该数据点。这样做的好处在于数据点的个数相对较少，但由于所有日期的销量都仅为特征，所以 calendar.csv 和 price.csv 中描述不同日期特征的信息无法被很好地利用。若直接将 calendar.csv 和 price.csv 中的信息根据产品编码（item_id）与 sales_train_evaluation.csv 合并，新的特征所描述的信息将十分模糊。如此合并的结果是，日期信息和价格波动皆会以序列的形式在原数据集上添加上百或上千个特征。举个例子，合并后从 calendar.csv 中得到特征为每日活动信息。由于现有格式下每个数据点仅形容"某商店商品"，新特征的本质为"第 x 天是否处于活动中"。若模型能将这一特征与特征 d_x（第 x 天销量）建立联系，并由此推理出该活动对销量的影响，则这一特征将可以发挥其收益，但这种情况大概率不会发生，因为大多数模型无法在上千个特征中提取如此隐晦的信息，这样的特征并不是最好的、向模型传递信息的格式。

若每个数据点形容的对象为"某商店产品某日销售情况"，则 calendar.csv 中的日期信息和 price.csv 中的价格信息皆可以作为形容"某日"的特征加入数据点。以"某商店产品某日销售情况"定义每个数据点的描述对象，并在此基础上加入日期和价格信息，可以更加清晰地将该日销量和新特征建立联系。重新考虑上文中的例子，由于修改后的数据点形容"某商店产品某日销售情况",合并后从 calendar.csv 中得到的特征将为"是否处于活动中",而该数据点所包含的历史销量信息也仅为该日的销量。这样的格式下,总特征数大大减少,模型更容易将新特征与该日销量建立联系,并在经过所有数据点的训练后建立不同活动与销量之间的关系。

读取数据并将 sales_train_evaluation.csv 中的数据重新格式化。需要注意的是,这一格式将会使数据点个数急剧增大,原 30490 个数据点的每天销量将被分割为一个新的数据点,该格式下将会存在数量级约 $30490 \times 1941 = 59181090$ 的数据。由于免费的 Kaggle Kernel 计算力和内存(最大为 16GB RAM)均有限,代码中将存在一些为了不超过限制而执行的优化和妥协,若计算力和内存不受限制可以忽略这些优化。执行:

```
#Chapter8/data_preprocessing.ipynb

import pandas as pd

df = pd.read_csv('../input/m5-forecasting-accuracy/sales_train_evaluation.csv')
price_df = pd.read_csv("../input/m5-forecasting-accuracy/sell_prices.csv")
cal_df = pd.read_csv("../input/m5-forecasting-accuracy/calendar.csv")

#将不同 DataFrame 中的同一信息改为相同格式,以便合并
cal_df["d"] = cal_df["d"].apply(lambda x: int(x.split("_")[1]))
price_df["id"] = price_df["item_id"] + "_" + \
              price_df["store_id"] + "_evaluation"

#仅使用 d >= 1000 的临近数据点训练,若拥有更强大的计算力可以加大使用范围
temp = df.drop(columns = [c for c in df.columns if\
                    c.find('d_') == 0 and\
                    int(c.split('_')[1]) < 1100])

df_melted = temp.melt(id_vars = [n for n in temp.columns if n.find("id")!= -1],
        value_vars = [n for n in temp.columns if n.find("d_") == 0],
        var_name = 'day', value_name = 'sales')

del temp #删除不再需要的变量,节省内存

display(df_melted.head())
```

显示结果如图 8.10 所示。

	id	item_id	dept_id	cat_id	store_id	state_id	day	sales
0	HOBBIES_1_001_CA_1_evaluation	HOBBIES_1_001	HOBBIES_1	HOBBIES	CA_1	CA	d_1100	1
1	HOBBIES_1_002_CA_1_evaluation	HOBBIES_1_002	HOBBIES_1	HOBBIES	CA_1	CA	d_1100	1
2	HOBBIES_1_003_CA_1_evaluation	HOBBIES_1_003	HOBBIES_1	HOBBIES	CA_1	CA	d_1100	0
3	HOBBIES_1_004_CA_1_evaluation	HOBBIES_1_004	HOBBIES_1	HOBBIES	CA_1	CA	d_1100	4
4	HOBBIES_1_005_CA_1_evaluation	HOBBIES_1_005	HOBBIES_1	HOBBIES	CA_1	CA	d_1100	3

图 8.10　代码输出

从图 8.10 可见,重新格式化的 DataFrame 中每行仅存储一日数据,新增特征 day 用于存储该数据点日期,sales 用于存储该日销量。将重新格式化后的 DataFrame 与 calendar.csv

和 price.csv 合并,在下一个 cell 中执行:

```
# Chapter8/data_preprocessing.ipynb

# 为合并做准备,将 day(日期)转化为数值格式
df_melted["day"] = df_melted["day"].apply(lambda x: int(x.split("_")[1]))
# 与 calendar.csv 合并
# 由于 wday 和 weekday 存储相同信息,date 中的信息被 month、year、d 概述,因此省略这两列
df_melted = df_melted.merge(cal_df.drop(columns = ["date", "weekday"]),
                            left_on = ["day"],
                            right_on = ["d"]).drop(columns = ["d"])

# 与 price.csv 合并,提取每周每种商品对应的平均售价
# id 和 wm_yr_wk 用于合并索引,sell_price 为新增特征
df_melted = df_melted.merge(price_df[['id', 'sell_price', 'wm_yr_wk']],
                            on = ['id', 'wm_yr_wk'], how = 'inner')

pd.options.display.max_columns = 12
print('合并后 DataFrame 包含特征为\n', list(df_melted.columns))
display(df_melted.head())
```

输出如下段字符串及图 8.11 所示。

```
合并后 DataFrame 包含特征为
['id', 'item_id', 'dept_id', 'cat_id', 'store_id', 'state_id', 'day', 'sales', 'wm_yr_wk', 'wday','month',
'year', 'event_name_1','event_type_1', 'event_name_2', 'event_type_2', 'snap_CA', 'snap_TX', '
snap_WI', 'sell_price']
```

	id	item_id	dept_id	cat_id	store_id	state_id	...	event_name_2	event_type_2	snap_CA	snap_TX	snap_WI	sell_price
0	HOBBIES_1_001_CA_1_evaluation	HOBBIES_1_001	HOBBIES_1	HOBBIES	CA_1	CA	...	NaN	NaN	1	1	0	8.26
1	HOBBIES_1_001_CA_1_evaluation	HOBBIES_1_001	HOBBIES_1	HOBBIES	CA_1	CA	...	NaN	NaN	1	0	1	8.26
2	HOBBIES_1_001_CA_1_evaluation	HOBBIES_1_001	HOBBIES_1	HOBBIES	CA_1	CA	...	NaN	NaN	1	1	1	8.26
3	HOBBIES_1_001_CA_1_evaluation	HOBBIES_1_001	HOBBIES_1	HOBBIES	CA_1	CA	...	NaN	NaN	1	0	0	8.26
4	HOBBIES_1_001_CA_1_evaluation	HOBBIES_1_001	HOBBIES_1	HOBBIES	CA_1	CA	...	NaN	NaN	1	1	1	8.26

5 rows × 20 columns

图 8.11　代码输出

合并后的数据集包含了原 DataFrame 中的日期、销量,从 calendar.csv 中获得的该日期活动信息和从 price.csv 中获得的该日期售价。df_melted 中,除了 id 这一列仅供我们参考,并不会被输入模型中训练,其他特征均需转化为数值的格式,方能输入模型训练,在下一个 cell 中执行:

```
# Chapter8/data_preprocessing.ipynb

# 将各种活动及活动类型转换为数值格式,NaN 对应数值 -1,意味着该日没有活动
df_melted["event_name_1"] = df_melted["event_name_1"].astype(\
                            'category').cat.codes.astype("int8")
```

```
df_melted["event_name_2"] = df_melted["event_name_2"].astype(\
                            'category').cat.codes.astype("int8")
df_melted["event_type_1"] = df_melted["event_type_1"].astype(\
                            'category').cat.codes.astype("int8")
df_melted["event_type_2"] = df_melted["event_type_2"].astype(\
                            'category').cat.codes.astype("int8")

#将各类 id 转化为独热编码
useful_ids = ['item_id', 'dept_id', 'cat_id', 'store_id', 'state_id']
id_encodings = [id_col + '_encoding' for id_col in useful_ids]

for id_col in useful_ids:
    if id_col == 'item_id':
        df_melted[id_col + '_encoding'] = \
                df_melted[id_col].astype(\
                'category').cat.codes.astype("int16")
    else:
        df_melted[id_col + '_encoding'] = \
                df_melted[id_col].astype(\
                'category').cat.codes.astype("int8")

#完成编码后,删除原文字格式储存的对应特征
df_melted.drop(columns = useful_ids, inplace = True)

display(df_melted[[c for c in df_melted.columns if\
            c.find('event') == 0] + id_encodings].head())
```

显示结果如图 8.12 所示。

	event_name_1	event_type_1	event_name_2	event_type_2	item_id_encoding	dept_id_encoding	cat_id_encoding	store_id_encoding	state_id_encoding
0	0	0	0	0	1437	3	1	0	0
1	27	4	0	0	1437	3	1	0	0
2	0	0	0	0	1437	3	1	0	0
3	0	0	0	0	1437	3	1	0	0
4	0	0	0	0	1437	3	1	0	0

图 8.12　代码输出

最后,为了减小 df_melted 所占内存,加快训练速度,可以将 df_melted 中所有数值存储的特征类别改为最低可行精准度。举个例子,Pandas 中所有整数特征的默认类别为 int64,但其数值范围可能以 int16 就可以精准存储,而 int16 相比 int64 而言占的内存小许多。利用这一特质,在下一个 cell 中执行:

```
#Chapter8/data_preprocessing.ipynb

import numpy as np

def reduce_memory(df):
    #以下为可以压缩的类别,int8 和 float16 已分别为整数和浮点中最小可取类别
    reducible_types = ['int16', 'int32', 'int64', 'float32', 'float64']
```

```
        initial_memory = df.memory_usage().sum() / 1024 ** 2 #以 MB 为单位
        for c in df.columns:
            column_type = df[c].dtypes
            if column_type in reducible_types:
                c_min = df[c].min()
                c_max = df[c].max()
                if column_type.str.find('int') == 0:          #该列为整数
                    #使用 NumPy 查看该列取值范围是否满足使用更小内存的整数类别的范围
                    if c_min > np.iinfo(np.int8).min and\
                            c_max < np.iinfo(np.int8).max:
                        df[c] = df[c].astype(np.int8)
                    elif c_min > np.iinfo(np.int16).min and\
                            c_max < np.iinfo(np.int16).max:
                        df[c] = df[c].astype(np.int16)
                    elif c_min > np.iinfo(np.int32).min and\
                            c_max < np.iinfo(np.int32).max:
                        df[c] = df[c].astype(np.int32)
                    else:                                      #该列只能以 int64 表示
                        pass
                else:
                    if c_min > np.finfo(np.float16).min and\
                            c_max < np.finfo(np.float16).max:
                        df[c] = df[c].astype(np.float16)
                    elif c_min > np.finfo(np.float32).min and\
                            c_max < np.finfo(np.float32).max:
                        df[c] = df[c].astype(np.float32)
                    else:                                      #该列只能以 float64 表示
                        pass

        final_memory = df.memory_usage().sum() / 1024 ** 2
        print('内存使用由最初的{0} MB 减少至{1} MB',
              '共减少了{2} % 的用量'.format(initial_memory,
                                    final_memory,
              (initial_memory - final_memory) / initial_memory * 100))

reduce_memory(df_melted)
```

输出如下：

内存使用由最初的{0} MB 减少至{1} MB 共减少了 56.60377358490566 % 的用量

8.3 基础建模

处理好数据后，进行初步的基础建模。由于比赛指定的衡量标准中需要计算 12 个层级所有数据点对应的权重及其 RMSSE，为了计算预测所得 WRMSSE，还需根据提供的第 12 层级数据推导出剩余 11 层级序列的真实目标取值、预测结果和权重，以此得到 12 层级完整的 RMSSE 并计算 WRMSSE。

　　权重的计算可以置于模型训练之前或之后,计算出的权重最大的作用在于为不同序列的 RMSSE 加权并求和,而 WRMSSE 的计算位于模型训练之后,但针对第 12 层级权重的计算需位于推导剩余 11 层级之前,如此便可同时推导出剩余 11 层级的权重。本节将在模型训练之前进行第 12 层级权重的计算。读取数据并进行权重的计算,执行:

```
#Chapter8/baseline_model.ipynb

import pandas as pd

#读取数据并进行初步处理,具体注释见 8.2 节
df = pd.read_csv(\
    '../input/m5 - forecasting - accuracy/sales_train_evaluation.csv')
price_df = pd.read_csv(\
        "../input/m5 - forecasting - accuracy/sell_prices.csv")
cal_df = pd.read_csv(\
        "../input/m5 - forecasting - accuracy/calendar.csv")
cal_df["d"] = cal_df["d"].apply(lambda x: int(x.split("_")[1]))
price_df["id"] = price_df["item_id"] + "_" + \
                price_df["store_id"] + "_evaluation"

#计算第 12 层级的权重
#由于 1914～1941 日被作为本地测试集,"训练集最后 28 天数据"取自 1886～1913 日
for day in range(1886, 1914):
    #使用 cal_df 找到该日对应的星期编码
    wk_id = list(cal_df[cal_df["d"] == day]["wm_yr_wk"])[0]
    #使用星期编码在 price_df 中索引该星期商品的售价
    wk_price_df = price_df[price_df["wm_yr_wk"] == wk_id]
    #将该星期商品的售价与 df 合并,并标注为该日价格
    df = df.merge(wk_price_df[["sell_price", "id"]], on = ["id"], how = 'inner')
    df["unit_sales_" + str(day)] = df["sell_price"] * df["d_" + str(day)]
    df.drop(columns = ["sell_price"], inplace = True)        #删除多余的列

#计算 28 天的总销售额
df["dollar_sales"] = \
        df[[c for c in df.columns if c.find("unit_sales") == 0]].sum(axis = 1)
df.drop(columns = [c for c in df.columns if c.find("unit_sales") == 0],
        inplace = True)                                      #删除多余的列
#权重为每个序列在 12 层级序列 28 日总销售额之和中的占比
df["weight"] = df["dollar_sales"] / df["dollar_sales"].sum()
df.drop(columns = ["dollar_sales"], inplace = True)
df["weight"] /= 12                                           #除以总层级数(K = 12)
```

　　虽然比赛提供的数据类型为时间序列,但由于截面数据众多,我们可以分别尝试使用时间序列模型和第 4 章所介绍的模型。本节将使用 LightGBM 进行基础建模。在下一个 cell 中执行 8.2 节中的数据清理步骤:

```python
# Chapter8/baseline_model.ipynb

import numpy as np

# 额外创建测试集(1941~1969)的特征,并将未知的目标值填补为 np.nan
for d in range(1941, 1970):
    df["d_" + str(d)] = np.nan

# 数据清理,注释参考 8.2 节
temp = df.drop(columns = [c for c in df.columns if\
                          c.find('d_') == 0 and\
                          int(c.split('_')[1]) < 1100])
df_melted = temp.melt(id_vars = [n for n in temp.columns if n.find("id") != -1],
       value_vars = [n for n in temp.columns if n.find("d_") == 0],
       var_name = 'day', value_name = 'sales')
del temp
df_melted["day"] = df_melted["day"].apply(lambda x: int(x.split("_")[1]))
df_melted = df_melted.merge(cal_df.drop(columns = ["date", "weekday"]),
                            left_on = ["day"],
                            right_on = ["d"]).drop(columns = ["d"])
df_melted = df_melted.merge(price_df[['id', 'sell_price', 'wm_yr_wk']],
                            on = ['id', 'wm_yr_wk'], how = 'inner')
df_melted["event_name_1"] = df_melted["event_name_1"].astype(\
                                    'category').cat.codes.astype("int8")
df_melted["event_name_2"] = df_melted["event_name_2"].astype(\
                                    'category').cat.codes.astype("int8")
df_melted["event_type_1"] = df_melted["event_type_1"].astype(\
                                    'category').cat.codes.astype("int8")
df_melted["event_type_2"] = df_melted["event_type_2"].astype(\
                                    'category').cat.codes.astype("int8")
useful_ids = ['item_id', 'dept_id', 'cat_id', 'store_id', 'state_id']
id_encodings = [id_col + '_encoding' for id_col in useful_ids]
for id_col in useful_ids:
    if id_col == 'item_id':
        df_melted[id_col + '_encoding'] = \
                df_melted[id_col].astype(\
                'category').cat.codes.astype("int16")
    else:
        df_melted[id_col + '_encoding'] = \
                df_melted[id_col].astype(\
                'category').cat.codes.astype("int8")
df_melted.drop(columns = useful_ids, inplace = True)
def reduce_memory(df):
    reducible_types = ['int16', 'int32', 'int64', 'float32', 'float64']
    initial_memory = df.memory_usage().sum() / 1024 ** 2
    for c in df.columns:
        column_type = df[c].dtypes
        if column_type in reducible_types:
            c_min = df[c].min()
            c_max = df[c].max()
```

```
            if column_type.str.find('int') == 0:
                if c_min > np.iinfo(np.int8).min and\
                        c_max < np.iinfo(np.int8).max:
                    df[c] = df[c].astype(np.int8)
                elif c_min > np.iinfo(np.int16).min and\
                        c_max < np.iinfo(np.int16).max:
                    df[c] = df[c].astype(np.int16)
                elif c_min > np.iinfo(np.int32).min and\
                        c_max < np.iinfo(np.int32).max:
                    df[c] = df[c].astype(np.int32)
                else: pass
            else:
                if c_min > np.finfo(np.float16).min and\
                        c_max < np.finfo(np.float16).max:
                    df[c] = df[c].astype(np.float16)
                elif c_min > np.finfo(np.float32).min and\
                        c_max < np.finfo(np.float32).max:
                    df[c] = df[c].astype(np.float32)
                else: pass
    final_memory = df.memory_usage().sum() / 1024 ** 2
    print('内存使用由最初的{0} MB 减少至{1} MB',
          '共减少了{2}%的用量'.format(initial_memory,
                                    final_memory,
          (initial_memory - final_memory) / initial_memory * 100))
reduce_memory(df_melted)
```

接下来,将 df_melted 分割为训练集、验证集和测试集。另外,在训练集中随机提取"模拟验证集",以便输入 LightGBM 在训练时实时输出当前模型对处于训练集之外数据的预测结果,在下一个 cell 中执行:

```
# Chapter8/baseline_model.ipynb

import lightgbm as lgb

# 分割训练集、验证集和测试集
X_train = df_melted[df_melted["day"] < 1913].drop(columns = ["sales"])
X_val = df_melted[df_melted["day"].between(1914,
                                           1941)].drop(columns = ["sales"])
X_test = df_melted[df_melted["day"] > 1941].drop(columns = ["sales"])

y_train = df_melted[df_melted["day"] < 1913]["sales"]
y_val = df_melted[df_melted["day"].between(1914, 1941)]["sales"]

# 分割"模拟验证集",其中包含 2000000 个数据点,约为 10%的训练集数据
np.random.seed(42)

# 随机抽取模拟验证集的指数
simulated_valid_inds = np.random.choice(X_train.index.values, 2000000,
                                        replace = False)
```

```
#最后用于训练的数据点将不包含模拟验证集数据
train_inds = np.setdiff1d(X_train.index.values, simulated_valid_inds)
#这里介绍一种新的LightGBM使用方法,即直接使用lightgbm模型
#其使用方法与LGBMRegressor类似,但增加了一些调试自由性
#制作符合LightGBM输入格式的训练集和模拟验证集
#首先输入特征X,在label中输入目标值y,categorical_feature中输入属于分类特征的列名
train_data = lgb.Dataset(X_train.drop(columns = ['id']).loc[train_inds],
                    label = y_train.loc[train_inds],
                    categorical_feature = id_encodings)
simulated_valid_data = lgb.Dataset(X_train.drop(columns = ['id']).loc[\
                                        simulated_valid_inds],
                        label = y_train.loc[simulated_valid_inds],
                        categorical_feature = id_encodings)

print('训练集数据点个数: ', len(train_inds))
print('模拟验证集数据点个数: ', len(simulated_valid_inds))
print('验证集数据点个数: ', X_val.shape[0])
print('测试集数据点个数: ', X_test.shape[0])
```

输出如下:

```
训练集数据点个数: 21160315
模拟验证集数据点个数: 2000000
验证集数据点个数: 853720
测试集数据点个数: 853720
```

定义一个lightgbm模型,并开始训练,在下一个cell中执行:

```
#Chapter8/baseline_model.ipynb

#根据经验或比赛论坛中的讨论结果设定一个合理的超参数组合
parameters = {
    #参赛者论坛中提到:
    #将objective设定为poisson可以有效提高WRMSSE
    "objective" : "poisson",
    "metric" : "rmse",
    "learning_rate" : 0.05,
    "sub_row" : 0.75,
    "bagging_freq" : 1,
    "lambda_l2" : 0.1,
    "metric": ["rmse"],
    'verbosity': 1,
    #实际训练时此数值应远大于5,但为了利于示范,书中将此设定为5
    'num_iterations' : 5,
    'num_leaves' : 64,
    "min_data_in_leaf": 50,
}

model = lgb.train(params = parameters, train_set = train_data,
            valid_sets = [simulated_valid_data], verbose_eval = 1)
```

输出如下,记录了每次迭代中模拟验证集的RMSE:

```
[1]valid_0's rmse: 3.5881
[2]valid_0's rmse: 3.5429
[3]valid_0's rmse: 3.50112
[4]valid_0's rmse: 3.46084
[5]valid_0's rmse: 3.42349
```

使用训练完成的模型进行预测,并定义一个可以计算 RMSSE 的函数,在下一个 cell 中执行:

```python
# Chapter8/baseline_model.ipynb

# 对验证集进行预测,并评估 WRMSSE
for d in range(1914, 1942):
    # 将预测结果储存于 df 中(而非 df_melted),如此方便计算 WRMSSE
    df['F_' + str(d)] = model.predict(X_val[X_val['day'] == \
                                            d].drop(columns = ['id']))

# 定义函数以计算每个序列的 RMSSE
h = 28  # 预测数据点数
n = 1913  # 训练集所含天数
def rmsse(ground_truth, forecast, train_series, axis = 1):
    '''计算序列或矩阵的 RMSSE,若输入为矩阵,则假设每行为一个独立的序列
    输入:
        ground_truth: 真实目标取值
        forecast: 模型预测值
        train_series: 训练序列
        axis: 0 或 1,若 axis = 1,则输入为矩阵; 若 axis = 0,则输入为序列
    输出:
        若 axis = 0,则输出该序列的 RMSSE;
        若 axis = 1,则输出该矩阵中每行序列分别对应的 RMSSE
    '''
    # 输入为 NumPy 序列或矩阵
    assert axis == 0 or axis == 1
    assert type(ground_truth) == np.ndarray and\
            type(forecast) == np.ndarray and\
            type(train_series) == np.ndarray

    if axis == 1:
        # 测试输入是否为矩阵
        assert ground_truth.shape[1] > 1 and\
                forecast.shape[1] > 1 and\
                train_series.shape[1] > 1

    # 使用 RMSSE 的公式分别计算根号中的分子和分母
    numerator = ((ground_truth - forecast) ** 2).sum(axis = axis)  # 分子
    if axis == 1:      # 序列和矩阵的索引方式不同,因此需分情况处理
        # 分母
        denominator = 1/(n - 1) * \
                    ((train_series[:, 1: ] - \
```

```
                    train_series[:, :-1]) ** 2).sum(axis = axis)
        else:
            #分母
            denominator = 1/(n-1) * \
                    ((train_series[1: ] - \
                    train_series[: -1]) ** 2).sum(axis = axis)
        if (numerator < 0).any():
            print('分子小于0')              #这不该发生
        elif (denominator < 0).any():
            #分母小于0,这也不该发生
            print(denominator[denominator < 0])

        return (1/h * numerator/denominator) ** 0.5
```

接下来,聚合推导剩余 11 层级的真实目标值、预测结果和权重,并使用上段代码定义的 rmsse 函数计算最终的 WRMSSE,在下一个 cell 中执行:

```
#Chapter8/baseline_model.ipynb

#定义聚合层级及其用于聚合的编码组合
#例如,第 9 层级使用(商店编码和店铺编码)组合进行聚合
#其对应列名为["store_id", "dept_id"]
level_groupings = {2: ["state_id"], 3: ["store_id"],
                4: ["cat_id"], 5: ["dept_id"],
                6: ["state_id", "cat_id"],
                7: ["state_id", "dept_id"],
                8: ["store_id", "cat_id"],
                9: ["store_id", "dept_id"],
                10: ["item_id"], 11: ["item_id", "state_id"]}

#使用 df 制作聚合后包含所有层级的 agg_df
#聚合仅需使用真实目标取值(命名以 d_开头的列)和预测值(命名以 F_开头的列)
#首先建立第 1 层级,即最上层包含所有销量总和的层级
agg_df = pd.DataFrame(df[[c for c in df.columns if c.find("d_") == \
                    0 or c.find("F_") == 0]].sum()).transpose()
agg_df["level"] = 1
agg_df["weight"] = 1/12 #1/K
column_order = agg_df.columns

#执行 2~11 层级聚合
for level in level_groupings:
    temp_df = df.groupby(by = level_groupings[level]).sum().reset_index()
    temp_df["level"] = level
    agg_df = agg_df.append(temp_df[column_order])
del temp_df

#找到代表训练日期、验证集真实目标取值和验证集预测的列名,以便输入 rmsse 函数索引
train_series_cols = [c for c in df.columns if c.find("d_") == 0 and\
                                    int(c.split('_')[1]) < 1913]
```

```
ground_truth_cols = [c for c in df.columns if c.find("d_") == 0 and\
                         int(c.split('_')[1]) in range(1914, 1942)]
forecast_cols = [c for c in df.columns if c.find("F_") == 0]

# 计算 RMSSE
df["RMSSE"] = rmsse(np.array(df[ground_truth_cols]),
       np.array(df[forecast_cols]), np.array(df[train_series_cols]))
agg_df["RMSSE"] = rmsse(np.array(agg_df[ground_truth_cols]),
       np.array(agg_df[forecast_cols]), np.array(agg_df[train_series_cols]))

# 根据权重和 RMSSE 计算每个序列分别对应的 WRMSSE
df["WRMSSE"] = df["weight"] * df["RMSSE"]
agg_df["WRMSSE"] = agg_df["weight"] * agg_df["RMSSE"]

# 每个序列分别对应的 WRMSSE 总和为预测最终所得 WRMSSE
print('模型预测所得 WRMSSE 为',
       df["WRMSSE"].sum() + agg_df["WRMSSE"].sum())
```

输出如下:

```
WRMSSE 为 2.3188494576586116
```

8.4 优化

基础建模为该问题的可预测程度提供了基准。本节将使用第 5 章、第 6 章和一小部分第 7 章的知识,对该预测进行优化。

从模型优化的角度,可以对使用的模型进行超参数随机搜索,查找是否存在更优参数组合;从数据优化的角度,由于该数据集很大程度上可以被看作时间序列,所以可以从序列中提取滞后特征,作为新特征加入训练。

首先,重新读取数据集,并进行权重计算和数据清理,执行:

```
# Chapter8/improvements.ipynb

import pandas as pd
import numpy as np

# 读取数据并进行初步处理,具体注释见 8.3 节
df = pd.read_csv(\
    '../input/m5 - forecasting - accuracy/sales_train_evaluation.csv')
price_df = pd.read_csv(\
        "../input/m5 - forecasting - accuracy/sell_prices.csv")
cal_df = pd.read_csv(\
        "../input/m5 - forecasting - accuracy/calendar.csv")
cal_df["d"] = cal_df["d"].apply(lambda x: int(x.split("_")[1]))
price_df["id"] = price_df["item_id"] + "_" +\
```

```
                        price_df["store_id"] + "_evaluation"

for day in range(1886, 1914):
    wk_id = list(cal_df[cal_df["d"] == day]["wm_yr_wk"])[0]
    wk_price_df = price_df[price_df["wm_yr_wk"] == wk_id]
    df = df.merge(wk_price_df[["sell_price", "id"]], on = ["id"], how = 'inner')
    df["unit_sales_" + str(day)] = df["sell_price"] * df["d_" + str(day)]
    df.drop(columns = ["sell_price"], inplace = True)


df["dollar_sales"] = \
        df[[c for c in df.columns if c.find("unit_sales") == 0]].sum(axis = 1)
df.drop(columns = [c for c in df.columns if c.find("unit_sales") == 0],
        inplace = True)
df["weight"] = df["dollar_sales"] / df["dollar_sales"].sum()
df.drop(columns = ["dollar_sales"], inplace = True)
df["weight"] /= 12


for d in range(1941, 1970):
    df["d_" + str(d)] = np.nan


temp = df.drop(columns = [c for c in df.columns if\
                          c.find('d_') == 0 and\
                          int(c.split('_')[1]) < 1100])
df_melted = temp.melt(id_vars = [n for n in temp.columns if n.find("id") != -1],
        value_vars = [n for n in temp.columns if n.find("d_") == 0],
        var_name = 'day', value_name = 'sales')
del temp
df_melted["day"] = df_melted["day"].apply(lambda x: int(x.split("_")[1]))
df_melted = df_melted.merge(cal_df.drop(columns = ["date", "weekday"]),
                            left_on = ["day"],
                            right_on = ["d"]).drop(columns = ["d"])
df_melted = df_melted.merge(price_df[['id', 'sell_price', 'wm_yr_wk']],
                            on = ['id', 'wm_yr_wk'], how = 'inner')
df_melted["event_name_1"] = df_melted["event_name_1"].astype(\
                                'category').cat.codes.astype("int8")
df_melted["event_name_2"] = df_melted["event_name_2"].astype(\
                                'category').cat.codes.astype("int8")
df_melted["event_type_1"] = df_melted["event_type_1"].astype(\
                                'category').cat.codes.astype("int8")
df_melted["event_type_2"] = df_melted["event_type_2"].astype(\
                                'category').cat.codes.astype("int8")
useful_ids = ['item_id', 'dept_id', 'cat_id', 'store_id', 'state_id']
id_encodings = [id_col + '_encoding' for id_col in useful_ids]
for id_col in useful_ids:
    if id_col == 'item_id':
        df_melted[id_col + '_encoding'] = \
                df_melted[id_col].astype(\
                'category').cat.codes.astype("int16")
    else:
        df_melted[id_col + '_encoding'] = \
```

```
                        df_melted[id_col].astype(\
                            'category').cat.codes.astype("int8")
    df_melted.drop(columns = useful_ids, inplace = True)
    def reduce_memory(df):
        reducible_types = ['int16', 'int32', 'int64', 'float32', 'float64']
        initial_memory = df.memory_usage().sum() / 1024 ** 2
        for c in df.columns:
            column_type = df[c].dtypes
            if column_type in reducible_types:
                c_min = df[c].min()
                c_max = df[c].max()
                if column_type.str.find('int') == 0:
                    if c_min > np.iinfo(np.int8).min and\
                            c_max < np.iinfo(np.int8).max:
                        df[c] = df[c].astype(np.int8)
                    elif c_min > np.iinfo(np.int16).min and\
                            c_max < np.iinfo(np.int16).max:
                        df[c] = df[c].astype(np.int16)
                    elif c_min > np.iinfo(np.int32).min and\
                            c_max < np.iinfo(np.int32).max:
                        df[c] = df[c].astype(np.int32)
                    else: pass
                else:
                    if c_min > np.finfo(np.float16).min and\
                            c_max < np.finfo(np.float16).max:
                        df[c] = df[c].astype(np.float16)
                    elif c_min > np.finfo(np.float32).min and\
                            c_max < np.finfo(np.float32).max:
                        df[c] = df[c].astype(np.float32)
                    else: pass
        final_memory = df.memory_usage().sum() / 1024 ** 2
        print('内存使用由最初的{0} MB 减少至{1} MB',
                '共减少了{2}% 的用量'.format(initial_memory,
                                    final_memory,
                (initial_memory - final_memory) / initial_memory * 100))
    reduce_memory(df_melted)
```

创建滞后特征。由于在预测时最远需要对 28 日后的销量进行预测，对于"28 日后"这一时间点，能获得的最邻近信息为"28 日前"销量，因此，以 28 阶滞后为首，取 28、29、30、31、32、33、34 这 7 阶滞后为新特征。另外，通过绘制 1200～1250 日的全部商品在全部商店的总销量趋势，观察数据是否可能存在季节性，在下一个 cell 中执行：

```
# Chapter8/improvements.ipynb

import matplotlib.pyplot as plt

plt.plot(df[[c for c in df.columns if c.find('d_') == 0 and\
            int(c.split('_')[1]) in range (1200,
```

```
                                    1250)]].sum(),
        marker = 'o', label = 'level 1 sales')
plt.title('Level 1 sales from d_1200 to d_1250')    # 第一阶 1200~1250 日的销量
plt.xlabel('day')                                    # 日期
plt.ylabel('sales')                                  # 销量
plt.xticks([0, 6, 24, 49])                           # 仅显示指定指数的横轴数值
plt.axvline(6, c = 'red', linestyle = ': ', label = 'd_1206')
plt.legend()
plt.show()

print('第 1206 日为星期: ',
      list(cal_df[cal_df['d'] == 1206]['weekday'])[0])  # 星期日
```

输出如图 8.13 及下面字符串所示。

第 1206 日为星期: Sunday

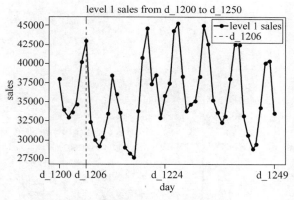

图 8.13　代码输出

图 8.13 中带圆点的实线为销量总和数据趋势,竖直的虚线为第 1206 日在图中的位置。由输出可见,所有序列的销量总和大约每 7 日一个周期波动,这大概率源自每日所处星期位置对销量的影响,工作日的销量低于周末的销量,周日一般为一周内销量的顶峰。这个趋势虽然不一定在不同层级的所有序列中体现,但根据这一输出和生活经验,我们可以合理地推测销量存在以 7 日为一周期的季节性,因此,以 28 阶滞后为首,取 28、35、42、49、56、63、70、77 这 8 个季节性滞后为新特征,结合上文中提到的 7 个滞后特征,共 14 个新的滞后特征,在下一个 cell 中执行:

```
# Chapter8/improvements.ipynb

# 创建滞后特征
# 其中包含 28~34 阶滞后
# 以 5 * 7, 6 * 7, 7 * 7, 8 * 7, 9 * 7, 10 * 7, 11 * 7 阶周期性滞后特征
for lag in [28, 29, 30, 31, 32, 33, 34,
```

```
                35, 42, 49, 56, 63, 70, 77]:
        df_melted["lag_" + str(lag)] = \
                df_melted[["id",
                        "sales"]].groupby("id")[\
                    "sales"].shift(lag).fillna(-1).astype(np.int16)
```

接下来,使用随机搜索法进行超参数调试。由于此预测问题中的衡量指标与数据集息息相关,所以使用 Python 直接写出进行随机搜索的代码,并在每次迭代的不同交叉验证分割中分别计算 WRMSSE。需要注意技术细节有以下几点。

(1) 在随机搜索中,将使用 1886～1913 日的数据作为用于计算 WRMSSE 的"验证集"数据,并在结束搜索后使用最优模型对真实的验证集,即 1914～1941 日的数据进行预测。

(2) 调试的模型超参数为 learning_rate、lambda_l2 和 num_leaves。

(3) 不同于 5.2 节 K 折交叉验证中每个折验证集不重叠,这里执行的交叉认证中,每次选中的"验证集"为随机的 2000000 个日数小于 1886 的数据点。

在下一个 cell 中执行:

```
# Chapter8/improvements.ipynb

import lightgbm as lgb

# 分割训练集、验证集和测试集
X_train = df_melted[df_melted["day"] < 1886].drop(columns = ["sales"])
X_val = df_melted[df_melted["day"].between(1886,
                                        1913)].drop(columns = ["sales"])
X_test = df_melted[df_melted["day"] > 1913].drop(columns = ["sales"])

y_train = df_melted[df_melted["day"] < 1914]["sales"]
y_val = df_melted[df_melted["day"].between(1886, 1913)]["sales"]

# 定义函数以计算每个序列的 RMSSE,具体注释见 8.3 节
h = 28 # 预测数据点数
n = 1885 # 训练集所含天数
def rmsse(ground_truth, forecast, train_series, axis = 1):
    assert axis == 0 or axis == 1
    assert type(ground_truth) == np.ndarray and\
            type(forecast) == np.ndarray and\
            type(train_series) == np.ndarray
    if axis == 1:
        assert ground_truth.shape[1] > 1 and\
                forecast.shape[1] > 1 and\
                train_series.shape[1] > 1
    numerator = ((ground_truth - forecast) ** 2).sum(axis = axis)
    if axis == 1:
        denominator = 1/(n-1) * \
                ((train_series[:, 1:] - \
                train_series[:, :-1]) ** 2).sum(axis = axis)
    else:
```

```
                denominator = 1/(n-1) * \
                       ((train_series[1: ] - \
                        train_series[: -1]) ** 2).sum(axis = axis)
        if (numerator < 0).any(): print('分子小于 0')
        elif (denominator < 0).any():
            print(denominator[denominator < 0])


        return (1/h * numerator/denominator) ** 0.5


level_groupings = {2: ["state_id"], 3: ["store_id"],
                   4: ["cat_id"], 5: ["dept_id"],
                   6: ["state_id", "cat_id"],
                   7: ["state_id", "dept_id"],
                   8: ["store_id", "cat_id"],
                   9: ["store_id", "dept_id"],
                   10: ["item_id"], 11: ["item_id", "state_id"]}


np.random.seed(42)


# 记录最优模型和最优 WRMSSE 数值
best_s = np.inf
best_m = None
# 开始超参数搜索,实操中需要更多迭代,这里仅使用 5 个迭代作为演示
for i in range(5):
    print('第', i + 1, '次迭代随机搜索')
    # 定义超参数调试范围,在范围中随机取值
    rand_learning_rate = np.random.uniform(0.01, 0.1)
    rand_num_leaves_exp = np.random.randint(3, 6)
    rand_lambda_l2 = np.random.uniform(0.001, 0.1)


    average = []          # 记录不同 fold 作为验证集所得 WRMSSE 的平均值


    for cv in range(1, 5): # 实操中可以选择更多次的交叉验证
        parameters = {
            "objective" : "poisson",
            "metric" : "rmse",
            "learning_rate" : rand_learning_rate,
            "sub_row" : 0.75,
            "bagging_freq" : 1,
            "lambda_l2" : rand_lambda_l2,
            "metric": ["rmse"],
            'verbosity': 1,
            # 实际训练时此数值应远大于 5,但为了利于示范,书中将此设定为 5
            'num_iterations' : 5,
            'num_leaves': 2 ** rand_num_leaves_exp,
            "min_data_in_leaf": 50,
        }


        # 随机抽取一个 fold 作为"验证集",这里,不同的 fold 之间可能会交叉
        # 其余具体注释见 8.3 节
```

```
        simulated_valid_inds = np.random.choice(X_train.index.values, 2000000,
                                                 replace = False)
        train_inds = np.setdiff1d(X_train.index.values, simulated_valid_inds)
        train_data = lgb.Dataset(X_train.drop(columns = ['id']).loc[train_inds],
                        label = y_train.loc[train_inds],
                        categorical_feature = id_encodings)
        simulated_valid_data = lgb.Dataset(X_train.drop(columns = ['id']).loc[\
                                                 simulated_valid_inds],
                            label = y_train.loc[simulated_valid_inds],
                            categorical_feature = id_encodings)

        #根据此迭代交叉验证分割的训练集、验证集和此次随机搜索所得超参数组合进行模型
        #训练
        curr_model = lgb.train(params = parameters, train_set = train_data,
                valid_sets = [simulated_valid_data], verbose_eval = 0)

        #df中可能存在上次验证迭代中为了计算WRMSSE而存入的数据,将其删除
        drop_cols = [item for item in [c for c in df.columns if c.find("F_") == 0] + \
                    ['WRMSSE', 'RMSSE'] if item in df.columns]
        df.drop(columns = drop_cols, inplace = True)

        #使用此迭代训练的模型进行预测
        for d in range(1886, 1914):
            df['F_' + str(d)] = curr_model.predict(X_val[X_val['day'] == \
                                                   d].drop(columns = ['id']))


        #重新定义聚合后的DataFrame,计算WRMSSE,具体注释见8.3节
        agg_df = pd.DataFrame(df[[c for c in df.columns if c.find("d_") == \
                        0 or c.find("F_") == 0]].sum()).transpose()
        agg_df["level"] = 1
        agg_df["weight"] = 1/12
        column_order = agg_df.columns

        for level in level_groupings:
            temp_df = df.groupby(by = level_groupings[level]).sum().reset_index()
            temp_df["level"] = level
            agg_df = agg_df.append(temp_df[column_order])
        del temp_df
        train_series_cols = [c for c in df.columns if\
                        c.find("d_") == 0 and int(c.split('_')[1]) < 1913]
        ground_truth_cols = [c for c in df.columns if\
                        c.find("d_") == 0 and\
                        int(c.split('_')[1]) in range(1914, 1942)]
        forecast_cols = [c for c in df.columns if c.find("F_") == 0]
        df["RMSSE"] = rmsse(np.array(df[ground_truth_cols]),
                np.array(df[forecast_cols]), np.array(df[train_series_cols]))
        agg_df["RMSSE"] = rmsse(np.array(agg_df[ground_truth_cols]),
                np.array(agg_df[forecast_cols]), np.array(agg_df[train_series_cols]))

        df["WRMSSE"] = df["weight"] * df["RMSSE"]
```

```
        agg_df["WRMSSE"] = agg_df["weight"] * agg_df["RMSSE"]

        # 记录当前 CV 对应的 WRMSSE
        average.append(df["WRMSSE"].sum() + agg_df["WRMSSE"].sum())

    this_s = np.array(average).mean()
    if this_s < best_s:
        best_s = this_s
        best_m = curr_model

    print('当前最优 WRMSSE 为{0}'.format(best_s))
```

输出如下：

```
第 1 次迭代随机搜索
当前最优 WRMSSE 为 2.3360569635729327
第 2 次迭代随机搜索
当前最优 WRMSSE 为 2.2380087953304253
第 3 次迭代随机搜索
当前最优 WRMSSE 为 2.2380087953304253
第 4 次迭代随机搜索
当前最优 WRMSSE 为 2.2380087953304253
第 5 次迭代随机搜索
当前最优 WRMSSE 为 2.2380087953304253
```

最后，使用最优模型进行预测，并评估 WRMSSE，在下一个 cell 中执行：

```
# Chapter8/improvements.ipynb

# df 中可能存在随机搜索中为了计算 WRMSSE 而存入的数据，将其删除
drop_cols = [item for item in [c for c in df.columns if c.find("F_") == 0] + \
        ['WRMSSE', 'RMSSE'] if item in df.columns]
df.drop(columns = drop_cols, inplace = True)

# 重新分割训练集、验证集和测试集，使用 1914～1941 日作为验证集
X_train = df_melted[df_melted["day"] < 1913].drop(columns = ["sales"])
X_val = df_melted[df_melted["day"].between(1914,
                                        1941)].drop(columns = ["sales"])
X_test = df_melted[df_melted["day"] > 1941].drop(columns = ["sales"])

y_train = df_melted[df_melted["day"] < 1913]["sales"]
y_val = df_melted[df_melted["day"].between(1914, 1941)]["sales"]

train_data = lgb.Dataset(X_train.drop(columns = ['id']),
                        label = y_train,
                        categorical_feature = id_encodings)
```

```
# 使用随机搜索得到的最优超参数组合和新定义的训练集进行训练
model = lgb.train(params = best_m.params, train_set = train_data)
# 进行预测
for d in range(1914, 1942):
    df['F_' + str(d)] = curr_model.predict(X_val[X_val['day'] == \
                                        d].drop(columns = ['id']))


agg_df = pd.DataFrame(df[[c for c in df.columns if c.find("d_") == \
                    0 or c.find("F_") == 0]].sum()).transpose()
agg_df["level"] = 1
agg_df["weight"] = 1/12
column_order = agg_df.columns

for level in level_groupings:
    temp_df = df.groupby(by = level_groupings[level]).sum().reset_index()
    temp_df["level"] = level
    agg_df = agg_df.append(temp_df[column_order])
del temp_df


# 找到代表训练日期、验证集真实目标取值和验证集预测的列名,以便输入 rmsse 函数索引
train_series_cols = [c for c in df.columns if c.find("d_") == 0 and\
                                        int(c.split('_')[1]) < 1913]
ground_truth_cols = [c for c in df.columns if c.find("d_") == 0 and\
                            int(c.split('_')[1]) in range(1914, 1942)]
forecast_cols = [c for c in df.columns if c.find("F_") == 0]

n = 1913 # 重新定义训练集所含天数
df["RMSSE"] = rmsse(np.array(df[ground_truth_cols]),
        np.array(df[forecast_cols]), np.array(df[train_series_cols]))
agg_df["RMSSE"] = rmsse(np.array(agg_df[ground_truth_cols]),
        np.array(agg_df[forecast_cols]), np.array(agg_df[train_series_cols]))

df["WRMSSE"] = df["weight"] * df["RMSSE"]
agg_df["WRMSSE"] = agg_df["weight"] * agg_df["RMSSE"]

print('模型预测所得 WRMSSE 为 ',
        df["WRMSSE"].sum() + agg_df["WRMSSE"].sum())
```

输出如下:

```
模型预测所得 WRMSSE 为 2.3610149297044702
```

由输出可见,本节得到的 WRMSSE 并不优于 8.3 节的 WRMSSE,原因有两个:第一,本节仅使用 5 个迭代做随机搜索,这样的调试大概率无法得到搜索范围中的最优参数组合;第二,8.3 节中提到,其使用的参数组合是从 M5 比赛论坛中搜集到的较优组合稍做调试而得,因此,8.3 节使用的组合很大概率已经非常接近最优解。总结而言,使用本节所示的优化方法并加入更大的计算力可能可以得到更超参数组合,从而取得低于 8.3 节所得WRMSSE。

图 书 推 荐

书　名	作　者
鸿蒙应用程序开发	董昱
鸿蒙操作系统开发入门经典	徐礼文
鸿蒙操作系统应用开发实践	陈美汝、郑森文、武延军、吴敬征
华为方舟编译器之美——基于开源代码的架构分析与实现	史宁宁
鲲鹏架构入门与实战	张磊
华为 HCIA 路由与交换技术实战	江礼教
Flutter 组件精讲与实战	赵龙
Flutter 实战指南	李楠
Dart 语言实战——基于 Flutter 框架的程序开发（第 2 版）	亢少军
Dart 语言实战——基于 Angular 框架的 Web 开发	刘仕文
IntelliJ IDEA 软件开发与应用	乔国辉
Vue＋Spring Boot 前后端分离开发实战	贾志杰
Vue.js 企业开发实战	千锋教育高教产品研发部
Python 人工智能——原理、实践及应用	杨博雄主编,于营、肖衡、潘玉霞、高华玲、梁志勇副主编
Python 深度学习	王志立
Python 异步编程实战——基于 AIO 的全栈开发技术	陈少佳
物联网——嵌入式开发实战	连志安
智慧建造——物联网在建筑设计与管理中的实践	［美］周晨光（Timothy Chou）著；段晨东、柯吉译
TensorFlow 计算机视觉原理与实战	欧阳鹏程、任浩然
分布式机器学习实战	陈敬雷
计算机视觉——基于 OpenCV 与 TensorFlow 的深度学习方法	余海林、翟中华
深度学习——理论、方法与 PyTorch 实践	翟中华、孟翔宇
深度学习原理与 PyTorch 实战	张伟振
ARKit 原生开发入门精粹——RealityKit＋Swift＋SwiftUI	汪祥春
Altium Designer 20 PCB 设计实战（视频微课版）	白军杰
Cadence 高速 PCB 设计——基于手机高阶板的案例分析与实现	李卫国、张彬、林超文
SolidWorks 2020 快速入门与深入实战	邵为龙
UG NX 1926 快速入门与深入实战	邵为龙
西门子 S7-200 SMART PLC 编程及应用（视频微课版）	徐宁、赵丽君
三菱 FX3U PLC 编程及应用（视频微课版）	吴文灵
全栈 UI 自动化测试实战	胡胜强、单镜石、李睿
pytest 框架与自动化测试应用	房荔枝、梁丽丽
软件测试与面试通识	于晶、张丹
深入理解微电子电路设计——电子元器件原理及应用（原书第 5 版）	［美］理查德·C. 耶格（Richard C. Jaeger）、［美］特拉维斯·N. 布莱洛克（Travis N. Blalock）著；宋廷强译
深入理解微电子电路设计——数字电子技术及应用（原书第 5 版）	［美］理查德·C. 耶格（Richard C. Jaeger）、［美］特拉维斯·N. 布莱洛克（Travis N. Blalock）著；宋廷强译
深入理解微电子电路设计——模拟电子技术及应用（原书第 5 版）	［美］理查德·C. 耶格（Richard C. Jaeger）、［美］特拉维斯·N. 布莱洛克（Travis N. Blalock）著；宋廷强译

图 书 资 源 支 持

感谢您一直以来对清华版图书的支持和爱护。为了配合本书的使用，本书提供配套的资源，有需求的读者请扫描下方的"书圈"微信公众号二维码，在图书专区下载，也可以拨打电话或发送电子邮件咨询。

如果您在使用本书的过程中遇到了什么问题，或者有相关图书出版计划，也请您发邮件告诉我们，以便我们更好地为您服务。

我们的联系方式：

地　　　址：北京市海淀区双清路学研大厦 A 座 714

邮　　　编：100084

电　　　话：010-83470236　　010-83470237

客服邮箱：2301891038@qq.com

QQ：2301891038（请写明您的单位和姓名）

资源下载：关注公众号"书圈"下载配套资源。

资源下载、样书申请

书 圈

获取最新书目

观看课程直播